卓越 工程师教育培养计划系列教材

荣获
中国石油和化学工业
优秀教材奖

U0288783

化工设计及案例分析

李国庭　胡永琪 ◎ 主编

邱科镔　赵风云 ◎ 参编
赵瑞红　陈焕章

化学工业出版社

·北京·

《化工设计及案例分析》简单介绍了化工设计的内容、原则、方法、基本程序和步骤；讲解了物料衡算、能量衡算及重点设备的选型方法及步骤；重点阐述了工艺流程设计及车间布置设计的原则、方法及步骤，各种工艺设计图纸的内容、要求及设计技巧。为适应案例教学及培养实用型人才的需要，本书选用了两个典型的案例进行分析，其一石灰碳化法生产碳酸钙工艺设计；其二以氯化氢、甲醇为原料生产氯甲烷工艺设计。本书将两个案例贯穿于各个章节中，并进行深度解析，使学生更深入地理解设计的理念，同时为学生提供实际工程设计模板，以供学生模仿学习，起到举一反三的作用。

　　全书共分9章，包括：绪论、化工设计基础知识、工艺流程设计、物料衡算与能量衡算、设备的工艺设计与选型、车间布置设计、管道设计与布置、厂址选择与总平面布置、设计概算与技术经济。在内容编排上，契合了党的二十大提出的尊重自然、顺应自然、保护自然，全过程加强生态环境保护，践行绿水青山就是金山银山的理念，让人与自然和谐相处。

　　本书可作为高等学校化学工程与工艺、制药工程、轻化工程等专业的本科生、研究生教材，也可作为化工企业在职人员继续教育指导书及工程技术人员设计参考书。

图书在版编目（CIP）数据

化工设计及案例分析/李国庭，胡永琪主编；邱科镔
等参编. —北京：化学工业出版社，2016.6（2025.2重印）
卓越工程师教育培养计划系列教材
ISBN 978-7-122-26558-6

Ⅰ.①化…　Ⅱ.①李…②胡…③邱…　Ⅲ.①化工设
计-高等学校-教材　Ⅳ.①TQ02

中国版本图书馆CIP数据核字（2016）第055963号

责任编辑：徐雅妮
责任校对：边　涛　　　　　　　　　　　　装帧设计：关　飞

出版发行：化学工业出版社（北京市东城区青年湖南街13号　邮政编码100011）
印　　装：河北延风印务有限公司
787mm×1092mm　1/16　印张17¾　插页14　字数449千字　2025年2月北京第1版第7次印刷

购书咨询：010-64518888　　　　　　　　　　售后服务：010-64518899
网　　址：http://www.cip.com.cn
凡购买本书，如有缺损质量问题，本社销售中心负责调换。

定　　价：49.00元　　　　　　　　　　　　　版权所有　违者必究

前言

化工设计课程与其他理论课程不同，要面向工程、面向实战、面向当代。教育部和人力资源社会保障部在《关于深入推进专业学位研究生培养模式改革的意见》中提出的改革目标为：以职业需求为导向，以实践能力培养为重点，以产学结合为途径，建立与经济社会发展相适应、具有中国特色的专业学位研究生培养模式。深入实施科教兴国战略、人才强国战略、创新驱动发展战略，开辟发展新领域新赛道，不断塑造发展新动能新优势。坚持为党育人、为国育才，全面提高人才自主培养质量。党的二十大提出深化教育领域综合改革，加强教材建设。为了适应专业学位研究生及实用型人才的培养需要，撰写一部适合案例教学需要的化工设计类教材是非常必要的。

笔者于 2008 年与南京工业大学、吉林化工学院的有关教师联合编写了《化工设计概论》教材，并由化学工业出版社出版。《化工设计及案例分析》是在《化工设计概论》的基础上，删减了设计理论内容，增加了案例教学的内容，并补充了新的设计规范，以满足化工、制药类专业学位研究生培养的需要。

《化工设计及案例分析》具有以下特点：

(1) 教学内容强调理论性与实践性有机结合，突出案例分析和工程训练，注重培养学生实际工程设计意识和能力；

(2) 以两个实际化工过程的开发和设计为案例，从概念工艺设计和工艺流程框图开始，循序渐进地将各环节的工程设计内容贯穿于各章节，使读者步步深入地掌握设计的完整过程；

(3) 所选图纸多来自于实际工程项目，图样清晰、规范，便于教师、学生及工程技术人员参考。

鉴于化工设计课程的特点，建议在授课过程中将学生分成数个设计小组，并给每个小组布置一道实战性设计题目，让学生在学习过程中逐步完成这些课题。在学生对自己的设计课题有了深入思考后，老师再重点针对学生的设计题目讲授相关的设计知识，这样更有助于调动学生学习的主动性、能动性，激发学生设计的潜能，引导学生有针对性地学习所欠缺的设计知识，快速提高设计能力。本书附录 1 中列举了 4 个综合设计课题可供参考。

《化工设计及案例分析》是集笔者近二十多年实际化工项目工程设计经验和理论教学经验编写而成，充分吸收了同类教材的优点。书中案例密切联系实际，内容具有很好的系统性、科学性和实用性。书中全部采用最新的设计规范、标准，尽量与国际规范接轨。

参加本书编写的有河北科技大学的李国庭、胡永琪、赵风云、赵瑞红、陈焕章老师，河北医药化工设计有限公司邱科镔、徐欢、刘烨、庞西南等参加了书稿的整理和校订，全书由李国庭教授统稿。

限于笔者水平有限，书中难免有不妥之处，希望读者提出宝贵意见，以便不断地改进和完善。

编者
2016 年 3 月

目录

第 5 章　车间布置设计 / 148

第6章 管道设计与布置 / 168

第7章　厂址选择与总平面布置 / 209

第8章　设计概算与技术经济 / 216

附录 / 237

参考文献 / 274

0

绪 论

    化工是"化学工艺"、"化学工业"、"化学工程"等的简称。凡运用化学方法改变物质组成、结构或合成新物质的技术,都属于化学生产技术,也就是化学工艺,所得产品被称为化学品或化工产品。起初,生产这类产品的是手工作坊,后来演变为工厂,并逐渐形成了一个特定的生产行业,即化学工业。化学工程则是以化学、物理学、数学为基础并结合其他工程技术,研究化工生产过程共同规律,解决生产规模放大和大型化中出现的诸多工程技术问题的学科。人类与化工的关系十分密切,有些化工产品在人类发展历史中,起着划时代的重要作用,它们的生产和应用,甚至代表着人类文明的一定历史阶段。目前化工产品早已渗透到人们的衣、食、住、行、用等各个领域,在现代生活中,几乎随时随地都离不开化工产品,它几乎与国民经济的各个领域都有着密切的联系。化学工业已成为世界各国国民经济重要的支柱产业。

    我国的化学工业在进入改革开放的三十多年里,其结构和规模均发生了巨大变化,化学工业的产业结构已从以化肥、酸碱盐为主的无机化工发展成为门类齐全的工业体系,化学工业在国民经济中所占比重越来越大,已成为我国国民经济最重要的基础产业。伴随着我国化学工业的迅速发展,不仅需要大量科研、生产、管理方面的精英,而且还需要大批具有扎实的化工专业基础知识、正确的设计思想以及相应设计能力的化工设计人才,所以,加强对化工设计人才的培养非常必要。

    化工设计简单说就是对未建化工装置的规划过程。化工设计是化工项目建设的重要环节,作为从事化工设计的专业人员首先要了解化工项目的工程建设过程及化学工业特点,这有助于对工程建设各个阶段的化工设计内容及设计深度的掌控。

0.1 化工项目的基本建设过程

    基本建设指利用国家预算内基建资金、自筹资金、国内外基建贷款以及其他专项资金进行的,以扩大生产能力(或新增工程效益)为主要目的的新建、改扩建工程及有关工作。

    基本建设是人类改造自然进行固定资产投资的社会经济活动,建设工程的一切活动虽然属于国民经济的特定领域,却与国民经济的各个部门息息相关,影响到社会生产和人民生活水平。因此,一切建设项目的投资方向、工程规模、区域布置等重大问题上必须在国家政策、法规的允许范围内进行,服从国家长远规划,符合行业规划、行业政策、行业准入标准。为了确保国家资源和建设资金的有效使用，减少建设项目决策失误，各国对工程建设实行行政审批制或备案制，并建立了基本建设管理程序。政府规定所有建设项目都必须按照基本建设程序管理规定进行，以保证建设项目的科学决策和顺利进行。

化工基本建设指化工企业或部门在化工设计的基础上，以扩大再生产、提高技术水平、调整产品结构、改善地区布局为目的，而进行新的整体性固定资产投资的经济活动，包括新建、扩建和改建。按照基本建设程序管理规定，一个化工项目（指化工厂或车间）建立的全过程，一般需要经过酝酿、立项（编制项目建议书）、可行性研究、初步设计、施工图设计、安装施工、试车和考核验收等几个阶段。根据以上几个阶段性建设程序，可以将化工厂整个建设过程分为三大阶段：①项目建设前期阶段；②项目建设实施阶段；③项目竣工验收阶段。第一阶段，项目建设前期主要工作是编制项目建议书，提出立项申请，编制可行性研究报告、环境影响报告（简称环评报告）、安全评价报告（简称安评报告），职业卫生评价

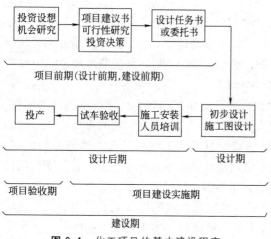

图 0.1　化工项目的基本建设程序

（简称职评），做地震安全性评价，办理建设规划许可，用地规划许可，按项目基本建设程序完成立项需要的手续。第二阶段，项目建设实施阶段主要任务是委托有资质、有能力的设计院或工程公司，完成初步设计和施工图设计，进行消防设计审核，招投标建筑、安装公司完成生产装置的建设，组织人员学习培训，由生产技术人员指导生产调试，直到装置达产达标。第三阶段，竣工验收阶段的主要任务是在技术考核期内，对各项技术指标组织考核，达到设计要求后，转入正常生产管理。图 0.1 为我国传统化工项目的基本建设程序框图。

化工项目具有投资大，资源消耗多，风险高，牵扯范围广，生产技术复杂，涉及易燃、易爆、有毒、有害、高温、高压等多种危险因素，易发生重大事故，易造成环境污染等特点，所以化工项目的建设必须严格按基本建设程序管理规定进行，并加强安监、消防、环境、卫生等部门对化工建设项目的监管。

⊙ 案例　某企业化工项目的建设过程

下面为某公司整理的"化工项目建设过程的工作内容和审批程序"，供计划建设化工类项目的业主参考。建设化工类项目的工作内容如下：

1）项目前期工作（选定项目、成立项目组、进行市场调研、选定项目所需的技术，如果需要购买技术的，签订《技术转让合同》）；

2）撰写《项目建议书》（企业自行撰写或委托专业单位撰写）；

3）当地政府部门项目落地审批［当地相关政府部门（开发区管委会、工信厅、发改委等）下发核准项目受理批文］；

4）撰写《项目可研性分析研究报告》（需委托有资质的公司撰写）；

5）《项目可研性分析研究报告》报当地发改委或工信单位审批（发改委或工信单位下发同意项目建设批文）；

6) 当地规划部门选址审批（提交发改委批文、企业申请报告，规划部门下发同意选址批文）；

7) 当地土地资源行政部门用地申请审批（提交企业申请报告、核准项目受理批文，可研报告、同意项目建设批文、选址批文，土地资源行政部门下发土地预审意见书）；

8) 环评（委托具有环评资质的公司撰写环境影响评价报告书，举行环评论证会、形成环评专家论证会意见书）；

9) 环评审批（提交建设项目选址意见书、土地预审意见书、环境影响评价报告、环评论证会意见书，当地环保局下发审批意见）；

10) 安评（委托具有安评资质的公司撰写安全预评价报告、举行安全预评价报告专家论证会、形成安评专家论证会意见书）；

11) 安评审批（提交企业申请报告、安全预评价报告、安评专家论证会意见书，安监局下发同意建设项目的安全审查批文）；

12) 职业卫生评价（委托具有相关资质的公司撰写职业卫生评价报告书、举行职业卫生评价报告专家论证会、形成专家论证会意见书）；

13) 当地卫生局职业卫生评价审查（提交企业申请报告、职业卫生评价报告书、专家论证会意见书，卫生局下发职业卫生评价审查批文）；

14) 根据技术提供方提供的技术资料，进行项目初步设计（委托有资质的化工工程设计公司进行初步设计，提交初步设计方案书、举行初步设计论证，此项工作因为不涉及政府部门的审批，很多业主予以省略）；

15) 根据技术提供方提供的工艺包，完成详细设计（委托有资质的化工工程设计公司进行详细设计、提交详细设计图纸和资料，其中总图方案、消防安全及设施设计专篇、危化品设备图、压力容器设备图、建筑施工图、防雷装置设计图等图纸资料需上报相关部门审批盖章）；

16) 项目建设用地和项目总图规划许可审批（提交企业申请报告、项目选址意见书、项目批文、土地预审意见书、建设设计总图方案，规划部门下发建设用地规划许可证）；

17) 建设项目土地使用权登记（提交企业申请报告和相关部门的审批文件，土地资源行政部门发放土地使用证）；

18) 项目施工质量、监督和施工许可证审批（提交建设工程规划许可证、施工设计图、中标通知书和其他相关文件，城市规划建设部门下发建设施工许可证）；

19) 政府规划部门、土地管理部门到项目建设现场进行红线图原点定位（红线图原点定位后，企业可以开始土建工程）；

20) 化工项目土建施工建设；

21) 设备定制和采购；

22) 电气、仪表的定制和采购；

23) 设备和管道安装；

24) 安装吹扫及设备调试；

25) 员工招聘及培训；

26) 装置联动试车；

27) 消防验收（企业提出申请，当地消防部门到现场进行验收）；

28) 防雷设施验收（企业提出申请，当地气象部门到现场进行验收）；

29）环保设施验收（企业提出申请，当地环保部门到现场进行验收）；

30）安全装置验收（企业提出申请，当地安监部门到现场进行验收）；

31）申请投料试车（分别向消防部门、环保部门、安监部门提出书面申请，各部门下发批文）；

32）对于国家规定需要生产许可证的产品，申领产品生产许可证（企业向技术和质量监督局提出申请，质监局下发批文并颁发产品生产许可证）；

33）装置投料试车；

34）装置投料试车成功后，可转入试生产；

35）试生产一段时期（约3～6个月）后，向环保部门申请环保验收（企业提出申请，当地环保检测部门进行现场检测，提供检测报告，环保局下发批文）；

36）项目建设完成，转入正常生产。

0.2 化工项目基本建设的特点

0.2.1 化工生产特点

虽然化学工业包括制造最基本产品的酸碱工业、生产新的合成材料的有机合成工业、为农业服务的化学肥料和农药工业、为人民生活制造消费品的轻工业等许多部门，但是现代化学工业的生产有着许多共同的特点，这些特点可以概括为以下几个方面。

(1) 品种多，原料广，生产方式多

化学品在全世界有500万～700万种之多，在市场上出售流通的已超过10万种，而且每年还有1000多种新的化学品问世。生产化工产品的原料来源很广，例如各种地下矿物、动植物、空气和水，以及工业废气、废渣、废液等都可以作为原料。通过化学反应可以将多种多样的原料制造成各式各样用途的工业材料和产品。

化学工业的生产过程复杂多样，每种化工产品生产方法都不一样，即使同一种化工产品也有许多不同的品种和不同的生产方法；而每一品种和生产方法，由于采用原料不同，又可分出许多不同的生产方法，有时甚至是成百上千的单独作业。

(2) 生产工序多，流程复杂

化工生产属于流程型行业。化工生产从特定的原料出发生产某种产品，大多数生产过程都不是一步完成的，一个产品的生产需要多道工序，甚至十几道工序才能完成。例如化学肥料硝酸铵，它的生产从氨生产的造气（半水煤气）、脱硫（硫化氢）、转化（一氧化碳的变换）、氮氢气的压缩、脱碳（二氧化碳的脱除）、净化（微量一氧化碳、二氧化碳的脱除）、氨的合成、液氨的储存；再用液氨气化为氨气、氨气的氧化（得到氧化氮）、酸的吸收生产稀硝酸；再用稀硝酸与氨气中和得到硝酸铵溶液，再将溶液经三级蒸发、造粒、冷却、包装才能完成整个的生产过程，得到产品硝酸铵。与此同时还需要伴随着大量的辅助工程和公用工程，使得化工生产的流程具有复杂性。

(3) 设备多，管道多，维护作业任务重

化工生产系统实际上是由不同用途、不同类型、结构各异的化工设备按工艺要求组合而成的工业装置。由于生产工艺复杂，涉及反应、输送、过滤、蒸发、冷凝、精馏、提纯、吸附、干燥、粉碎等多个化工单元操作，每个单元操作都是由各式各样的设备来完成的，所需要的设备数量及种类繁多，特别是大量专用设备、非标设备的存在已成为化工生产的一种特色。

设备之间由密密麻麻的各种管线连在一起，期间还要装设大量阀门、法兰、仪表等部件，随着长时间的生产运转，生产设备、管道、仪表等运转设备难免会出现问题，会出现跑冒滴漏现象，严重时甚至会引发火灾、爆炸事故，给生产及环境带来危险。定期或不定期对设备进行维护、检修、更换是必不可少的，如果生产使用的设备、仪表、管道、阀门等任何一个环节在设计上、选材上、制造上以及维修保养上存在缺陷，都会给生产带来危险。

（4）工艺条件苛刻，操作要求严

有的化学反应在高温、高压下进行，有的则需要在低温、高真空等条件下进行。例如乙烯聚合生产聚乙烯是在压力为 130～300MPa、温度为 150～300℃ 的条件下进行的，乙烯在此条件下很不稳定，一旦分解，产生的巨大热量使反应加剧，可能引起爆聚，严重时可导致反应器和分离器爆炸。因此，对化工生产操作，对其工艺条件的要求非常苛刻。为了保证生产处于稳定、连续和安全状态，对温度、压力、流量、液面、气体成分、投料量和投料顺序等工艺指标的确定，都非常严谨。按规定的工艺条件，操作人员要根据生产变化情况，及时频繁地予以调节和进行岗位之间的联系，不允许工艺条件有大的波动，更不允许有超温、超压、超负荷运行，否则一旦出现失误，就会造成不可预计的后果。化工生产装置日趋大型化、自动化和智能化，一旦发生危险，其影响、损失和危害是巨大的。

科学、安全和熟练地操作控制现代大型化工生产装置，需要操作人员具有现代化学工艺理论知识与技能、高度的安全生产意识和责任感，以保证装置的安全运行。

（5）高温高压多，装置危险性高

在化工生产中，为了使化学反应能够在快速的条件下进行，就要人为地进行加温、加压。另外，在化学反应中自身也产生高温、高压，高温、高压虽然使化学反应速度加快，达到理想的生产状态，但它也带来生产过程的危险性和难控制性，增加了装置的危险性，给安全生产增加了难度，也增加的设备设计难度。

（6）危险品多，生产危险性大

在化工生产中，所使用的各种原料、中间体和产品，一般都具有易燃、易爆的特点，火灾、爆炸是化工生产发生较多而且危害甚大的事故类型。当管理不合理或生产装置存在某些缺陷时极易引起着火事故，明火在遇到可燃、易燃气体达到爆炸极限就会引发爆炸。

在化学工业中，由于化学品具有毒性、刺激性、致癌性、致突变性、腐蚀性、麻醉性等特性，导致人员急性危害事故每年都发生较多。据有关权威部门统计显示，由于化学品的毒害导致人员伤亡占到化学工业整个事故伤亡的 49.9%，几乎占到一半。因此，关注化学品的健康危害是化学工业生产单位的重要工作之一。

（7）"三废"多，易造成环境污染

化工生产的特点之一是排放污染环境物质种类繁多，"三废"排放量大。据统计，目前世界上化工产品的品种已经远超十万之多，在其生产过程中最终成为产品的原料只占三分之二，剩下的三分之一基本都变成了污染物与废物。由于化工生产所需原、辅材料及生产过程中产生的中间产物和副产物一般也属于有毒有害的危险品，如果处理不好，易对环境造成污染。

(8) 化工生产系统性强，综合性强

将原料转化为产品的化工生产活动，其综合性不仅体现在生产系统内部的原料、中间体、成品纵向上的联系，而且体现在与水、电、蒸汽等能源的供给，机械设备、电器、仪表的维护与保障，副产物的综合利用，废物处理和环境保护，产品应用等横向上的联系。任何系统或部门的运行状况都将影响甚至是制约化学工艺系统内的正常运行与操作。化工生产各系统间相互联系密切，系统性和协作性很强。

(9) 化工生产装置逐渐大型化、自动化及智能化

在化学工业中，随着科学技术的进步，生产规模越来越大，如合成氨生产装置，在我国就有年产 50 万吨的大型装置，这些大型装置产量大、能耗低、经济效益好，但设备贵重，投资较大。一般采用单系列配置，没有备用设备，对生产操作要求极为严格。稍有不慎，就有可能发生较大的事故，对安全生产的要求非常之高，对事故苗头的控制要非常精细。

在化学工业中，随着现代信息技术的发展，计算机技术、信息工程技术、智能技术也得到了充分的利用。如现在多数大型化工装置的中央控制室均采用 DCS 控制系统，不仅大大减轻了劳动力，也使化工生产的各个环节的操作指标得到了精准的控制。但是，自动化、智能化技术的应用也带来了一些新的安全问题，如果管理、维修、操作出现一点闪失，就有可能造成整个系统的停车，给企业造成巨大的经济损失，也有可能造成人员伤亡。

(10) 影响生产因素多，生产管理难

化工行业属于连续生产工种，属于流程型行业，各生产环节直接相互依存。生产过程受诸多因素如温度、压力等的制约，靠调节工艺操作参数实现，控制信息要求及时、稳定、可靠。生产过程较长，从原料到配料、反应、提成和结晶，需要很多步骤，可以说化工产品生产管理流程相当复杂。另外生产设备的大型化、自动化和集中控制，生产的比例性、连续性都给生产安全管理带来难度。

0.2.2 化工项目建设特点

化工建设项目具有一定的特殊性，主要表现在项目施工对周边环境影响巨大，并且施工周期较长，投资较大，专业性强，技术含量较高。同时，由于投产后所涉及的产品是易燃、易爆物品，并且在生产过程中多涉及高温、高压、防火、防爆、防腐蚀等，所以装置建成后可靠性和施工质量稳定性要求格外高。下面是化工项目建设的显著特点。

(1) 建设手续繁琐，行业规范多，监管严

化工建设项目必须符合经济效益、社会效益、环境效益相统一的原则。为了加强化工建设项目全过程管理，保证国家建设项目的工程质量和建设进度，发挥投资效益，促进国民经济持续、快速、健康发展，根据国家现行有关规定，结合化工建设的特点，对化工建设制定了大量方针、政策、法规、行业规范、标准，要求在建设过程中严格遵守执行，否则无法完成建设。

由于化工生产的特点决定了它具有很大的危险性，因为一旦发生火灾、泄漏、爆炸事故，不但导致生产停止，而且还会造成人身伤亡，产生环境污染，所以化工项目从立项、设计、施工、安装、试车到正式投产，在各个环节必须在安全、卫生、环境监管下进行。

(2) 生产设施复杂，牵扯领域多，建设周期长

建设一个化工厂，需要建设大量的生产、生活、办公厂房，购置大量的众目繁多的设备、管道、仪表等器材，由建设施工方根据施工图装配起来。由于建设种类多，化工建设工程一般要涉及土建、钢结构、设备制造安装、管道焊接及热处理、电器、仪表、给排水暖通、防腐等专业。需要施工队伍多，建设周期长。

建设一个化工厂，仅靠自身力量，是不可能建成的，需要借助众多领域的社会资源。水、电、汽等是建厂所必需的公用工程，最好借助社会资源，可节约投资，降低生产成本；其他消防、水处理，通信、交通运输等方方面面也需要有关专业部门支持。

（3）流程复杂，管道多，增加了设计及安装难度

与其他行业不同，化工生产绝大多数流程是流体（液体和气体）流程，而流体的输送和设备之间的连接，大多数采用管道。因此化工装置管道众多，约占安装工程用工的 50% 左右，在化工设计中也是非常繁琐的工作。

（4）施工建设专业性强，质量要求高

化工装置大多在高温、高压条件下运行，其运行介质也多是易燃、易爆或有毒介质，这种生产工艺的特殊性，决定了对工程建设质量的高标准要求，即在建设过程中，其质量必须满足设计及相应标准，否则就可能导致恶性事故，后果不堪设想。即使不出现恶性事故，装置一旦投料试车，再要停下来其维修的成本也非常高。因此要求建设质量水平能够满足一次进行成功的要求，同时在运行后的质量具有稳定性。

（5）非标设备多，非定型建筑多，非定型布局多

由于化工生产的产品种类众多，工艺路线及工艺流程各有不同，生产工艺条件有别，生产设备多，特别是非标设备多，没有通用性，这类非标设备的存在，大大增加化工设计、施工的负担。

化工厂的厂内建、构筑物很少有千篇一律的，它除了受设备布局的影响外，还受自然条件的影响，因此建、构筑物大多不定型，千差万别。

由于受工艺流程和生产条件的限制，许多化工建筑都是高低错落，凹凸不平，建筑体型不规整；另外受地形地貌、水文、气候条件限制，相同的装置在不同的地区建设，其设计方案、工程量、投资等都不相同，这一特点构成了其基建产品的单件性。

（6）化工项目建设复杂，风险高

由于化工生产具有工艺复杂、规模庞大以及生产介质的易燃、易爆、有毒有害等特点，决定了化工行业是一个高危险的行业。所以业主在进行设计、建设施工时，更慎重，要考虑多方面因素的影响。

0.3 化工设计在化工基本建设中的作用

化工设计是把一项化工工程从设想变成现实的桥梁，是化工企业得以建立的必经之路，在化工项目基本建设中化工设计发挥着重要作用。在化工建设项目确定以前，它为项目决策提供依据；在化工建设项目确定以后，又为项目的建设提供实施的蓝图。无论工厂或车间的新建、改建和扩建，还是技术改造和技术挖潜，均离不开化工设计。

化工设计是科研成果转化为现实生产力的纽带，科研成果只有通过工程设计才能实现工业化生产，产生经济效益。在科学研究中，从小试到中试以及工业化的生产，都需要与设计有机结合，并进行新工艺、新技术、新设备的开发工作，力求实现科研成果的高水平转化。化工设计是企业技术革新，增加产品品种，提高产品质量，节约能源和原材料，是促进国民经济和社会发展的重要经济技术活动的组成部分。

化工设计是化学工程项目建设过程中极其重要的环节，是工程建设的灵魂，对工程建设起着主导作用。可以说在建设项目立项以后，设计工作就成为建设中的关键。企业在项目工程建设时能不能加快速度，保证施工安装质量和节约投资，建成以后能不能获得最大的经济效益、环境效益和社会效益，设计工作起着决定性的作用。

　　因此，设计是一切工程建设的先行，在工程建设中处于主导地位，可以说没有现代化设计，就没有现代化建设，它对工程质量、建设周期、投资效益以及投产后的经济效益和社会效益起决定性作用。因而必须大力加强化工工程设计工作。

第1章

化工设计基础知识

1.1 化工设计的概念

"化工设计"是"化工工程设计"的简称。广义的"化工设计"定义为："化工设计是根据化工建设工程和法律规范的要求，对建设工程所需的技术、经济、资源、环境等条件进行综合分析、论证，并编制建设工程设计文件，提供相关服务的活动"。设计文件是指从开发、立项、设计、施工、安装、试车、验收到正式生产的各个阶段所形成的图样和技术资料的总称，而本书要介绍的"化工设计"的内容主要是化工项目在基本建设时期形成的设计文件。

化工设计是一项综合性很强的技术性活动，涉及如下众多方面：①政治、经济、技术、资源、市场、用户；②国策、国情、法律、法规、标准；③工艺、建筑、结构、给排水、暖通、电气、动力、仪表、自控等专业。

化工设计又不同于化工原理设计，后者是对某个化工操作单元的设计，而本书所讲的"化工设计"是针对一个化工项目，这个项目可能是一个化工装置或者一个生产车间的整体设计。

1.2 化工设计的分类

1.2.1 按建设项目性质分类

(1) 新建项目设计

新建项目设计包括新产品设计和采用新工艺或新技术的产品设计。这类设计往往由开发研究单位、专利商提供工艺包，然后由工程设计单位根据建厂地区的实际情况进行工程设计。

(2) 重复建设项目设计

由于市场需要或者设备老化等原因，有些产品需要重建新的生产装置，由于建新厂的具体条件与原厂不同，即使产品的规模、规格及工艺完全相同，也还是需要由工程设计人员重新进行设计。

（3）已有装置的改、扩建设计

化工厂旧的生产装置，由于其产品质量或产量不能满足客户要求，或者因技术原因，原材料和能量消耗过高而缺乏市场竞争能力，或者因环保要求的提高，为了实现清洁生产，而必须对已有装置进行改造。已有装置的改造包括去掉影响产品产量和质量的"瓶颈"，优化生产过程操作控制，提高能量的综合利用率和局部工艺或设备的改造更新等。这类设计通常由生产企业的技改部门进行设计，有时对于生产工艺过程复杂的大型装置同样也委托工程设计单位来进行设计。

1.2.2 按建设项目开发过程分类

从一个新产品或新工艺的实验研究开始到进行工厂建设为止，需要进行两大类设计：第一类是新技术开发过程中的几个重要环节，即概念设计、中试设计、基础设计和工艺包设计，这一类设计由研究单位的工程开发部门负责进行，若研究单位设计力量不足，也可委托设计单位，或与设计单位合作。第二类是工程设计，包括初步设计和详细设计，这两种设计是建设项目实施的依据，由设计单位负责进行。

（1）概念设计

概念设计为工程研究的一个重要环节，它是在应用研究进行到一定阶段后，根据开发性基础研究的成果、文献数据、现有类似的操作数据和工作经验，从工程角度出发按照未来的工业生产装置规模所进行的一种假想设计。它的工作内容主要是根据研究提供的概念和数据，确定流程和工艺条件以及主要设备的形式和材质、三废处理措施等，最终得出基建投资和产品成本等技术经济指标。

一般情况下，概念设计在中试以前进行。通过概念设计可以判断研究的工艺条件是否合理，数据是否充分，在这个基础上提出：对开发项目进行初步的经济评价，以确定路线的先进性和可靠性；开发项目需改进之处和小试需要补充的实验内容和课题；有无必要建立中试装置，确定中试规模、范围和必须通过中试解决的问题和取得的数据。

若概念设计在中试以后进行，其内容主要还是确定流程和工艺条件，但其目的则是对中试结果进行进一步的技术经济评价，确定该项目工业化的可能性和需要补充研究的内容。若结论是肯定的，概念设计所确定流程和工艺条件可作为下一阶段设计工作的基础。

因此，概念设计是实现工程设计与研究早期结合的一种好方式，通过概念设计，可以及早暴露研究工作中存在问题与不足，从而及时解决问题，缩短开发周期。

（2）中试设计

当某些开发项目不能采用数学模型法放大，或者其中有若干课题无法在小试中进行，一定要通过相当规模的装置才能获得数据时才需进行中试设计。

中试装置的主要任务是：验证基础研究得到的规律，考察从小试到中试的放大效应，研究一些由于各种因素没有条件在实验室进行研究的课题，进行新设备、新材料、新仪器、新控制方案的试验等。

中试涉及的内容基本上和工程设计相同，但由于规模小，若施工安装力量较强，可以不出管道、仪表、管架等安装图纸。

（3）基础设计

基础设计是一个完整的技术软件，是整个技术开发阶段的研究成果，它的质量优劣体现了研究开发工作的水平。它是工艺包、工程设计依据，一般在研究内容全部完成并通过鉴定后进行。

基础设计主要内容如下：

a. 设计基础（设计依据，技术来源，生产规模、年操作小时，原材料规格，辅助材料要求，产品规格，界区条件及公用工程条件等）；

b. 工艺流程说明（详细说明工艺生产过程的特点、反应原理、工艺参数和操作条件等）；

c. 物料流程图和物料表；

d. 带控制点的管道仪表流程图；

e. 设备表和设备规格说明书；

f. 对工程设计的要求；

g. 设备布置建议图；

h. 装置的操作说明；

i. 装置三废排放点、排放量、主要成分及处理方法，对工业卫生生产安全的要求；

j. 自控设计说明；

k. 消耗定额；

l. 有关的技术资料和物性数据等；

m. 安全技术与劳动保护说明。

总之，基础设计的内容应包括新建装置的一切技术要点，合格的工程技术人员应能根据基础设计完成一个能顺利投产，并达到一定产量和质量指标的生产装置。

我国传统上对新开发的化工项目的设计，是依据基础设计文件而展开的初步设计、施工图设计。目前国际通用作法将基础设计进一步完善深化，做成"工艺包"商品，出售给业主或工程公司。

（4）工艺包设计

工艺包是一个专用的技术名词，特指某个化工产品生产技术方面的全部技术文件的总和，是一个化工工艺的核心技术文件，是工程设计的主要依据，由化工工艺、仪表、设备、材料、环保等专业共同完成该化工产品的工艺包设计工作。

工艺包设计内容和深度的规定：工艺包的成品应包括说明书、工艺流程图（PFD）、初版管道及仪表流程图（P&ID）、建议的设备布置图、工艺设备一览表、工艺设备数据表（附设备简图）、催化剂及化学品汇总表、取样点汇总表、材料手册（需要时）、安全手册（包括职业卫生、安全和环保）、操作手册（包括分析手册）、物性数据手册以及有关的计算书。

① 说明书

工艺包设计说明书是工艺包设计的重要组成部分，应包括下列内容。

a. 概述

内容包括：生产方法、装置特点；产品名称及规模；年操作时间，装置运行方式，按五班三运转或四班三运转，或者其他方式运转；装置组成；三废排放数量及组成。

b. 设计基础

内容包括：原料及催化剂、化学品规格；公用工程规格。

c. 工艺设计

内容包括：工艺叙述，对工艺原理及工艺流程叙述；正常生产主要操作条件；产品质量及原料消耗的期待值和保证值；仪表及控制方案说明；关键设备选型说明。

② 图纸

a. 工艺流程图（PFD），附物料平衡表

工艺流程图（PFD）应包括下列内容：全部工艺物料和产品所经过的设备、主要物料管

道（包括进、出装置界区的流向）、物料平衡表（示意主要的工艺参数，如温度、压力、物流的质量流量或体积流量、换热量、物料组成名称、分子式、密度、黏度等，以及与物料平衡点对应的全部物流点号），此外还应包括图例说明以及图面上必要的说明和注解。公用工程（如水、电、气、汽、冷凝液等）系统的整套设备和管道不在图上表示，仅标出工艺设备使用点的进、出位置。

b. 管道及仪表流程图（P&ID）

管道及仪表流程图将化工装置所必需的全部设备及主要管道、仪表、阀门、管件按功能并经安全和经济分析表示出来。P&ID不仅是设计、施工的依据，而且对操作、运行及检修也很重要。工艺包设计文件中的管道及仪表流程图只含工艺管道及仪表流程图，不含辅助及公用工程系统管道及仪表流程图。

c. 建议的设备布置图

建议的设备布置图应包括下列内容：建、构筑物形式的建议和参考尺寸，设备之间的相对位置和相对标高（按比例表示，无需标出具体尺寸），有特殊要求设备的相对位置或标高或高差（必须标出具体尺寸），全部或主要设备的名称和位号，控制室和主要操作室的相对位置。

③ 表格

a. 工艺设备一览表；

b. 工艺设备数据表（附设备简图）；

c. 催化剂及化学品汇总表；

d. 取样点汇总表（需要时）；

④ 安全手册（包括职业卫生、安全和环保）；

⑤ 操作手册（包括分析手册，在全部工程设计完成后由专利商提供）；

⑥ 材料手册（需要时）；

⑦ 物性数据手册（需要时）；

⑧ 计算书。

(5) 初步设计

初步设计的性质和功能定位是在工艺包的基础上进行工程化的一个工程设计阶段，根据工艺包设计并结合建厂条件做出工程设计的主要技术决定。

(6) 详细设计

详细设计是设计人员在初步设计的前提下，将工程设计进一步完善，直到完成能满足工程施工、安装、开车所必需的全部设计文件。该书所讲的"化工设计"侧重于工程设计。

1.3 我国传统设计工作程序及内容

按照我国工程建设的基本建设的实施程序，一个新建化工厂的建设，要经过项目建设前期、建设实施、项目竣工验收三个建设阶段。作为化工项目建设的主要设计工作，也要随着项目进展情况分设计前期、设计期、设计后期三个阶段完成。设计前期工作是撰写项目建议书、可研报告；设计期主要完成大量设计图纸等文件；设计后期主要工作是施工图解疑、现场变更、工程总结、设计回访、项目后评价、完成技术档案的整理、移交、存档等工作。图1.1为化工项目的工程设计基本程序。

设计阶段的划分是由基本建设管理模式体制所决定的，我国基本建设管理规定现行的设计体制是20世纪50年代初期仿照前苏联模式建立起来的传统设计体制。根据规定对大、中型建设项目的工程设计一般分为：初步设计和施工图两个阶段，有些涉及面广的大型项目或联合企业还应先做总体设计，对于技术复杂或缺乏设计经验的重大项目，经主管部门和业主确定，可在施工图设计之前，增加技术设计阶段，对于技术简单的小型项目中，在简化的初步设计（亦称方案设计）确定后，就可开展施工图设计。

我国"初步设计"内容及深度与国际上通称的"基础工程设计"的内容及深度接近；"施工图"设计内容及深度与国际上通称的"详细工程设计"的内容及深度相当，随着我国经济的快速发展，设计工作也越来越国际化，大部分设计院逐渐接受和使用"基础工程设计"和"详细工程设计"的概念。

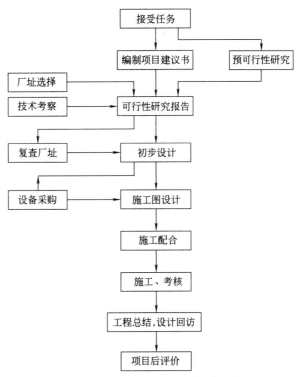

图 1.1　化工项目工程设计基本程序

1.4　国际通用设计程序及内容

国际通用设计体制是21世纪科学技术和经济发展的产物，已成为当今世界范围内通用的国际工程公司模式。按国际通用设计体制，有利于工程公司的工程建设项目总承包，对项目实施"三大控制"（进度控制、质量控制和费用控制），也是工程公司参与国际合作和国际竞争进入国际市场的必备条件。国际上通常把全部设计过程划分为工艺包设计和工程设计两大设计阶段。工艺包设计属于基础设计阶段，主要由专利商承担，工程设计由工程公司承担。

国际通用设计程序的阶段划分及主导专业在各设计阶段应完成的主要设计文件见表1.1。

表 1.1　国际通用设计程序的阶段划分

	专利商	工程公司		
阶段名称	工艺包 (Process Package) 或基础设计 (Basic Design)	工艺设计 (Process Design)	基础工程设计(Basic Engineering) 或分析和平面设计(Analitical and Planning Engineering)	详细工程设计 (Detailed Engineering) 或最终设计 (Final Design)

主导专业	专利商	工程公司		
	工艺	工艺	系统/管道	系统/管道
主要文件	1. 工艺流程图（PFD） 2. 工艺控制图（PCD） 3. 工艺说明书 4. 物料平衡及热量平衡计算 5. 设备表 6. 工艺数据表 7. 概略布置图 8. 原料、催化剂、化学品、公用物料的规格、消耗量及消耗定额 9. 产品产品的规格及产量 10. 分析化验要求 11. 安全分析 12. 三废排放及建议的处理措施 13. 建议的设备布置图 14. 操作指南	1. 工艺流程图（PFD） 2. 工艺控制图（PCD） 3. 工艺说明书 4. 物料平衡表 5. 设备表 6. 工艺数据表 7. 安全备忘录 8. 概略布置图 9. 主要专业设计条件	1. 管道仪表流程图（P&ID） 2. 设备布置图（分区） 3. 管道平面图（分区） 以下由其他专业完成 1. 设备计算及分析草图 2. 设计规格说明书 3. 材料选择 4. 请购文件 5. 地下管网图 6. 电气单线图 7. 各有关专业设计条件	1. 管道仪表流程图（P&ID） 2. 设备安装平/剖面图 3. 详细配管图 以下由其他专业完成 1. 基础图 2. 结构图、建筑图 3. 仪表设计图 4. 电气设计图 5. 设备制造图 6. 其他专业全部施工所需图纸文件 7. 各专业施工安装说明
用途	提供给工程公司作为工程设计的依据，并是技术保证的基础	将工艺包转化为设计文件，发表给有关专业开展工程设计，提供用户进行审查	为开展详细工程设计提供全部资料，为设备、材料采购提出请购文件	提供施工所需的全部详细图纸和文件，作为施工及材料补充订货的依据

工程设计又划分为：工艺设计、基础工程设计和详细工程设计三个阶段。

1.4.1 工艺设计阶段

工艺设计阶段（Process Design Phase）是工程设计的第一阶段。其主要内容是把专利商提供的工艺包或本公司开发的专利技术按合同的要求进行工程化，并转换成工程公司的设计文件，发表给有关专业，作为开展工程设计的依据，并提交用户审查。工艺设计程序见图1.2。

此阶段通常从项目中标、合同生效时开始，与项目经理筹划项目初始阶段的工作同时进行，并以工艺发表为其结束的标志。工艺设计文件是编制、批准控制估算的依据和基础资料。

工艺设计的主要依据包括专利商提供的工艺包、研究部门的中试或小试工艺技术成果、项目设计依据文件以及项目合同及其附件。

工艺设计的主要内容如下：
① 工艺流程图（PFD）；
② 物料平衡图表；
③ 工艺说明书；
④ 工艺数据表；

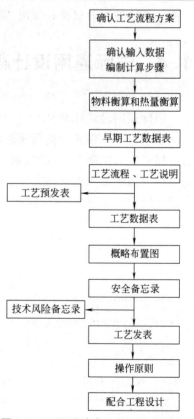

图 1.2　工程设计中工艺设计的程序

⑤ 设备表；

⑥ 概略布置图；

⑦ 安全备忘录；

⑧ 技术风险备忘录；

⑨ 操作原则。

工艺设计的主导专业是工艺专业，主要参加专业包括仪表、设备、分析、系统和材料等专业。

1.4.2　基础工程设计阶段

基础工程设计的性质和功能定位是：在工艺包的基础上进行工程化的一个工程设计阶段。基础工程设计阶段（Basic Engineering Design Phase）是工程设计人员将专利商提供的工艺包或者基础设计转化成工程设计的一个重要环节。基础设计和基础工程设计是有区别的，前者是专利商提供的技术成果和专有技术能够转化成工程设计的依据和充分及必要条件，后者是工程公司（我国主要为设计院）在专利商基础设计的基础上，进一步完善并把它转化成为工程设计的技术资料的过程。

基础工程设计的主要内容如下：

① 编制管道及仪表流程图（P&ID）A 版～2 版；

② 编制设备布置图成品版；

③ 编制管道平面设计图；

④ 编制设备和主要材料请购单；

⑤ 编制仪表数据和主要仪表请购单；

⑥ 编制电气单线图和主要电器请购单；

⑦ 编制全厂总平面布置图及界区条件图；

⑧ 编制防爆区域划分图；

⑨ 编制地下管网布置图；

⑩ 编制各专业其他设计文件。

基础工程设计是工程设计的一个关键性工作阶段，此阶段与工艺设计阶段紧密衔接，从工艺发表、举行设计开工会议开始，直至开展详细工程设计用的管道及仪表流程图 2 版、管道平面设计图（也称管道平面研究图）和装置布置图的发表为其结束的标志。

基础工程设计在国外有的工程公司还可细分为分析设计和平面设计两个工作阶段。

分析设计是基础工程设计的第一个工作阶段，主要是为平面设计阶段的工作提供设计条件。这个阶段的主要工作是应用工艺发表和设计开工会议提供的设计条件和数据，开发和编制管道及仪表流程图（P&ID）、工艺控制图（PCD）和装置布置图，编写设计规格说明书和设备请购单，并开展设备订货及大口径合金钢管道早期订货等工作。此阶段完成的主要设计文件需送请用户审查认可。

平面设计是基础工程设计的第二个工作阶段，主要为详细工程设计提供设计依据。这个阶段的主要工作有：进行管道研究、开展管道应力分析和编制管道平面设计图；审查确认设备供货厂商图纸；进行散装材料初步统计和首批材料订货；完成供详细工程设计用的管道及仪表流程图 2 版和装置布置图；各专业相应完成布置图等工作。此阶段以管道平面设计图的发表为其结束的标志，由此进入详细工程设计阶段。

基础工程设计为详细工程设计提供全部资料，同时为设备和主要材料的采购提出请购文件，并作为编制首次核定估算的依据。

1.4.3 详细工程设计阶段

详细工程设计阶段（Detailed Engineering Design Phase）即是施工图设计阶段，是工程设计人员在基础工程设计的基础上开始工程采购，并逐步根据制造厂商返回的采购文件进行深化，将工程设计进一步完善直到能满足工程施工、安装、开车所必需的全部设计文件完成，即标志整个工程设计阶段结束。

详细工程设计以基础工程设计的全部设计文件、项目依据文件和合同文件为依据。

详细工程设计的主要内容如下。

① 编制管道仪表流程图 3 版和施工版；

② 编制管道平面布置图；

③ 编制管道空视图；

④ 编制土建结构图；

⑤ 编制土建基础图；

⑥ 编制仪表设计图；

⑦ 编制电气设计图；

⑧ 编制设备制造图；

⑨ 编制其他各专业施工所需的图纸和文件。

详细工程设计为最终材料采购、施工和试车提供详细图纸和文件，并作为编制二次核定估算的依据。

1.5 车间设计工作程序及内容

化工车间（装置）设计是化工厂设计的最基本的内容，也是初学者必须首先掌握的。车间化工设计同样分为化工工艺设计和非工艺设计两部分，化工工艺设计决定整个设计的概貌，是化工设计的核心，起着组织与协调各个非工艺专业互相配合的主导作用，其他非工艺设计是为化工工艺设计服务的，他们的设计均需以化工工艺专业提出的各种设计条件为依据。非工艺设计分别由各专业设计人员负责，它包括建筑、结构、设备、电气、仪表及自动控制、暖通、给排水、环保等专业的各项设计工作。本节重点介绍化工车间（装置）工艺设计内容和程序。

下面按工作程序介绍车间工艺设计的内容。

(1) 设计准备工作

① 熟悉设计任务书。全面深入地正确领会设计任务书提出的要求，分析设计有关条件，这都是设计的依据，必须熟记、贯彻实施。

② 了解化工设计以及工艺设计包括哪些内容，其方法步骤如何。

③ 查阅文献资料。按照设计要求，主要查阅原材料、产品、中间产品、产品性质、价格、质量标准，产品市场情况、生产的工艺路线、工艺流程和重点设备有关的文献资料，并摘录笔记。此外，还应对资料数据加工处理，对文献资料数据的适用范围和精确程度应有足够的估计。

④ 收集第一手资料。深入生产与试验现场调查研究，尽可能广泛地收集齐全可靠的原

始数据并进行整理，这对做好整个设计来说是一项很重要的基础工作。

（2）选择生产方法

大多数化工产品有多种生产方法，所以对于设计人员在接受设计任务之后，首先要确定一个合适的、先进的生产方法。这就需要设计人员充分研究和领会设计任务书的精神实质，面对现实，对当地、当时物质条件、资源状况、其他类似工业的生产水平全面调查研究，掌握第一手资料，广泛而详细地查阅中外资料，清楚地掌握国内外类似工厂的生产及操作管理状况，把现有的生产方法进行全面的分析、对比，从中挑选出工艺先进、技术成熟、经济合理、安全可靠、"三废"得到治理并符合国情或当地条件的生产方法及其工艺路线，作出合理的决定。

（3）工艺流程设计

生产方法确定之后，就要根据各自的生产原理，以每个车间或界区的主要任务或反应为核心，以主要物料的流向为线索，以图解的形式表示出整个生产过程的全貌。在这一过程中应把原料、中间产品及最终产品需要经过哪些工艺过程及设备，这些设备之间的相互关系与衔接，以及它们的相对位差、物料的输送方法、过程中间加入的物料或取出的中间产品等加以说明，并对流程作出详细的叙述。

（4）工艺计算及设备选型

工艺计算是工艺设计的中心环节，主要包括物料衡算、能量衡算和设备工艺计算与选型三部分内容，并在此基础上绘制物料流程图、主要设备总图和必要部件图。

物料衡算是建立在质量守恒定律基础上的，即引入某一过程或某一设备的物料质量必须等于离去的物料质量（包括损失在内），据此即可求出物料的质量、体积和组成等数据，最后可汇总成原料消耗综合表。

能量衡算即进入过程的能量等于过程结束所获得的能量，亦即能量的收入等于能量的支出。根据能量计算的结果，可以确定输入或输出的热量，加热剂或冷却剂的消耗量。同时结合设备工艺计算，可以算出传热面积，最后可以得出能量消耗综合表。

设备工艺计算与选型主要是确保一定生产能力的设备的主要工艺尺寸；或者相反，根据一定的设备规格确定其生产能力。设备工艺计算与选择的最后结果是得出设备示意图（或称条件图）和设备一览表。

（5）车间布置设计

车间或界区布置设计主要解决厂房及场地的配置，确定整个工艺流程中的全部设备在平面和空间的具体位置，相应地确定厂房或框架的结构形式。一个完整的车间设计，应包括生产各工段或岗位、工艺设备、动力机器间、机修间、变电配电间、仓库与堆置场、化验室等。车间布置的要求就要对上列工段和房间作出整体布置和厂房轮廓设计。当整体布置和厂房轮廓设计大体就绪后，即可进行设备的排列与布置工作。

车间或界区布置设计是在完成工艺计算并绘制出管道及仪表流程图之后进行的，最后绘制车间平面布置图和剖视图。

（6）化工管道设计

化工管道设计任务：根据输送介质物化参数、操作条件，选择管道材质、管壁厚度，选择流速计算管径，确定管道连接方式及管架形式、高度、跨度等。完成管道布置图的设计，确定工艺流程图中全部管线、阀件、管架、管件的位置，满足工艺要求，便于操作、检查和安装维修，且整齐美观。

（7）提供非工艺设计条件

工艺设计告一段落后，其他非工艺设计项目包括：总图、外管、设备、运输、自控、建筑、结构、暖通、给排水、电气、动力、经济等项目均要着手进行，而设计的依据即是由工艺设计人员提供设计条件。

（8）概（预）算书的编制

概算书是在初步设计阶段的工程投资的大概计算，是工程项目总投资的依据，它是根据初步设计的内容，概算出每项工程项目建设费用的文件。

预算书是在施工图设计阶段编制的，它是根据施工设计内容，计算每项工程项目建设费用的文件。

通常预算书要比概算书内容详细而且比较精确。预算书一般可作为设备安装阶段各种物料的发放、领取标准，也是检查现场物料的使用情况和有无浪费的依据。

（9）编写设计说明书

设计说明书是设计人员在完成本车间工艺设计之后，为了阐明本车间设计时所采用的先进技术、工艺流程、设备、操作方法、控制指标及设计者需要说明的一些问题而编制的。

车间工艺设计的最终成品是设计说明书、附图（工艺流程图、布置图、设备图等）和附表（设备一览表、材料汇总表等）。各设计阶段应分别进行编写和绘制。

设计说明书是供审查、批复、下一段设计及施工单位进行施工、生产单位进行生产的依据，要求对说明书、附图、附表进行认真的校核，对文字说明部分，要求做到内容正确、严谨、完整易懂；对设计图纸要求做到准确无误，符合设计规范，满足生产、操作、施工、维修的要求，整洁美观。

以上仅是车间工艺设计的大体内容，叙述的顺序就是一般的设计工作程序，实际设计过程中，这些工作内容往往是交错进行的。车间工艺设计的主要内容和步骤见图1.3所示。图中右边框代表设计的成品。

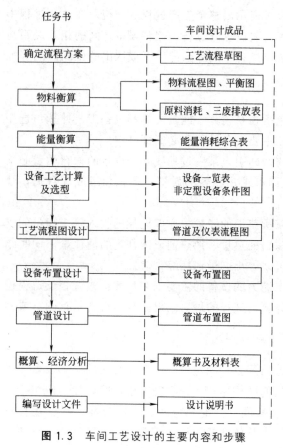

图1.3　车间工艺设计的主要内容和步骤

1.6　化工设计的特点

一般化工生产设计涉及专业众多，工艺复杂，操作条件苛刻，工程投资大，使用大量原材料，且都易燃、易爆，具有一定的腐蚀性、毒性，易对操作人员造成伤害，生产过程中还会产生大量的废水、废气、废渣等。化工生产的物料性质、工艺条件、技术要求的特殊性形成了化工设计的以下特点。

（1）政策性强

化工设计是一项政策性很强的综合工作，整个过程都必须遵循国家的各项有关方针政策和法规，遵守化工设计的程序和规范，严格按照规定的形式和要求，进行设计并完成工作。从我国国情出发，充分利用人力和物力资源；确保安全生产，保护环境不被污染；保障良好的操作条件，减轻工人的劳动强度。

（2）技术强

化工设计又是一项理论密切联系实际的工作，从事化工设计不仅要有扎实的专业理论知识、较广博的综合基础知识、熟练的技能，还要有丰富的实践经验和运用先进设计手段的操作能力。

（3）经济性强

化工生产过程大都复杂，所需原材料种类多，能耗大，基建费用高，要求设计人员有经济观点，在确定生产方法、设备选型、车间布置、管道布置时都要加强经济观点，认真进行技术经济分析，处理好技术与经济的关系，做到技术上先进、经济上合理。

（4）综合性强

化工设计是一项系统工程，是一门多学科、多人手的集体性劳动，要在工作中团结协作，互相支持、互相配合，以大局为重，发扬民主、尊重科学、尊重知识，协同工作，必须依靠全体工艺设计人员和非工艺设计人员的通力合作，密切配合才能完成。

（5）规范多

化工项目涉及易燃、易爆、有毒、高温、高压、低温、低压，危险品多，易发生重大事故，易造成环境污染，所以国家建立了大量的化工建设及行业有关设计规范、规定和标准，设计要严格遵守。主要标准规范有《化工建设项目环境保护设计规定》、《建筑设计防火规范》、《化工企业安全卫生设计规定》、《化工工艺设计施工图内容和深度统一规定》、《工业企业总平面设计规范》等。

总之，化工设计即是一门综合性很强的专业知识，同时又是一项政策性很强的工作。作为化工设计工作者，要想使设计体现上述特点，必须具有扎实的理论基础，丰富的实践经验，熟练的专业技能和运用计算机等先进设计手段的能力，这样才有可能作出高质量的设计成果。

1.7 化工设计总原则

化工设计工作既是一门技术与经济相结合的科学，同时又是一项政策性很强的工作，为此应特别注意贯彻以下原则。

① 在国家政策、法规允许范围内进行设计，禁止对国家明令禁止的项目进行设计，禁止在设计中采用国家明令淘汰的工艺技术，设计要符合国民经济和社会发展规划、行业规划、产业政策、行业准入标准。

② 从符合党和国家的政治方针和技术经济政策出发，要本着对国家、对人民负责的态度，合理开发有效利用资源，注意节能、节水、减排，保护环境，处理好技术、经济及环境的关系，全面贯彻党的二十大提出的"实施全面节约战略，推进各类资源节约集约利用，加快构建废弃物循环利用体系"的方针，践行"绿色、循环、低碳发展"，"全过程加强生态环境保护"的理念，自觉维护国家和人民的利益；确保安全生产，符合国家工业安全与卫生要求，不对公众利益和环境产生重大不利影响。

③ 执行国家基本建设的方针政策，在整个设计过程中严格遵守国家、行业有关设计规

范、规定和标准，特别是涉及危化品、火灾危险性为甲类的化工产品的设计。

④ 认真贯彻工厂布置一体化，总流程系统化，生产装置联合化、露天化，建构筑物轻型化，公用工程设施力求社会化等设计原则。

⑤ 树立科学严谨的工作态度，带着高度的责任感和责任心去完成设计作品，避免出现不可弥补的设计失误。

⑥ 深入研究、精心设计，吸收国内外先进成熟的科学技术成果和生产实践经验，选择最可靠的建设方案进行设计，做到经济合理、技术先进、安全可靠、美观实用，设计的主要指标达到同类工厂先进水平。

⑦ 整个系统必须可操作和可控制。

⑧ 设计方案及深度要保证有关审批、验收工作能顺利通过。如项目立项、许可审查、项目环评、安评、职业卫生评价、安全设施审查、消防设计防火审核、防雷装置设计审核，以及环保、安全、消防、职业病防护设施验收等工作。

第2章

工艺流程设计

工艺流程设计总步骤：在工艺流程设计前首先进行工艺路线的选择和论证，当工艺路线和生产规模确定后，即可开始工艺流程设计，并且随着物料衡算、能量衡算、设备工艺计算等工作的开展，工艺流程设计也要由浅入深地不断修改、完善，相应的完成物料流程图、工艺流程图（PFD）、工艺控制图（PCD）和物料平衡表的绘制，最终根据工艺操作要求、说明等资料绘制完成各种版本的管道及仪表流程图（P&ID）。

2.1 工艺路线的选择原则和确定步骤

化工生产的特点之一就是生产方法的多样性。同一化工产品可采用不同的原料和不同的生产方法制得，即使采用同一种原料，也可采用不同的生产方法、不同的生产工艺。随着化工生产技术的发展，可供选择的工艺路线和流程也越来越多，所以要科学严谨地选择工艺路线。某个产品若只有一种固定的生产方法，就无须选择；若有几种不同的生产方法，就要逐个进行分析研究，通过全面的比较分析，从中选出技术先进、经济合理、安全可靠的工艺路线，以保证项目投产后能满足各项指标的要求。

2.1.1 选择原则

(1) 先进性

工艺路线的先进性体现在两个方面，即技术上的先进和经济上的合理，两者缺一不可。技术先进是指项目建设投资后，生产的产品质量指标、产量、运转的可靠性及安全性等既先进又符合国家标准；经济合理指生产的产品具有经济效益或社会效益。在设计中，既不能片面地考虑技术先进而忽视经济合理的一面，也不能片面地只求经济合理而忽视技术上是否先进。工艺路线是否先进应具体体现在以下几个方面：

① 是否符合国家有关的政策及法规；

② 生产能力大小；

③ 原、辅材料和水、电、汽等公用工程的单耗；

④ 产品质量优劣；

⑤ 劳动生产率高低；

⑥ 建厂时的投资、占地面积、产品成本以及投资回收期等；

⑦ "三废"治理；

⑧ 安全生产。

环境保护是建设化工厂必须重点审查的一项内容。化工厂容易产生"三废"，设计时应防止新建的化工厂对周围环境产生严重污染，给国家和人民造成重大的经济损失，并影响人民的身体健康，为此"三废"污染严重的工艺路线应避免采用。新建工厂的排放物必须达到国家规定的排放标准，符合环境保护法的规定。

安全生产是化工厂生产管理的重要内容。化学工业是一个易发生火灾和爆炸的行业，因此要从技术路线上、设备上、管理上对安全予以重视，严格制定规章制度，对工作人员进行安全培训。同样，对有毒化工产品或化工生产中产生的有毒介质，应采用相应的措施避免外溢，达到安全生产的目的。

总之，先进性是一个综合性的指标，它必须由各个具体指标反映出来。

(2) 可靠性

工艺路线的可靠性是指所选择的技术路线的成熟程度，只有具备工业化生产的工艺技术路线才能称得上是成熟的工艺技术路线。工厂设计工作的最终产品是拟建项目的蓝图，直接影响未来工厂的产量、质量、劳动生产率、成本和利润。如果所采用的技术不成熟，就会响影工厂正常生产，甚至不能投产，造成极大的浪费，因此工厂设计必须可靠。在工艺流程设计中对于尚在试验阶段的新技术、新工艺、新设备、新材料，应采取积极而又慎重的态度，防止只考虑新的一面，而忽视不成熟、不稳妥的一面。未经生产实践考验的新技术不能用于工厂设计。以往建厂的经验和教训证明，工厂设计必须坚持一切经过试验的原则，只有经过一定时间的试验生产，并证明技术成熟、生产可靠、有一定经济效益的，才能进行正式设计，不允许把生产工厂当作试验厂来进行设计。

(3) 适用性

工艺流程路线的选择，从技术角度上，应尽量采用新工艺、新技术，吸收国外的先进生产装置和专门技术，但在具体选定一条工艺路线时，还要结合我国的国情和建厂所在地的具体条件。

上述三项原则中可靠性是生产方法和工艺流程选择的首要原则，在可靠性的基础上全面衡量，综合考虑。一种技术的应用总有其长处，即优越性的一面，也有其短处，即不足的一面，设计人员必须在总结以往经验和教训的基础上，采取全面对比分析的方法，根据建设项目的具体要求，选择先进可靠的工艺技术，竭力发挥有利的一面，设法减少不利的因素，从而使新建的化工厂在产品质量、生产成本以及建厂难易等主要指标上达到较理想的水平。

大自然是人类赖以生存发展的基本条件。尊重自然、顺应自然、保护自然，是全面建设社会主义现代化国家的内在要求。必须牢固树立和践行绿水青山就是金山银山的理念，站在人与自然和谐共生的高度谋划发展。工艺路线选择要符合党的二十大提出的协同推进降碳、减污、扩绿、增长，推进生态优先、节约集约、绿色低碳发展的要求；要符合推动制造业高端化、智能化、绿色化发展的要求。

2.1.2 确定步骤

(1) 调查研究，搜集资料

调查研究、搜集资料是确定工艺路线及工艺流程设计的准备阶段。在此阶段，要根据建设项目的产品方案及生产规模，有计划、有目的地搜集国内外同类型生产厂家的相关资料。内容包括各国的生产情况、生产方法及工艺流程；原材料的来源、产品及副产品的规格和性质以及各种消耗定额；安全生产和劳动保护以及综合利用与"三废"治理；工艺生产的机械化、自动化、大型化程度；水、电、汽（气）、燃料的消耗及供应；厂址、地质、水文、气象等方面资料；车间（装置）环境与周围的情况等。

（2）落实关键设备

设备是完成生产过程的重要条件，在确定工艺路线和工艺流程设计时，必然涉及设备，而对关键设备的研究分析，对确定工艺路线和完成工艺流程设计是十分重要的。在很多情况下，往往由于解决不了关键设备，或中断，或改变原定的工艺路线和工艺流程。因此，对各种生产方法所采用的关键设备，必须逐一进行研究分析，看看哪些已有定型产品，哪些需要设计制造，哪些国内已有，哪些需要进口。如需要进口，从哪个国家进口，质量、性能和价格如何等；如需要设计制造，根据质量、进度、价格等要求落实到哪家工厂，这些都要研究和分析，最后拿出具体方案。

（3）全面比较与确定

针对不同的工艺路线和工艺流程，进行技术、经济、安全等方面的全面对比，从中选出既符合国情又切实可行的生产方法。比较时要仔细领会设计任务书提出的各项原则和要求，要对收集到的资料进行加工整理，提炼出能够反映本质的、突出主要优缺点的数据材料，作为比较的依据。全面对比的内容很多，一般要从以下几个主要方面进行比较：①几种工艺路线在国内外采用的现状及其发展趋势；②产品质量和规格；③生产能力；④原材料、能量消耗；⑤综合利用及"三废"治理；⑥建厂投资及产品最终成本。

2.2 工艺流程的设计原则和设计内容

2.2.1 设计原则

工艺流程设计是一项复杂的技术工作，需要从技术、经济、社会、安全和环保等多方面考虑，并要遵循以下设计原则。

（1）技术成熟先进，产品质量优良原则

尽可能采用先进的生产设备和成熟的生产工艺，以保证产品的质量。技术的成熟程度是流程设计首先应考虑的问题，在保证可靠性的前提下，则应尽可能选择先进的工艺技术路线，如果先进性和可靠性二者不可兼得，则宁可选择可靠性大而先进性可满足要求的工艺技术作为流程设计的基础。

（2）节能减排，资源合理利用原则

科学生产，努力从各方面提高利用率和生产率，从而降低原材料消耗及水、电、汽（气）的消耗，降低投资和操作费用，即降低产品的生产成本，以便获得最佳的经济效益。

（3）安全生产原则

生产过程中确保操作人员和机械设备的安全，充分预计生产的危险因素，保证生产的安全稳定性。

（4）环境保护原则

随着新环保法的实施，在我国环境保护已经越来越严厉，任何企业危险有害物质的排放都必须达标，否则将面临严酷的处罚。我们在开始进行工艺路线选择和流程设计时，就必须考虑生产过程中产生的"三废"的来源和防治措施，做到原材料的综合利用，变废为宝，减少废弃物的排放。如果是工艺上的不成熟或工艺路线的不合理而污染问题不能解决，则绝不能建厂。

（5）经济效益原则

这是一个综合的原则，应从原料性质、产品质量和品种、生产能力以及发展等多方面考虑。

2.2.2 设计内容

工艺流程设计就是要确定生产过程的具体内容、顺序、组织方式、操作条件、控制方案，确定"三废"治理方案和安全生产措施等，以达到加工原料制得所需产品的目的，其具体工作内容如下。

（1）确定工艺流程

工艺流程反映了由原料制得产品的全过程。首先，确定工艺生产的全部操作单元或工序，进而确定每个操作单元或工序具体流程。再者，确定各个操作单元或工序之间的衔接。

（2）确定操作条件

根据工艺流程和生产要求来确定各个操作单元或工序的设备的操作条件，在安全生产的前提下，完成生产任务。

（3）确定控制方案

为了正确实现并保持各操作单元或工序的设备的操作条件，以及实现各个操作单元或工序的正确联系，需要确定合理控制方案，选用合适的仪表。除正常生产外，还要考虑开停车、事故处理和检修的需要等，最终体现在管道及仪表流程图中。

（4）确定物料和能量的综合利用方案

要合理地做好物料和能量的综合利用，节能减排，提高各个操作单元或工序的效率，进而提高生产过程的总收率。

（5）确定环保方案

制定整个生产过程中"三废"的综合利用和处理方案，不可随意排放，污染环境。

（6）确定安全生产措施

应当对工艺生产过程中存在的安全危险因素进行安全评价，再遵照相应的设计规范和以往的经验教训，制定出切实可行的安全生产措施。

（7）工艺流程的逐步完善

在确定整个工艺流程后，要全面检查、分析各个操作单元或工序，在满足安全生产的前提下，增补遗漏的管线、阀门、采样、放净、排空等设施。

（8）在工艺流程设计的不同阶段，绘制不同的工艺流程图

流程图种类有许多种，在不同的设计阶段，工艺流程图的内容及设计深度要求也不一样，我们要按相应的设计要求完成各阶段、各版本的工艺流程图。

2.3 各阶段的工艺流程设计

工艺流程设计的方法包括：①根据现有的工程技术资料，直接进行工程化设计或在此基础上进行技术改进和完善；②根据现有的生产装置进行工艺流程设计，如在工厂实习中，要求学生根据现场装置及技术人员的讲解，绘制工艺流程图；③根据小试、中试的科研成果进行工艺流程设计。因为前两种设计方法比较简单，这里不再赘述，本书重点介绍由小试、中试的科研成果，自概念设计开始逐步完成各阶段工艺流程设计的过程。

根据实验室科研成果进行生产工艺流程设计的步骤是：

① 首先进行概念设计，根据反应式或工艺流程简述设计出方框流程示意图；

② 在方框流程示意图的基础上进一步以设备形式定性地表示出各个操作单元的设备及各物流的流向，逐步修改、完善，设计出工艺流程草图；

③ 进一步修改、完善，设计出概念设计阶段的工艺流程草图；

④ 经物料衡算和能量衡算后，设计绘制出工艺物料流程图；

⑤ 当设备、管道计算及选型结束和工艺控制方案确定后，开始绘制基础设计或工艺包需要的管道及仪表流程图；

⑥ 将基础设计的流程图进一步工程化，设计出基础工程阶段的管道及仪表流程图；

⑦ 只有当车间设计结束，进一步修改流程图后才能最后绘制出正式的详细设计（施工图）阶段的管道及仪表流程图。

总之，工艺流程设计通过由浅入深，由定性到定量，分阶段进行设计，最后才能完成施工版的生产工艺流程图。

2.3.1 概念设计阶段

工艺流程概念设计的步骤是：①将实验步骤工艺流程化，得到实验流程的方框流程示意图；②将实验流程生产化，得到满足生产需要的方框流程示意图；③方框流程图设备化，将方框流程图各个工序换成有形的设备，用物料线连接起来，转化为工艺流程简图；④流程简图的工程化，按工程设计的需要，完成工艺流程的概念设计。

2.3.1.1 实验步骤的工艺流程化

工艺流程化是指以方框图形式将产品生产的每个工序按流程顺序串联起来的过程。

当我们接到一个工艺流程设计任务时，首先查阅专业技术资料，寻找可以参考借鉴的流程图，其中《化工生产流程图解》一书是工艺流程设计的重要参考资料，该书有近 1000 种常用化工产品的流程简图，在流程设计、部分设备画法上可参考借鉴。若没有查到流程简图，我们只能根据反应原理或实验的工艺流程简述的内容，借助工艺学、化学工程、化工原理等专业知识，按照工艺流程简述将工艺过程流程化，然后再根据产品质量、工艺的需要，完善、细化工艺流程图。

案例　根据下面的工艺原理及工艺流程简述，完成煤气脱硫过程的工艺流程化

(1) 反应原理

煤气中的硫是以 H_2S 存在，可选用氨水来吸收脱除 H_2S，其反应式为：

$$H_2S + NH_3 \cdot H_2O \Longrightarrow NH_4HS + H_2O$$

要求脱硫液循环使用，循环液的再生以空气为再生介质在鼓泡塔中进行，再生反应式为：

$$NH_4HS + 1/2O_2 \longrightarrow S + NH_3 \cdot H_2O$$

(2) 主要工艺过程

来自气柜的原料煤气经风机加压后，进入脱硫塔用氨水来吸收脱除 H_2S，将吸收后的部分循环吸收液导入再生塔中，鼓入空气，使循环液中的氨水再生，同时得到硫膏。再生后的溶液可循环使用。提示：在流程设计中，要考虑氨水的损失，不断补充新氨水。

（3）流程化步骤

① 根据反应原理及提示，将上面流程简述中涉及各个工序（或单元操作）简单串联起来，得到简单的流程化方框图，如图2.1为煤气脱硫工序流程示意1。

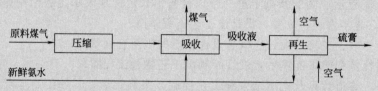

图2.1 煤气脱硫工序流程示意1

② 根据产品质量及工艺需要，进一步完善细化工艺流程。简单的流程框图完成后，要根据产品质量要求，工艺及工序的需要，结合专业知识，进一步完善补充流程内容。遇到前后工序不能直接实现时，需要增加必要的中间工序或设备以便前后连接，如气体物料的输送需要加压、净化、缓冲；液体物料输送需要加压、导液、循环，设置中间泵和循环泵、物料计量、中间贮存等。例如上例中，煤气进入脱硫吸收塔需要对煤气加压，氨水再生后需要在塔中循环吸收；原料煤气经脱硫吸收塔吸收后，出塔气中会夹带氨水雾滴，在工艺上需要增加除氨水雾滴脱除工序，以免影响煤气下一工序的使用。经过以上分析将图2.1进一步补充完善，得到图2.2煤气脱硫工序流程示意2。

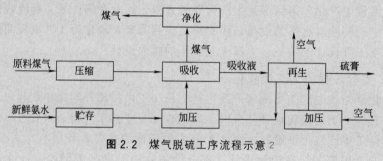

图2.2 煤气脱硫工序流程示意2

2.3.1.2 实验流程的生产化

为了满足实际工业化生产的需要，在实验流程基础上要增加原料的贮存、预处理，产品的计量包装及贮存等生产工序。考虑环保及经济效益，在生产流程设计上还要增加"三废"处理流程及副产品回收流程。上述案例1为整个生产过程中的一个环节，所以没有考虑原料贮存、产品包装及"三废"处理等工序。

2.3.1.3 方框流程图的设备化

在方框流程图中，每一方框代表一个工序、一个步骤或一个单元操作。有关单元操作的基础理论、工艺过程、设备结构，在化工原理、反应工程等理论课程中都有详尽介绍，我们可以利用所学到的知识，将每个单元操作过程的设备采用简图形式表示出来，然后再用物料流程线连接起来，就可得到工艺流程草图。对于单台设备能完成的单元操作，直接将该工序换成相应设备简图即可。简图画法参考附录3管道及仪表流程图中设备、机器图例，图例中没有的可参考《化工生产流程图解》中的画法，或按实际设备轮廓简化。有些工序单元操作，如精馏、干燥、浓缩等，不是单一设备能完成的，需要一套生产装置完成，那么就需要将该单元操作换成一套装置的设备简图。下面是典型单元操作过程的简图。

图 2.3 为常见液体输送工艺流程。图中是通过泵将液体从一个贮罐输送到另一个贮罐中。设计时需注意泵的进出口管道尺寸一般应比泵管口大一级以上。

图 2.4 为列管式换热器的换热流程。换热流程冷、热流体的走向，应根据物料性质、工艺条件和操作要求等进行设计。图中采用的是逆流换热流程形式。

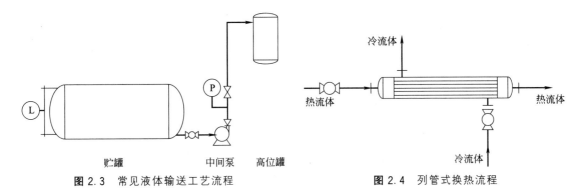

图 2.3 常见液体输送工艺流程   图 2.4 列管式换热流程

图 2.5 为夹套式换热及反应流程。反应中液体一般采用高位计量槽加料。若反应需要加热或降温，注意当需要加热反应物料时，蒸汽应由反应釜夹套的上部进入，下部排冷凝水；当需要给反应物料降温时，冷却水应由反应釜夹套下部进入，上部排出冷却水。

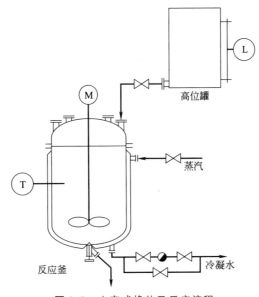

图 2.5 夹套式换热及反应流程

图 2.6 为双效蒸发流程。当蒸发量较大时，为了降低蒸汽消耗，一般采用双效或三效蒸发装置，各设计单位设计的装置在细节上会有所不同，但总体设计思路都是尽量降低热量消耗。

图 2.7 为填料塔气液吸收流程。在画流程时注意气、液进出口的位置。

图 2.8 为采用洗油吸苯脱苯的流程示意。该流程先用洗油在吸收塔中吸收掉蒸汽中的苯，然后洗油在解吸塔中解吸出苯，洗油再经降温后吸苯循环利用。

图 2.9 为精馏典型流程。一套精馏装置主要由三部分组成：精馏塔、下部的再沸器和上部的冷凝器。精馏都采用连续化操作，需要对进料、回流、出料进行调节控制，要注意各个

进出料的位置。

  图 2.10 为振动流化床干燥系统流程。干燥系统主要由喂料、出料分离、排潮和热风系统四部分组成，有的还有袋滤器除尘设备。

  图 2.11 为压缩机加压输送气体流程。气缸压缩机所排出气流为脉冲性，且有的气体夹带油污，所以一般在压缩机出口要配缓冲罐，进口配消音器。

  图 2.12 为压滤机压滤流程。压滤机压滤需要用泵加压将物料压送进压滤机中，一般标配为螺杆泵，稀物料也可选用离心泵。有的物料需要洗涤，压榨，还需要配置水管、压缩空气管。

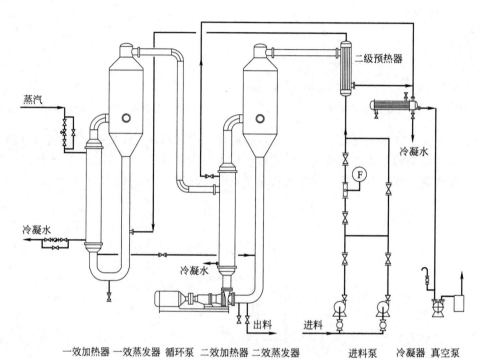

一效加热器 一效蒸发器 循环泵 二效加热器 二效蒸发器   进料泵   冷凝器 真空泵

图 2.6   双效蒸发流程

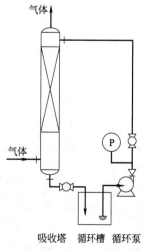

吸收塔   循环槽 循环泵

图 2.7   填料塔气液吸收流程

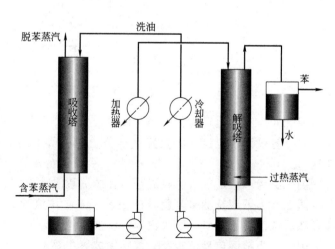

图 2.8   洗油吸苯脱苯流程示意

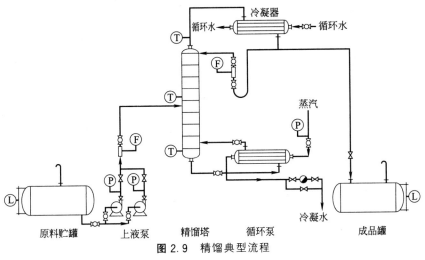

图 2.9　精馏典型流程

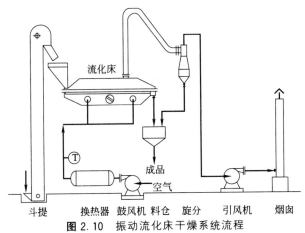

图 2.10　振动流化床干燥系统流程

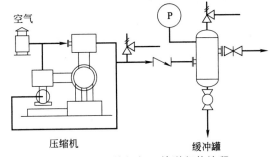

图 2.11　压缩机加压输送气体流程

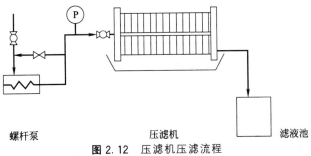

图 2.12　压滤机压滤流程

依据上述方法，将图2.2煤气氨水脱硫方框流程中，每一方框换成一个工序或一个单元操作的生产设备的简图，然后用物流线按工艺过程将单体设备连接起来，得到煤气脱硫的工艺流程草图，如图2.13所示。

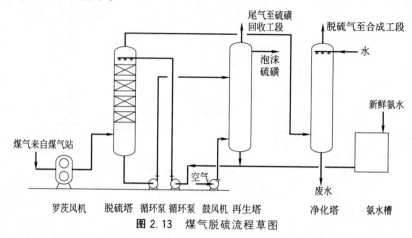

图2.13 煤气脱硫流程草图

2.3.1.4 流程简图的工程化

根据上述得到的流程草图进行工艺计算和设备选型，然后将流程草图中设备外形进一步修改完善，得到与生产实际接近的流程草图。在此基础上还需要进一步对工艺管道进行补充完善，添加管件、阀门、仪表控制点、自动化控制等。管道、阀门、仪表、自动化控制的设计主要考虑工艺、操作、安全生产、事故处理、开停车、设备安装和检修等需要。补充完善后，得到概念设计的工艺流程图。下面分别简单介绍管道、阀门、仪表、自动化控制的设计要求。

(1) 管道和阀门的设计

管道设计包括主要工艺管道设计和辅助工艺管道设计。主要工艺管道设计是按物料工艺流动顺序从原料输入到产品流出，由一台设备流向另一台设备；辅助工艺管线设计，包括"三废"处理管线、物料循环管线、事故处理管线、安全生产管线、旁路管线、检修切换设备管线、开停车管线，还有排气、排液、装置放空管线，设备保护管线等。

阀门、管件的设计主要基于生产、操作、工艺、安全、维修等需要。在大多数设备的进出口一般要加切断阀，以满足生产及设备更换维修需要；在需要调节流量或压力、切断管道或设备上要加阀门；排液、排净管道上要加阀门；超压易发生事故的地方要加安全阀，如锅炉、高压设备及管路；高压流体进入低压设备或管道处要加减压阀，低压设备或管道上还要加安全阀；排出冷凝水的地方要加疏水阀；在管道中存有高压流体，一旦设备停车，发生流体倒流易发生事故时，或其他不允许流体反向流动的管道上，要加止回阀；在容积式泵、压缩机进口要加管道过滤器，有旁路调节的需要加阀，出口要加安全阀；大管道与小管道相接加变径接头；有温升较大的管道要加管道膨胀节；需要观察管道流量变化的在管道上加视盅，等等。

一般切断流体选用球阀，调节流量选用截止阀，大管径的气体管道一般选闸阀、蝶阀。

(2) 工艺流程中仪表的设计

仪表控制点的设计主要基于工艺、操作、生产、安全的需要进行设计。

有压力显著变化的管道和设备要加装压力表，如泵、压缩机、真空泵的出口，其目的是观察工艺及设备运转情况；需要观察、控制压力技术指标的地方要装压力表，如密闭的反应设备；加热会产生压力的设备上要装压力表，如锅炉等；在接入设备的公用工程如蒸汽总管、空气总管、冷凝水总管上要装压力表，以便显示管道中的介质是否满足工艺要求。

需要控温的地方要加装温度表，如反应釜、各种炉窑、干燥装置、蒸馏等；有热交换的设备经常需要测温显示。

有需要计量或控制流量的地方要加流量表，如反应釜加料、精馏塔进料、出料、回流。

有需要计量、显示、限制或控制液位的地方要加液位计，如大型贮罐、中间罐、计量罐；精馏塔塔釜液、反应液液位高度的控制需要液位计来实现。

在工艺系统中，需要对现场原材料、中间过程、中间产品、终产品取样检测的地方，在流程上要加取样点表示符号。

在此设计阶段，流程图中的仪表符号可以简单化表示：用 ϕ10mm 的细线圆表示，圆内注明检测参量代号。

(3) 自动化控制

仪表和计算机自动控制系统在化工过程中发挥着重要作用，可以强化化工流程的自动控制，是化工生产过程的发展趋势和方向。

化工流程自动化控制的优点：提高关键工艺参数的操作精度，从而提高产品质量或收率；保证化工流程安全、稳定的运行；对间歇过程，还可减少批间差异，保证产品质量的稳定性和重复性；降低工人的劳动强度，减少人为因素对化工生产过程的影响。下面是典型设备控制方案，供学习参考。

① 泵的流量控制方案

泵所输送流体的流量控制主要有出口节流控制和旁路控制两种方案。

a. 出口节流控制

泵的出口节流控制是离心泵流量控制最常用的方法，如图 2.14 所示。在泵的出口管线上安装孔板流量计与调节阀，孔板在前，调节阀在后。注意对于容积式泵不能采用此方法。

b. 旁路控制

旁路控制主要用于容积式泵（如往复泵、齿轮泵、螺杆泵等）的流量调节，有时也用于离心泵工作流量低于额定流量的 20% 的场合，如图 2.15、图 2.16 所示。

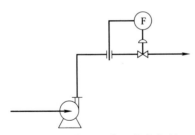

图 2.14 离心泵出口节流控制

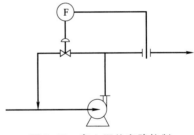

图 2.15 离心泵的旁路控制

② 换热器的温度控制方案

a. 调节换热介质流量

通过调节换热介质流量来控制换热器温度的流程如图 2.17 (a) 所示。这是一种常见的控制方案，有无相变均可使用，但流体 1 的流量必须是可以改变的。

b. 调节换热面积

如图 2.17 (b) 所示，该方案适用于蒸汽冷凝换热器，调节阀装在凝液管路上，流体 1 的出口温度高于给定值时，调节阀关小使凝液积累，有效冷凝面积减小，传热面积随之减小，直至平衡为止，反之亦然。其特点是滞后大，有较大传热面积余量；传热量变化缓和，能防止局部过热，对热敏性介质有利。

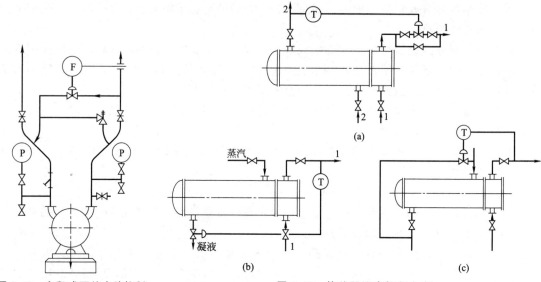

图 2.16　容积式泵的旁路控制　　　　图 2.17　换热器温度控制方案

c. 旁路调节

如图 2.17（c）所示，该方案主要用于两种固定工艺物流之间的换热。

③ 精馏塔的控制方案

精馏塔的基本控制方案主要有两种：其一，按精馏段指标控制；其二，按提馏段指标控制。

按精馏段指标控制方案适用于以塔顶馏出液为主要产品的精馏塔操作。它是以精馏段某点成分或温度为被测参数，以回流量 L_R、馏出液量 D 或塔内蒸汽量 V_S 为调节参数。采用这种方案时，于 L_R、D、V_S 及釜液量 W 四者中选择一种作为控制成分手段，选择另一种保持流量恒定，其余两个则按回流罐和再沸器的物料平衡，由液位调节器进行调节。用精馏段塔板温度控制 L_R，并保持 V_S 流量恒定，这是精馏段控制中常用的方案，如图 2.18（a）所示。在回流比很大时，适合采用精馏段塔板温度控制 D，并保持 V_S 流量恒定，如图 2.18（b）所示。

按提馏段指标控制方案适用于以塔釜液为主要产品的精馏塔操作。应用最多的控制方案是用提馏段塔板温度控制加热蒸汽量，从而控制 V_S，并保持 L_R 恒定，D 和 W 两者按物料平衡关系由液位调节器控制，如图 2.19（a）所示。另一种控制方案是用提馏段塔板温度控制釜液流量 W，并保持 L_R 恒定，D 由回流罐的液位调节，蒸汽量由再沸器的液位调节，如图 2.19（b）所示。

上述两个方案只是原则性控制方案，具体的方案是通过塔顶、塔底及进料控制实现的。

④ 施工图中自动控制的画法

在施工图设计前，自动化控制一般简单画出，但在施工图设计中，尽量使图纸与工程实际接近，以便更好地满足设计、安装施工的需要。图 2.20 为施工图自动化控制的示例，供参考。

根据以上设计方法和步骤，将图 2.13 的工艺流程草图进一步完善，根据生产实际装置修正氨水再生塔形状，如图 2.21 所示。为了保证整个生产过程连续、稳定运行，在实际生产中，一般对压缩机、泵等运转设备需要考虑检修时的备用，这些需要在流程图中表示出来。在图 2.13 流程草图的基础上，考虑上述因素，进一步对流程、设备外形、管道连接修改完善，再添加阀门、仪表符号等，即得到一个概念性带控制点流程简图的主体部分图，图 2.21 所示。

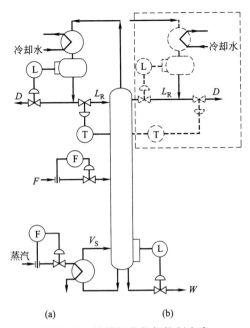

图2.18 按精馏段指标控制方案

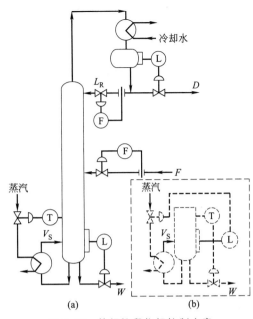

图2.19 按提馏段指标控制方案

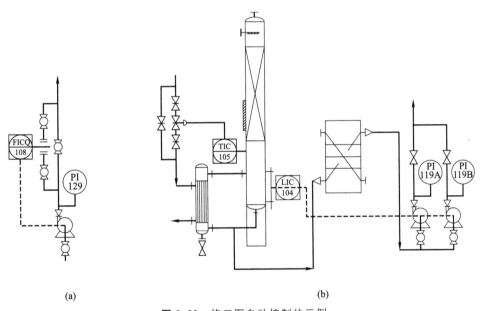

图2.20 施工图自动控制的示例

说明：在这里煤气脱硫只是整个煤气生产过程中的一部分，所以没有考虑原料贮存及成品计量包装工序，若是一个完整工艺流程，前面要考虑原料贮存，后面要考虑成品计量、包装、"三废"处理等工序。

下面还需要参考 HG/T 20519—2009《化工工艺设计施工图内容和深度统一规定》进一步完善、规范，加上图框、标题栏、设备标号、仪表编号、管道编号等。

（4）确定动力使用和公用工程的配套

在工艺流程概念设计阶段的后期，还要考虑反应流程中使用水、蒸汽、压缩空气、导热油、冷冻盐水、氮气等公用工程，流程设计时要考虑周全，加以配套供应。

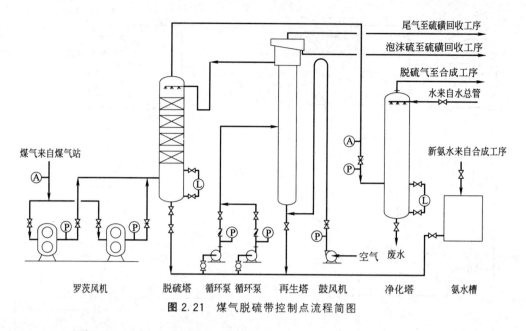

图 2.21　煤气脱硫带控制点流程简图

(5) 工艺流程方案比较，选出最优方案

组成工艺流程的操作单元或装置的顺序，选用的设备等可能有不止一种方案，对这些方案进行综合比较是十分必要的。通过物料衡算和能量衡算，从设备、工艺参数、人员操作、安全、环保、消防等方面对流程进行综合评价，选择一个最佳方案。

(6) 完善优化

进一步完善优化，使其达到基础设计、工艺包设计所要求的内容和深度。

2.3.2　初步设计阶段

初步设计就是在概念设计、基础设计的基础上，将流程深化，对工艺流程和各操作单元深入细致地加以完善。通过物料和热量衡算，对工艺流程进行逐步完善，拾遗补缺，全面系统地研究物料、能量、操作、控制，使各化工单元过程完整地衔接和匹配，能量得到充分利用。在对化工工艺流程进行逐项工艺计算的同时，要确定各设备和各操作环节的控制方法和控制参数，从而系统地、全面地完善工艺流程方案，直至设计出最终版管道及仪表流程图。

(1) 初步设计阶段

对工艺流程的概念设计，可从以下几个方面加以完善设计。

① 生产能力和操作弹性

在设计和完善流程方案时，首先考虑主反应装置的生产能力，确定年工作日和生产时间、维修时间、保养维护时间等，按照设计的主产品产量要求，设计留有一定的操作弹性，尤其是一些较复杂的反应，对由于控制条件的不精确而造成的生产不稳定，要作充分估计。

② 工艺操作条件的确定和流程细节安排

在初步设计中，最重要的工作是校审各工艺装置的工艺操作条件，包括温度、压力、催化剂投入、投料配比、反应时间、反应的热效应、操作周期、物料流量、浓度等。这些条件直接关系到流程中使用一些辅助设备和必要的控制装置，比如有些反应需要在一定的高压下反应，则流程中一定要有加压设备，如压缩机；有些反应要在负压下操作，则流程中要有真空装置；有的不仅是主反应过程，包括流程的各环节、各装置都有其特定的操作条件，也必定要有相应的供热、蒸汽稳压、分配、供冷、计量、混合、进料、排渣、降温、换热、液位控制等装置或设施。有些反应过程中需要定期清理的装置，如旋风分离器、过滤器、压缩机等，还要考虑设备的平行切换；有些设备需要定期更换介质或需要再生辅助的装置，如酸（碱）吸收塔、干燥塔、分子筛吸附塔等，当工艺要求到某一浓度或规定工作多少时间即要求切换使用，也应有相应的再生装置和切换备用的流程线、排料收集装置等。如此通过对工艺操作条件的确定和落实，必然产生对流程细节的要求，在初步设计中应加以完善。

③ 操作单元的衔接和辅助设备的完善

在化工计算中，特别是对物料、能量和功的衡算，提出在充分利用物质和能量时，应当考虑诸如废热锅炉、热泵、换热装置、物料捕集、废气回收、循环利用装置等。

在进行化工装置平面布置过程中，有时为了节省厂房造价和建筑物的合理性，并不片面追求利用位差输送物料，而设计输送机械。有时在平面布置中，还会对工艺流程进行修改，如检修工作的安排、物料的进口、出口都可能要求装置适当地变动。

对于公用工程的安排，有时可能在流程中设计附加设备，如将水输入到高层厂房顶部的冷凝器，靠自然水压运输不可靠时，则应设计专门的高扬程水泵。通过全流程的工艺计算和设备计算、平面布置，可能对工艺流程作一些细节的补充、修正，使流程更趋于完善。

④ 确定操作控制过程中各参数控制点

在初步设计中，考虑开车、停车、正常运转情况下，操作控制的指标、方式，在生产过程中取样、排净、连通、平衡和各种参数的测量、传递、反馈、连动控制等，设计出流程的控制系统和仪表系统，补充可能遗漏的管道装置、小型机械、各类控制阀门、事故处理的管道等，使工艺流程设计不仅有物料系统、有公用工程系统，还有仪表和自动控制系统。

(2) 初步设计阶段工艺流程的内容深度

初步设计工艺流程图主要反映工艺、设备、配管、仪表等组成部分的总体关系。至少应包括以下内容。

① 列出全部有位号的设备、机械、驱动机及备台，有未定设备的应在备注栏中说明，或用通用符号或长方形图框暂时表示，应初步标注主要技术数据、结构材料等。

② 主要工艺物料管道标注物料代号、公称直径，可暂不注管道顺序号、管道等级和绝热、隔声代号，但要表明物料的流向。

③ 与设备或管道相连接的公用工程、辅助物料管道，应标注物料代号、公称直径，可暂不注管道顺序号、管道等级和绝热、隔声代号，但要表明物料的流向。蒸汽管道的物料代号应反映压力等级，如 LS、MS、HS。

④ 应标注对工艺生产起控制、调节作用的主要阀门，管道上的次要阀门、管件、特殊管（阀）件可暂不表示；如果要表示，可不用编号和标注。

⑤ 应标注主要安全阀和爆破片，但不注尺寸和编号。

⑥ 全部控制阀不要求注尺寸、编号和增加的旁路阀。

⑦ 标注主要检测与控制仪表以及功能标识，标明仪表显示和控制的位置。

⑧ 标注管道材料的特殊要求（如合金材料、非金属材料高压管道）或标注管道等级。

⑨ 标明有泄压系统和释放系统的要求。

⑩ 必须的设备关键标高和关键的设计尺寸，对设备、管道、仪表有特定布置的要求和其他关键的设计要求说明（如配管对称要求真空管路等）。

⑪ 首页图上文字代号、缩写字母、各类图形符号，以及仪表图形符号。

2.3.3 施工图设计阶段

本阶段以被批准的初步设计阶段的工艺流程为基础，进一步为设备、管道、仪表、电气、公用工程等工程的施工安装提供指导性设计文件。

在初步设计方案的基础上，完善管道和仪表的设计，各种物料、公用工程、全部设备、管道、管件、阀门、全部的控制点、检测点、自动控制系统装置及其管道、阀门设计。作为安装施工指导的工艺流程设计，最终表现为绘制"管道及仪表流程图"（简称 P&ID 图）。

管道及仪表流程图是所有流程图中最重要的一张图，是施工、安装、编制操作手册，指导开车、生产和事故处理的依据，而且对今后整个生产装置的操作运行和检修也是不可缺少的指南。

有关 P&ID 施工版的主要内容和深度如下：

① 绘出工艺设备一览表中所列的全部设备（机器），并标注其位号（包括备用设备）；

② 绘出和标注全部工艺管道以及与工艺有关的一段辅助或公用系统管道，包括上述管道上的阀门、管件和管道附件（不包括管道之间的连接件）均要绘出和标注，并注明其编号；

③ 绘出和标注全部检测仪表、调节控制系统、分析取样系统；

④ 成套设备（或机组）的供货范围；

⑤ 特殊的设计要求。一般包括设备间的最小相对高差（有要求时）、液封高度、管线的坡向和坡度、调节阀门的特殊位置、管道的曲率半径、流量孔板等。必要时还需有详图表示；

⑥ 设备和管道的绝热类型。

上述的工艺管道是指正常操作的物料管道、工艺排放系统管道和开、停车及必要的临时管道。

2.4 工艺流程图的绘制

各个阶段工艺流程设计的成果都是通过绘制各种流程图和表格表达出来的，按照设计阶段的不同，先后有：①方框流程图；②工艺流程草图；③工艺物料流程图；④管道及仪表流程图（P&ID），也有用带控制点的工艺流程图（Process and Control Diagram，即 PCD）代替 P&ID。

由于各种工艺流程图要求的深度不一样，流程图上的表示方式也略有不同，方框流程图、流程草图只是工艺流程设计中间阶段产物，只作为后续设计的参考，本身并不作为正式资料收集到初步设计或施工图设计说明书中，因此其流程草图的制作没有统一规定，设计者可根据工艺流程图的规定，简化一套图例和规定，便于同一设计组的人员阅读即可。下面在简单介绍方框流程图和工艺流程草图的基础上，着重介绍现在国内比较通用的工艺物料流程图和管道及仪表流程图的一些设计规定。

2.4.1 方框流程图和工艺流程草图

2.4.1.1 方框流程图

方框流程图（Block Flowsheet）是在工艺路线确定后，工艺流程进行概念性设计时的一种流程图，它的编制没有严格明确的规则，也不编入设计文件。对于设计工作来说，该图为流程草图设计提供一个依据，因此不论方框图的格式如何，简化程度如何，它必须能说明一个既定工艺流程所包含的每一个主要工艺步骤。这些工艺步骤或单元操作，用细实线矩形框表示，注明方框名称和主要操作条件，同时用主要的物流将各方框连接起来，对于各种公用工程，例如循环水、盐水、氮气、蒸汽、压缩空气等，通常不在方框图中作为一个独立的体系加以表达，有时只表明某一方框单元中，要求供应某种公用工程等。图 2.22 为以氧化铜为原料生产硫酸铜的方框流程。

图 2.22　生产硫酸铜的方框流程

方框流程图从表面上看比较简单，但是它却能扼要地将一个化学加工过程的轮廓表达出来。一个化工生产过程或化工产品的生产大致需要经历几个反应步骤，需要那些单元操作来处理原料和分离成品，是否有副产物，如何处理，有无循环结构等，这些在方框流程图中都要表达出来。

2.4.1.2　工艺流程草图

在方框流程图的基础上，将各个工序过程换成设备示意图，进一步修改、完善可得到工艺流程草图（Simplified Flowsheet）。绘制设计工艺流程草图只需定性地标出物料由原料转化成产品时的变化、流程顺序以及生产中采用的各种设备，以供工艺计算使用。因为这种图样是供化工工艺计算和设备计算使用的，此时绘制的流程草图尚未进行定量计算，所以其所绘制的设备外形，只带有示意性质，并无准确的大小比例，有些附属设备如料斗、泵、再沸器也可忽略，但个别要求深化的流程简图，可以在深化设计时加以标出。

工艺流程草图一般由物料流程、图例、必要的文字说明所组成。

（1）物料流程

用细实线画出设备外形，比例大小没有准确要求，比照图幅大小合适即可，管口位置要求相对准确，常用工艺设备图例见附录 3。有的设备甚至简化为符号，如换热器，用于冷却时在细线画的圆上加一斜向上的箭头，表示冷却水的进出。图 2.23 是常用的换热器的简化符号。注意该类符号在管道及仪表流程图中不可使用。

图 2.23　换热器的简化符号

在图中要标出设备名称及位号，其详细规定参阅物料流程图。用线条和箭头表示主要物料管线和流向，至于管件、阀门等一般不标出。具体图样可参考图 2.24。

（2）图例

在草图中一般不需要画图例，如果图中出现一些特殊代符号及图形，应在图纸的右上方，画出图例并进行说明。

（3）必要的文字说明

文字注释写出必要的内容，如设备名称、物料名称及物料流向等。

生产工艺流程草图的画法，采用由左至右展开式，先物料流程，其次图例，有时在图上还绘出标题栏和设备一览表。设备轮廓线用细实线画出，主物料管线用粗实线画出，动力管线可用中实线画出。

2.4.2　工艺物料流程图

工艺流程草图不仅表达了概念（方案）设计的成果，而且是进行化工工艺计算的图解标

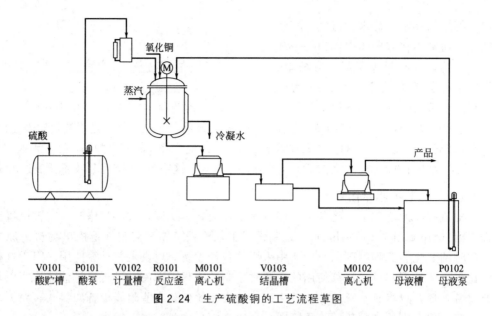

V0101	P0101	V0102	R0101	M0101	V0103	M0102	V0104	P0102
酸贮槽	酸泵	计量槽	反应釜	离心机	结晶槽	离心机	母液槽	母液泵

图 2.24　生产硫酸铜的工艺流程草图

本。从草图上，可以看出必须对哪些生产工序、步骤或关键设备进行计算，不至于混乱、遗漏和重复。当化工工艺计算即物料衡算和能量衡算完成后，应绘制工艺物料流程图（Process Flowsheet Diagram，PFD），简称物流图，有些书中称为工艺流程图。

物流图主要反映化工计算结果，它表达了一个生产工艺过程中的关键设备或主要设备，关键节点的物料性质（如温度、压力）、流量及组成，通过 PFD 可以对整个生产工艺过程和与该工艺有关的基础资料有一个根本性的了解，为设备选型、原料消耗计算、环评等设计提供设计参数，为详细的 P&ID 流程图设计提供依据。

2.4.2.1　图纸规格

应采用 A1 号、A2 号或 A3 号图，如果采用 A2 号或 A3 号图，需要延长时，其长度尽量不要超过 1 号图的长度。

2.4.2.2　图纸内容及要求

内容要求：①必须反映出全部工艺物料和产品经过的设备，并标注位号和名称；②必须反映出全部主要物料管线表示出流向和进出装置界区的流向；③示意工艺设备使用公用物料点的进出位置；④必须标示出必要的工艺数据（温度、压力、流量、热负荷等）；⑤必须标出与物料平衡表对应的全部物流号；⑥标示出主要的控制回路。

内容应简明地表示出装置的生产方法、物料平衡和主要工艺数据。具体内容如下：①主要设备；②主要工艺管道及介质流向；③主要参数控制方法；④主要工艺操作条件；⑤物料的流率及主要物料的组成和主要物性数据；⑥加热及冷却设备的热负荷；⑦流程中产生的"三废"，亦应在有关管线中注明其组分、含量、排放量等；⑧图框及标题栏。

2.4.2.3　设备的表示方法

以展开图形式，从左到右按流程顺序画出与生产流程有关的主要设备，不画辅助设备及备用设备，对作用相同的并联或串联的同类设备，一般只表示其中的一台（或一组），而不必将全部设备同时画出。常用设备的画法按附录 3 的设备图例绘制，没有图例的设备参考实际设备外形绘制。设备大小可以不按比例画，但其规格应尽量有相对的概念。有位差要求的设备，应示意出其相对高度位置。有的设备可用简化为符号，如换热器等，如图 2.23 所示。

设备外形用细实线绘制，在图上要标注设备名称和设备位号，设备名称用中文写，设备位号是由设备代号和设备编号两部分组成。设备代号按设备的功能和类型不同而分类，用英文单词的第一个字母表示，设备代号规定见附录3。设备编号一般是由四位数字组成，第一、二位数字表示设备所在的主项代号（车间/工段/装置），第三、四位表示主项内同类设备的顺序号，如 R0318 表示第三工段（车间）的第 18 号设备。功能作用完全等同的多台设备，则在数字之后加大写的英文字母进行区分，如 R0318A、R0318B 等，详细标注方法见 P&ID 图部分。

2.4.2.4 物料管线表示方法

① 设备之间的主要物流线用粗实线表示，辅助物料、公用工程物流线等用中粗实线表示，并用箭头表示管内物料的流向，箭头尽量标注在设备的进出口处或拐弯处。

② 正常生产时使用的水、蒸汽、燃料及热载体等辅助管道，一般只在与设备或工艺管道连接处用短的细实线示意，以箭头表示进出流向，并注明物料名称或用介质代号表示，介质代号同管道及仪表流程图。正常生产时不用的开停工、事故处理、扫线及放空等管道，一般均不需要画出，也不需要用短的细实线示意。

③ 除有特殊作用的阀门外，其他手动阀门均不需画出。

④ 流程图应自左至右按生产过程的顺序绘制，进出装置或进出另一张图（由多张图构成的流程图）的管道一般画在流程的始末端（必要时可画在图的上下端），用箭头（进出装置）或箭头（进出另一张图纸）明显表示，并注明物料的名称及其来源或去向。进出另一张流程图时，需注明进出另一张图的图号，如图 2.25 所示。

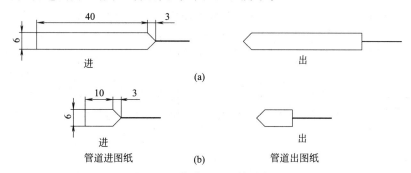

图 2.25　管道的界区接续标志

⑤ 在图上要标出各物流点的编号，只要有物料组成发生变化的，就应该绘制一个物流点编号。绘制方法：用细实线绘制适当尺寸的菱形框，菱形边长为 8～10mm，框内按顺序填写阿拉伯数字，数字位数不限，但同一车间物流点编号不得相同。菱形可在物流线的正中，也可紧靠物流线，也可用细实线引出，分别见图 2.26（a）、（b）、（c）。

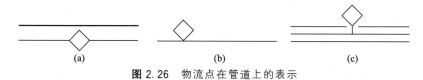

图 2.26　物流点在管道上的表示

2.4.2.5 仪表的表示方法

工艺流程中应表示出工艺过程的控制方法，画出调节阀、控制点及测量点的位置，如果有连锁要求，也应表示出来，一般压力、温度、流量、液位等测量指示仪表均不予表示。即进 DCS 的仪表要画，主要控制要画，就地仪表不表示。

2.4.2.6 物料流率、物性及操作条件的表示方法

① 原料、产品（或中间产品）及重要原材料等的物料流率均应予表示，已知组成的多组分混合物应列出混合物总量及其组成。

物性数据一般列在说明书中，如有特殊要求，个别物性数据也可表示在 PFD 中。

② 装置内的加热及冷换设备一般应标注其热负荷及介质的进出口温度，但空冷器可不标注空气侧的条件，蒸汽加热设备的蒸汽侧只标注其蒸汽压力，可不标注温度。

③ 必要的工艺数据，如温度、压力、流量、密度、换热量等应予表示，如图 2.27 所示。表示方法以细实线绘制的内有竖格隔开的长方框或它们的组合体表示，并用细实线与相应的设备或管线相连。在框内竖格的左面填写工艺条件的名称代号，例如温度的代号可填写摄氏度（℃）或开尔文（K）；压力的代号可填写帕斯卡（Pa 或 MPa），换热量可填写焦耳每小时（J/h），以此类推。在框内竖格右面填写数值，该长方框的尺寸一般采用（5～6mm）×（30～40mm）较适宜。在同一张图内尽可能采用同一尺寸规格的框。

④ 如系间断操作，应注明一次操作的时间和投料量。

⑤ 物料流率、重要物性数据和操作条件的标注格式一般有下述几种，可根据要求选择其中一种或多种并用。

a. 直接标注在需要标注的设备或管线的邻近位置，并用细实线与之相连。

b. 对于流程相对复杂或需要表达的参数较多时，宜采用集中表示方法。将流程中要求标注的各部位的参数汇集成总表。表示在流程图的下部或右部，各部位的物流应按流程顺序编号（用阿拉伯数字列入＜　＞内表示）标在流程的相应位置。参数汇集成总表，形式同表 2.1。

表 2.1　物料平衡表示样

序号	组分	分子式	相对分子质量	物流点编号				物流点编号			
				物料名称				物料名称			
				kg/h	wt%	kmol/h	mol%	kg/h	wt%	kmol/h	mol%
1											
2											
3											
4											
—											
合计											
1	温度										
2	压力										
3	密度										
4	黏度										

注：1. 物流点编号与物料流程图要一致；

2. 根据需要，可以画若干栏物料，格式同样，向右延伸；

3. 根据需要物料组成的序号可多可少；

4. 可根据需要增加物理量，如导热系数、比热容等；

5. 本表可以放在工艺物料流程图纸下方，也可以单独成为一份图纸。

2.4.2.7 物料平衡表

物料平衡表是反映工艺物料流程图上各点物料编号的物料平衡。物料平衡表可以合并在工艺物料流程图上，如图 2.27 所示，也可以单独绘制。其内容一般包括：序号、工艺物料流程图上各点物料编号、物料名称和状态、流量（分别列出各流股的总量，其中的气、液、固体数量、组分量、组分的质量百分率、体积分数或摩尔分数）、操作条件（温度、压力）、相对分子质量、密度、黏度、导热系数、比热容、表面张力、蒸气压等。物料平衡表可参考表 2.1 示样设计。

2.4.3 工艺管道及仪表流程图（P&ID）

当工艺计算结束、工艺方案定稿、控制方案确定之后就可以绘制管道及仪表流程图（Piping and Instrument Diagram，P&ID）。在之后的车间设备平面布置设计时，可能会对流程图进行一些修改，最终定稿，作为正式的设计成果编入设计文件中。

2.4.3.1 主要内容

管道及仪表流程图，应表示出全部工艺设备、物料管道、阀件以及工艺和自控的图例、符号等。其主要内容一般是设备图形、管线、控制点和必要数据、图例、标题栏等。管道及仪表流程图上常用的缩写、设备、管子等图例见附录2、附录3及附录4（摘自 HG/T 20519—2009 标准）。

（1）图形

将生产过程中全部设备的简单形状按工艺流程次序，展示在同一平面上，配以连接的主辅管线及管件、阀门、仪表控制点符号等。

（2）标注

注写设备位号及名称、管段编号、控制点代号、必要的尺寸、数据等。

（3）图例

代、符号及其他标注的说明，有时还有设备位号的索引等。有的设计单位将图例放入首页图中，见附录8。

（4）标题栏、修改栏

注写设计项目、设计阶段、图号等，便于图纸统一管理。注写版次修改说明。

2.4.3.2 绘制的规定及要求

（1）图幅

绘制时一般以一个车间或工段为主进行绘制，原则上一个主项绘一张图样，不太主张把一个完整的产品流程划分得太零碎，尽量有一个流程的"全貌"感。在保证图样清晰的原则下，流程图尽量在一张图纸上完成。图幅一般采用 A1 或 A2 的横幅绘制，流程图过长时，幅面也常采用标准幅面的加长，长度以方便阅览为宜，也可分张绘制。

（2）比例

管道及仪表流程图不按比例会制，因此标题栏中"比例"一栏不予注明，但应示意出各设备相对位置的高低，一般在图纸下方画一条细实线作为地平线，如有必要还可以将各楼层高度表示出来。一般设备（机器）图例只取相对比例，实际尺寸过大的设备（机器）比例可适当缩小，实际尺寸过小的设备（机器）比例可适当放大。整个图面应协调、美观。

（3）图线和字体

① 所有图线都要清晰、光洁、均匀，宽度符合要求。平行线间距至少要大于 1.5mm，以保证复制件上的图线不会分不清或重叠。图线用法参照表 2.2 规定。

表 2.2 图线用法及宽度

类别	图线宽度/mm			备注
	0.6～0.9	0.3～0.5	0.15～0.25	
工艺管道及仪表流程图	主物料管道	其他物料管道	其他	设备、机械轮廓线 0.25mm
辅助管道及仪表流程图 公用系统管道及仪表流程图	辅助管道总管 公用系统总管	支管	其他	

类别		图线宽度/mm			备注
		0.6～0.9	0.3～0.5	0.15～0.25	
设备布置图		设备轮廓	设备支架 设备基础	其他	动设备(机泵等)如只绘出设备 基础,图线宽度用0.6～0.9mm
设备管口方位图		管口	设备轮廓 设备支架 设备基础	其他	
管道布置图	单线(实线 或虚线)	管道		法兰、阀门及其他	
	双线(实线 或虚线)		管道		
管道轴测图		管道	法兰、阀门承插 焊螺纹连接的 管件的表示线	其他	
设备支架图		设备支架及管架	虚线部分	其他	
特殊管件图		管件	虚线部分	其他	

注：凡界区线、区域分界线、图形接续分界线的图线采用双点划线，宽度均用0.5mm。

② 汉字宜采用长仿宋体或者正楷体（签名除外）。并要以国家正式公布的简化汉字为标准，不得任意简化、杜撰，字体高度参照表2.3规定。

表2.3 图纸中字体高度规定

书写内容	推荐字高/mm	书写内容	推荐字高/mm
图表中的图名及视图符号	5～7	图名	7
工程名称	5	表格中的文字	5
图纸中的文字说明及轴线号	5	表格中的文字（格高小于6mm时）	3
图纸中的数字及字母	2～3		

(4) 设备的绘制和标注

绘出工艺设备一览表所列的所有设备（机器）。

设备图形用细实线绘出，可不按绝对比例绘制，只按相对比例将设备的大小表示出来。设备、机器图形按《化工工艺设计施工图内容和深度统一规定》HG/T 20519—2009绘制，见附录3。建议设备的图形尽量接近实际生产装置，尽可能给设计、施工提供精准的信息，如离心泵、压缩机、反应釜、卧式贮罐的画法建议采用图2.28所示的图例。

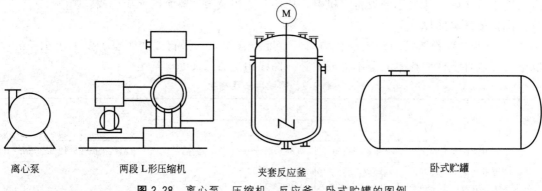

离心泵　　　　　两段L形压缩机　　　　　夹套反应釜　　　　　卧式贮罐

图2.28 离心泵、压缩机、反应釜、卧式贮罐的图例

未规定的设备、机器的图形可以根据其实际外形和内部结构特征绘制，不光外形相似，更要神似，只取相对大小，不按实物比例。设备图形外形和主要轮廓接近实物，显示设备的主要特征，有时其内部结构及具有工艺特征的内部构件也应画出，如列管换热器、反应器的搅拌形式、内插管、精馏塔板、流化床内部构件、加热管、盘管、活塞、内旋风分离器、隔板、喷头、挡板（网）、护罩、分布器、填充料等，这些可以用细实线表示，也可以用剖面形式将内部构件表示。设备、机器的支承和底（裙）座可不表示。设备、机器自身的附属部件与工艺流程有关者，例如柱塞泵所带的缓冲罐、安全阀，列管换热器管板上的排气口，设备上的液位计等，它们不一定需要外部接管，但对生产操作和检修都是必需的，有的还要调试，因此在图上应予以表示。电机可用一个细实线圆内注明"M"表达。设备、机器上的所有接口（包括人孔、手孔、卸料口等）宜全部画出，其中与配管有关以及与外界有关的设备上的管口（如直连阀门的排液口、排气口、放空口及仪表接口等）则必须画出。用方框内一位英文字母加数字表示管口编号（说明：目前国内大部分流程图、管道布置图上还没有加管口编号），管口一般用单细实线表示，也可以与所连管道线宽度相同，允许个别管口用双细实线绘制。设备管口法兰可用细实线绘制。对于需绝热的设备和机器要在其相应部位画出一段绝热层图例，必要时注出其绝热厚度；有伴热者也要在相应部位画出一段伴热管，必要时可注出伴热类型和介质代号。如图 2.29 所示。

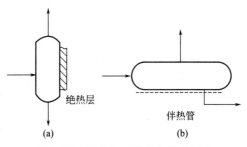

图 2.29　需绝热、伴热的设备画法

地下或半地下设备、机器在图上应表示出一段相关的地面。地面以 ///// 表示。

图样采用展开图形式，设备的排列顺序应符合实际生产过程，按主要物料的流向从左到右画出全部设备示意图。

相同的设备或两级以上的切换备用的系统，通常也应画出全部设备，有时为了省略，也可以只画一套，其余数套装置应当用双点划线勾出方框，表示其位置，并有相应的管道与之连通，在框内注明设备位号、名称。

（5）相对位置

设备间的高低和楼面高低的相对位置，除有位差要求者外，可不按绝对比例绘制，只按相对高度表示设备在空间的相对位置，有特殊高度要求的可标注其限定尺寸，其中相互间物流关系密切者（如高位槽液体自流入贮罐、反应釜，液体由泵送入塔顶等）的高低相对位置要与设备实际布置相吻合。低于地面的需相应画在地平线以下，尽可能地符合实际安装情况。

至于设备横向间距，通常亦无定规，视管线绘制及图面清晰的要求而定，以不疏不密为宜，既美观又便于管道连接和标注，应避免管线过长或过于密集而导致标注不便，图面不清晰。设备横向顺序应与主要物料管线一致，不要使管线形成过量往返。

（6）设备名称和位号

① 标注的内容

设备在图上应标注位号及名称，其编制方法应与物料流程保持一致。设备位号在整个车间（装置）内不得重复，施工图设计与初步设计中的编号应该一致，不要混乱。如果施工图设计中设备有增减，则位号应按顺序补充或取消（即保留空号），设备的名称也应前后一致。

② 标注的方式

在管道及仪表流程图上，一般要在两个地方标注设备位号：一处是在图的上方或下方，要求排列整齐，并尽可能与设备对正，在位号线的下方标注设备名称；另一处是在设备内或近旁，此处只注位号，不标名称。各设备在横向之间的标注方式应排成一行，若在同一高度方向出现两个以上设备图形时，则可按设备的相对位置将某些设备的标注放在另一设备标注的下方，也可水平标注。

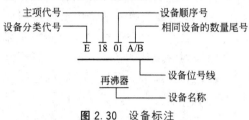

图 2.30　设备标注

设备在图上要标注位号及名称，有时还注明某些特性数据，标注方式如图 2.30 所示。

设备位号由设备分类代号、主项代号、设备顺序号、相同设备的数量尾号等组合而成。常用设备分类代号参见表 2.4，表中内容选自《化工工艺设计施工图内容和深度统一规定》

（HG/T 20519—2009），主项代号一般为车间、工段或装置序号，用两位数表示，从 01 开始，最大 99，按工程项目经理给定的主项编号填写；设备顺序号按主项内同类设备在工艺流程中的先后顺序编制，也用两位数表示，从 01 开始，最大 99；相同设备的数量尾号，用以区别同一位号、数量不止一台的相同设备，用 A、B、C…表示。

设备位号在流程图、设备布置图及管道布置图中，在规定的位置画一条宽度 0.6mm 的粗实线——设备位号线。线上方书写设备位号，线下方在需要时书写设备名称。

表 2.4　常用设备类别代号

序号	设备类别	代号	注解	序号	设备类别	代号	注解
1	泵	P	pump	7	塔	T	tower
2	反应器	R	reactor	8	火炬、烟囱	S	flare stack
3	换热器	E	exchanger	9	起重运输设备	L	lift
4	压缩机、风机	C	compressor	10	计量设备	W	weight
5	工业炉	F	furnace	11	其他机械	M	
6	容器(槽、罐)	V	vessel	12	其他设备	X	

(7) 管道的绘制和标注

绘出和标注全部管道，包括阀门、管件、管道附件。

绘出和标注全部工艺管道以及与工艺有关的一段辅助及公用管道，标上流向箭头、说明。工艺管道包括正常操作所用的物料管道；工艺排放系统管道；开、停车和必要的临时管道。绘出和标注上述管道上的阀门、管件和管道附件，不包括管道之间的连接件，如弯头、三通、法兰等，但为安装和检修等原因所加的法兰、螺纹连接件等仍需绘出和标注。

管线的伴热管必须全部绘出，夹套管只要绘出两端头的一小段即可，其他绝热管道要在适当部位绘出绝热图例。有分支管道时，图上总管及支管位置要准确，各支管连接的先后位置要与管道布置图相一致。辅助管道系统及公用管道系统比较简单时，可将其总管道绘制在流程图的上方，其支管道则下引至有关设备，当辅助管线比较复杂时，辅助管线和主物料管线分开，画成单独的辅助管线流程图，辅助管线控制流程图。此时流程图上只绘出与设备相连接位置的一段辅助管线（包括操作所需要的阀门等）。如果整个公用工程系统略显复杂，也可单独绘制公用工程系统控制流程图。公用工程系统也可以按水、蒸汽、冷冻系统绘制各自的控制点系统图。

图上的管道与其他图纸有关时，一般将其端点绘制在图的左方或右方，以空心箭头标出物流方向（入或出），在空心箭头上方注明管道编号或来去设备、机器位号、主项号、装置号（或名称）、管道号（管道号只标注基本管道号）或仪表位号及其所在的管道及仪表流程图号。该图号或图号的序号写在前述空心箭头内。所有出入图纸的管线都要有箭头，并注出连接图纸号、管线号、介质名称和相连接设备的位号等相关内容。空心箭头画法如图 2.31 所示。图 2.31 (a) 为进出装置或主项的管道或仪表信号线的图纸接续标志，图 2.31（b）为同一装置或主项内的管道或仪表信号线的图纸接续标志。按 HG/T 20519—2009 规定的接续标志用中线条表示。

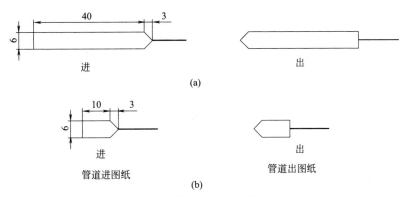

图 2.31　管道的图纸接续标志

① 管道的画法

a. 线形规定

图线宽度分三种：粗线 0.6～0.9mm；中粗线 0.3～0.5mm；细实线 0.15～0.25mm。平行线间距至少要大于 1.5mm，以保证复制图纸时不会分不清或重叠。有关管道图例及图线宽度按《化工工艺设计施工图内容和深度统一规定》（HG/T 20519—2009）执行，常用管道图示符号见附录 4。

b. 交叉与转弯

交叉与转弯绘制管道时，应避免穿过设备或使管道交叉，确实不能避免时，一般执行"细让粗"的规定。当同类物料管道交叉时应将横向管道线断开一段，断开处约为线宽度 5 倍，如图 2.32 所示。管道要画成水平和垂直，不用斜线或曲线。图上管道转弯处，一般应画成直角，而不是画成圆弧形。

c. 放气、排液及液封

管道上取样口、放气口、排液管等应全部画出。放气口应画在管道的上边，排液管则画在管道的下方，U 形液封管应按实际比例长度表示，如图 2.33 所示。

图 2.32　管道交叉与转弯　　　　　　图 2.33　管道放气、排液及液封

② 管道的标注

管道及仪表流程图的管道应标注的内容有四个部分，即管段号（由三个单元组成）、管径、管道等级和绝热（或隔声），总称管道组合号。管段号和管径为一组，用短横线隔开；管道等级和绝热（或隔声）为另一组，用短横线隔开，两组间留适当空隙。水平管道宜平行标注在管道的上方，竖直管道宜平行标注在管道的左侧。在管道密集、无标注的地方，可用细实线引至图纸空白处水平（竖直）标注。标注内容及规范如图 2.34 所示。

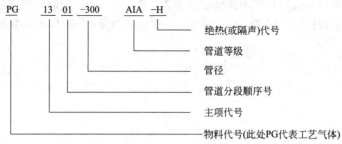

图 2.34　管道标注

管道标注常用物料代号按 HG/T 20519.36—2009 执行，表 2.5 为部分物料代号。主项代号按工程规定的主项编号填写，采用两位数字，从 01 开始，至 99 为止；管道序号，相同类别的物料在同一主项内以流向先后为序，顺序编号，采用两位数字，从 01 开始，至 99 为止。

表 2.5　工艺流程图中的物料代号

代号类别		物料代号	物料名称	代号类别		物料代号	物料名称
工艺物料代号		PA	工艺空气 Process Air	油		DO	污油
		PG	工艺气体 Process Gas			FO	燃料油 Fuel Oil
		PGL	气液两相流工艺物料			GO	填料油
		PGS	气固两相流工艺物料			LO	润滑油 Lubricating Oil
		PL	工艺液体 Process Liquid			RO	原油
		PLS	液固两相流工艺物料			SO	密封油
		PS	工艺固体 Process Solid			HO	导热油
		PW	工艺水 Process Water	制冷剂		AG	气氨
辅助、公用工程物料代号	空气	AR	空气 Air			AL	液氨
		CA	压缩空气			ERG	气体乙烯或乙烷
		IA	仪表空气 Instrument Air			ERL	液体乙烯或乙烷
	蒸汽、冷凝水	HS	高压蒸汽 High Press Steam			FRG	氟利昂气体
		LS	低压蒸汽 Low Press Steam			PRG	气体丙烯或丙烷
		MS	中压蒸汽 Medium Press Steam			PRL	液体丙烯或丙烷
		SC	蒸汽冷凝水	辅助、公用工程物料代号		RWR	冷冻盐水回水
		TS	伴热蒸汽 Tracing Steam			RWS	冷冻盐水上水
	水	BW	锅炉给水			H	氢 Hydrogen
		CSW	化学污水			N	氮
		CWR	循环冷却水回水		其他	O	氧
		CWS	循环冷却水上水			DR	排液、导淋 Drain
		DNW	脱盐水			FSL	熔盐
		DW	自来水、生活用水			FV	火炬排放空
		FW	消防水			IG	惰性气
		HWR	热水回水			SL	泥浆
		HWS	热水上水			VE	真空排放气
		RW	原水、新鲜水			VT	放空 Vent
		SW	软水 Soft Water			WG	废气
		WW	生产废水			WS	废渣
	燃料	FG	燃料气 Fuel Gas			WO	废油
		FL	液体燃料			FLG	烟道气
		LPG	液化石油气			CAT	催化剂
		FS	固体燃料			AD	添加剂
		NG	天然气				
		LNG	液化天然气				

注：对于表中没有的物料代号，可用英文代号补充表示，且应附注说明。

管径一般注公称直径，以 mm 为单位，只注数字，不注单位。如 DN200 的公制管道，只需标注"200"，2 英寸的英制管，则表示为"2"。

管道等级号由管道公称压力等级代号、管道材料等级顺序号、管道材质代号组成。如图 2.35 所示。

图 2.35 管道等级标注方法

管道公称压力等级代号用大写英文字母表示，A～K 用于 ANSI 标准压力等级代号（其中 I、J 不用），L～Z 用于国内标准压力等级代号（其中 O、X 不用），具体如表 2.6 所示。顺序号用阿拉伯数字表示，由 1 开始。管道材质代号用大写英文字母表示，具体如表 2.7 所示。

表 2.6 管道公称压力等级代号

压力等级 用于 ANSI 标准		压力等级 用于国内标准	
压力等级代号	压力/LB	压力等级代号	压力/MPa
A	150	L	1.0
B	300	M	1.6
C	400	N	2.5
D	600	P	4.0
E	900	Q	6.4
F	1500	R	10.0
G	2500	S	16.0
		T	20.0
		U	22.0
		V	25.0
		W	32.0

表 2.7 管道材质代号

管道材质代号	材 质	管道材质代号	材 质
A	铸铁	E	不锈钢
B	碳钢	F	有色金属
C	普通低合金钢	G	非金属
D	合金钢	H	衬里及内防腐

绝热及隔声代号，按绝热及隔声功能类型的不同，以大写英文字母作为代号，如表 2.8 所示，详细见 HG 20519—2009 标准。

表 2.8 绝热及隔声代号

代号	功能类型	备 注	代号	功能类型	备 注
H	保温	采用保温材料	S	蒸汽伴热	采用蒸汽伴热管和保温材料
C	保冷	采用保冷材料	W	热水伴热	采用热水伴热管和保温材料
P	人身防护	采用保温材料	O	热油伴热	采用热油伴热管和保温材料
D	防结霜	采用保冷材料	J	夹套伴热	采用夹套管和保温材料
E	电伴热	采用电热带和保温材料	N	隔声	采用隔声材料

对于工艺流程简单，管道品种、规格不多时，管道等级和绝热隔声代号可省略，则第四单元管道尺寸可直接填写管子的外径×壁厚，并标注工程规定的管道材料代号，如 $\phi57×3.5E$。

管道上的阀门、管道附件的公称直径与所在管道公称直径不同时应注出它们的尺寸，必要时还需要注出它们的型号。它们之中的特殊阀门和管道附件还应进行分类编号，必要时以文字、放大图和数据表加以说明。

同一管道号只是管径不同时，可只注管径，如图 2.36（a）、（b）所示。异径管的标注为大端管径乘小端管径，标注在异径管代号"▷"的下方。

同一管道号而管道等级不同时，应表示出等级的分界线，并标注相应的管道等级。如图 2.36（c）所示。

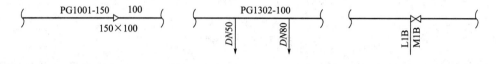

(a) 同轴异径管标注   (b) 同管道号不同管径的标注   (c) 同管道号不同管道等级的标注

图 2.36　同一管道号不同直径、等级时的标注

管线的伴热管要全部绘出，夹套管可在两端只画出一小段，绝热管则应在适当位置画出过热图例。

一般将箭头画在管线上来表示物料的流向。

(8) 阀门、管件和管道附件的表示法

管道上的阀门，管件和管道附件（如视镜、阻火器、异径接头、盲板、下水漏斗等）按 HG/T 20519—2009 规定的图形符号，见附录 4。

其他一般的连接管件，如法兰、三通、弯头、管接头、活接头等，若无特殊要求均可不予画出。绘制阀门时，全部用细实线绘制，其宽度约为物流线宽度的 4～6 倍，长度为宽度的 2 倍。在流程图上所有阀门的大小应一致，水平绘制的不同高度阀门应尽可能排列在同一垂直线上，而垂直绘制的不同位置阀门应尽可能排列在同一水平线上，且在图上表示的高低位置应大致符合实际高度。在实际生产工艺流程中使用的所有控制点（即在生产过程中用以调节、控制和检测各类工艺参数的手动或自动阀门、流量计、液位计等）均应在相应物流线上用标准图例、代号或符号加以表示。所有控制阀组一般都应画出。

(9) 仪表的绘制和标注

应绘出和标注全部计量检测仪表（温度、压力、真空、流量、液面等）、调节控制系统、分析取样系统。

仪表控制点应在有关的管道或设备上按大致安装位置引出的管线上，用图形符号、字母符号、数字编号表示，用细实线绘制在安装位置上。检测、控制等仪表在图上用细实线圆（直径约 10mm）表示，一般仪表的信号线、指引线均以细实线绘制，指引线与管道（或设备）线垂直，必要时可转折一次。仪表及控制点、控制元件的代号及图形符号要求按 HG/T 20505—2000 标准。

① 仪表控制点的代号和符号

仪表和控制点应该在有关管道上，大致按照安装位置，以代号、符号表示出来。常用的仪表功能标志的字母代号见表 2.9（表中带括号的数字为注释编号）。

② 测量点图形符号

测量点图形符号一般可用细线绘制。检测、显示、控制等仪表图形符号用直径约 10mm 的细实线圈圈表示，如表 2.10 所示。

③ 仪表安装位置图形符号，如表 2.11 所示。

表 2.9　字母代号

	首　位　字　母①		后　继　字　母②		
	被测变量或引发变量	修饰词	读出功能	输出功能	修饰词
A	分析③		报警		
B	烧嘴、火焰		供选用④	供选用④	供选用④
C	电导率			控制	
D	密度	差			
E	电压(电动势)		检测元件		
F	流量	比率(比值)			
G	毒性气体或可燃气体		视镜、观察⑤		
H	手动				高⑥
I	电流		指示		
J	功率	扫描			
K	时间、时间程序	变化速率⑦		操作器⑧	
L	物位		灯⑨		低⑥
M	水分或湿度	瞬动			中、中间⑥
N	供选用④		供选用④	供选用④	供选用④
O	供选用④		节流孔		
P	压力、真空		连接或测试点		
Q	数量	积算、累计			
R	核辐射		记录、DCS 趋势记录		
S	速度、频率	安全⑩		开关、联锁	
T	温度			传送(变送)	
U	多变量⑪		多功能⑫	多功能⑫	多功能⑫
V	振动、机械监视			阀、风门、百叶窗	
W	重量、力		套管		
X	未分类⑬	X轴	未分类⑬	未分类⑬	未分类⑬
Y	事件、状态⑭	Y轴		继动器(继电器) 计算器、转换器⑮	
Z	位置、尺寸	Z轴		驱动器、执行元件	

①"首位字母"在一般情况下为单个表示被测变量或引发变量的字母（简称变量字母），在首位字母附加修饰字母后，首位字母则为首位字母＋修饰字母。

②"后继字母"可根据需要为一个字母（读出功能）、两个字母（读出功能＋输出功能）或三个字母（读出功能＋输出功能＋读出功能）等。

③"分析（A）"指本表中未予规定的分析项目，当需指明具体的分析项目时，应在表示仪表位号的图形符号（圆圈或正方形）旁标明。如分析二氧化碳含量，应在图形符号外标注 CO_2，而不能用 CO_2 代替仪表标志中的"A"。

④"供选用"指此字母在本表的相应栏目处中未规定其含义，可根据使用者的需要确定其含义，即该字母作为首位字母表示一种含义，而作为后继字母则表示另一种含义。并在具体工程的设计图例中作出规定。

⑤"视镜、观察（G）"表示用于对工艺过程进行观察的现场仪表和视镜，如玻璃液位计、窥视镜等。

⑥"高（H）"、"低（L）"、"中（M）"应与被测量值相对应，而并非与仪表输出的信号值相对应。H、L、M 分别标注在表示仪表位号的图形符号（圆圈或正方形）的右上、下、中处。

⑦"变化速率（K）"在与首位字母 L、T 或 W 组合时，表示测量或引发变量的变化速率。如 WKIC 可表示重量变化速率控制器。

⑧"操作器（K）"表示设置在控制回路内的自动-手动操作器，如流量控制回路中的自动-手动操作器为 FK，它区别于 HC 手动操作器。

⑨"灯（L）"表示单独设置的指示灯，用于显示正常的工作状态，它不同于正常状态的"A"报警灯。如果"L"指示灯是回路的一部分，则应与首位字母组合使用，例如表示一个时间周期（时间累计）终了的指示灯应标注为 KQL。如果不是回路的一部分，可单独用一个字母"L"表示，例如电动机的指示灯，若电压是被测变量，则可表示为 EL；若用来监视运行状态则表示为 YL。不要用 XL 表示电动机的指示灯，因为未分类变量"X"仅在有限场合使用，可用供选用字母"N"或"O"表示电动机的指示灯，如 NL 或 OL。

⑩"安全（S）"仅用于紧急保护的检测仪表或检测元件及最终控制元件。例如"PSV"表示非常状态下起保护作用的压力泄放阀或切断阀。亦可用于事故压力条件下进行安全保护的阀门或设施，如爆破膜或爆破板用 PSE 表示。

⑪首位字母"多变量（U）"用来代替多个变量的字母组合。

⑫后继字母"多功能（U）"用来代替多种功能的字母组合。

⑬"未分类（X）"表示作为首位字母或后继字母均未规定其含义，它在不同地点作为首位字母或后继字母均可为任何含义，适用于一个设计中仅一次或有限的几次使用。例如 XR-1 可以是应力记录，XX-2 则可以是应力示波器。在应用 X 时，要求在仪表图形符号（圆圈或正方形）外注明未分类变量"X"的含义。

⑭"事件、状态（Y）"表示由事件驱动的控制或监视响应（不同于时间或时间程序驱动），亦可表示存在或状态。

⑮"继动器（继电器）、计算器、转换器（Y）"说明如下："继动器（继电器）"表示是自动的，但在回路中不是检测装置，其动作由开关或位式控制器带动的设备或器件。表示继动、计算、转换功能时，应在仪表图形符号（圆圈或正方形）外（一般在右上方）标注其具体功能。但功能明显时也可不标注，例如执行机构信号线上的电磁阀就无需标注。

表 2.10　测量点图形符号

序号	名　称	图　形　符　号	备　注
1			测量点在工艺管线上,圆圈内应标注仪表位号
2			测量点在设备中,圆圈内应标注仪表位号
3	孔板	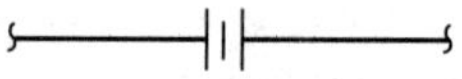	
4	文丘里管及喷嘴		
5	无孔板取压接头	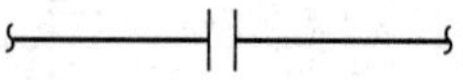	
6	转子流量计	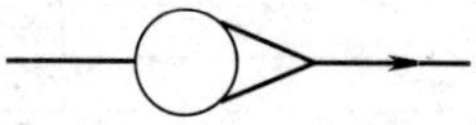	圆圈内应标注仪表位号
7	其他嵌在管路中的仪表	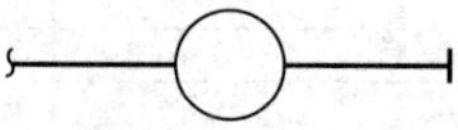	圆圈内应标注仪表位号

表 2.11　仪表安装位置的图形符号

	现场安装	控制室安装	现场盘装
单台常规仪表		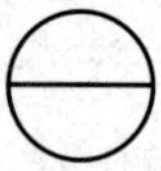	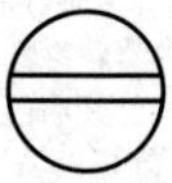
DCS		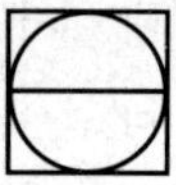	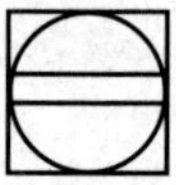
计算机功能	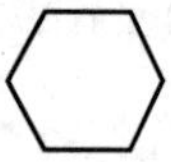	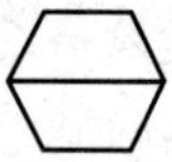	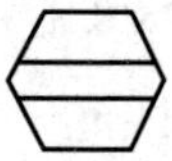
可编程逻辑控制		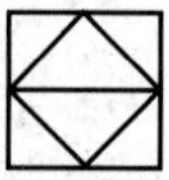	

注：正常情况下操作员不监视，或盘后安装的仪表设备或功能，仪表图形符号可表示为：

1. 盘后安装的仪表

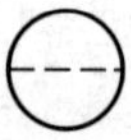

2. 不与 DCS 进行通讯联接的 PLC

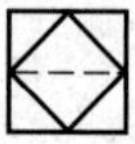

3. 不与 DCS 进行通讯联接的计算机功能组件

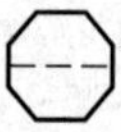

④ 仪表位号的编注

仪表位号由字母代号和阿拉伯数字编号组成。仪表位号中第一位字母表示被测变量，后继字母表示仪表的功能。数字编号可按装置或工段进行编制，不同被测参数的仪表位号不得连续编号，编注仪表位号时，应按工艺流程自左至右编排。

按装置编制的数字编号，只编同路的自然顺序号，如图 2.37 所示。

按工段编制的数字编号，包括工段号和回路顺序号，一般用三位或四位数字表示，如图 2.38 所示。

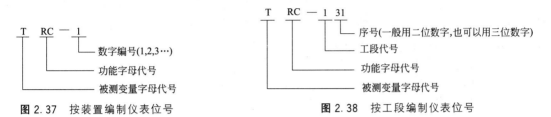

图 2.37　按装置编制仪表位号　　　　　图 2.38　按工段编制仪表位号

⑤ 仪表位号的标注方法

上半圆中填写字母代号，下半圆中填写数字编号。检测仪表在工艺流程图上的图示与标注如图 2.39 所示。

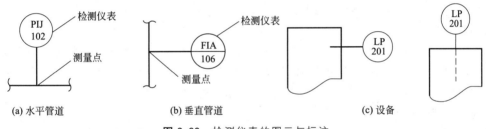

(a) 水平管道　　　　(b) 垂直管道　　　　(c) 设备

图 2.39　检测仪表的图示与标注

⑥ 调节与控制系统的图示

在工艺流程图上的调节与控制系统，一般由检测仪表、调节阀、执行机构和信号线四部分构成。常见的执行机构有气动执行、电动执行、活塞执行和电磁执行四种方式，如图 2.40 所示。

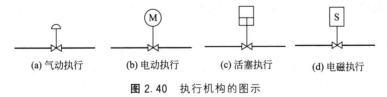

(a) 气动执行　　(b) 电动执行　　(c) 活塞执行　　(d) 电磁执行

图 2.40　执行机构的图示

控制系统常见的连接信号线有三种，连接方式如图 2.41 所示。

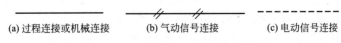

(a) 过程连接或机械连接　　(b) 气动信号连接　　(c) 电动信号连接

图 2.41　控制系统常见的连接信号线的图示

⑦ 分析取样点

分析取样点在选定的位置（设备管口或管道）标注和编号，其取样阀组、取样冷却器也要绘制和标注或加文字注明。如图 2.42 所示。圆为直径 10mm 的细线圆。

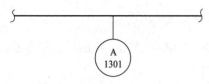

图 2.42 分析取样点画法

A 表示人工取样点，1301 为取样点编号

（13 为主项编号，01 为取样点序号）

（10）图例和索引

工艺流程图上，图例是必不可少的。流程图简单时，一般绘制于第一张图纸的右上方，若流程较为复杂，图样分成数张绘制时，代、符号的图例说明及需要编制的设备位号的索引等往往单独绘制，作为工艺流程图的第一张图纸称首页图，见附录 8。

图例通常包括管段标注、物料代号、控制点标注等，使阅图者不用查阅手册通过图例即可看懂图中的各种文字、字母、数字符号。即使是那些有规定的图例，凡本图出现的符号，均要一一列出。所示图例的具体内容包括下列四点。

① 图形标志和物料代号

将本图上出现的阀门、管道附件、所有物料代号等一一加以说明。

② 管道标注说明

取任一管段为例，画出图例并对管段上标注的文字、数字一一加以说明。

③ 控制点符号标注

将本图上出现的控制点标注方式举例说明。

④ 控制参数和功能代号

将图中出现的所有代号表达的参数含义或功能含义一一加以说明。

（11）附注

设计中一些特殊要求和有关事宜在图上不宜表示或表示不清楚时，可在图上加附注，采用文字、表格、简图的方式加以说明。例如对高点放空、低点排放设计要求的说明；泵入口直管段长度要求；限流孔板的有关说明等等。一般附注加在标题栏附近。

（12）标题栏、修改栏

标题栏也称图签，标题栏位于图纸的右下角，其格式和内容如图 2.43（a）所示，在标题栏中要填写设计项目、设计阶段、图号等，便于图纸统一管理，在修改栏中填写修改内容。每个设计院标题栏的格式略有不同，如图 2.43（b）是某设计院的标题栏。

2.4.3.3 流程图绘制步骤

以前化工设计是完全靠手工在图纸上一笔一笔地完成大量的工程图纸的绘制，随着计算机技术的高速发展，现代设计是借助计算机智能完成，下面介绍使用 AutoCAD 计算机辅助设计软件完成工艺流程图的设计步骤。

① 建立图层，并对图层、线形进行设置。为了使图纸清晰、有层次感，同时对以后修改、编辑、打印方便，必须建立图层，在不同的层，完成不同的内容。需要建立的图层有：图框层、设备层、主物料层、辅助物料层、阀门层、仪表层、文字层、虚线层、中心线层等。不同的层要设置不同的颜色。图层设置的原则是在够用的基础上越少越好。

线形设置，除虚线层、中心线层等特殊线形外，一般选连续线，线宽按表 2.2 规定设置，主物料管道设置 $0.6\sim0.9$mm，辅助物料管道设置 $0.3\sim0.5$mm，其他 $0.15\sim0.25$mm，线宽也可选默认，但在打印要进行线宽设置。线形、线宽、颜色要随层而定。

② 在图框层，绘制图框及标题栏，注意内框线宽为 $0.6\sim0.9$mm。实际工程图一般按 A2 加长绘制，学生练习可采用 A3 图框，若图纸太长，不方便阅读，可按一个车间或一个工序单独绘制。

③ 在图框内部偏下部分，用细实线画出厂房的地平线，以作为设备在高度方面布置的参考。

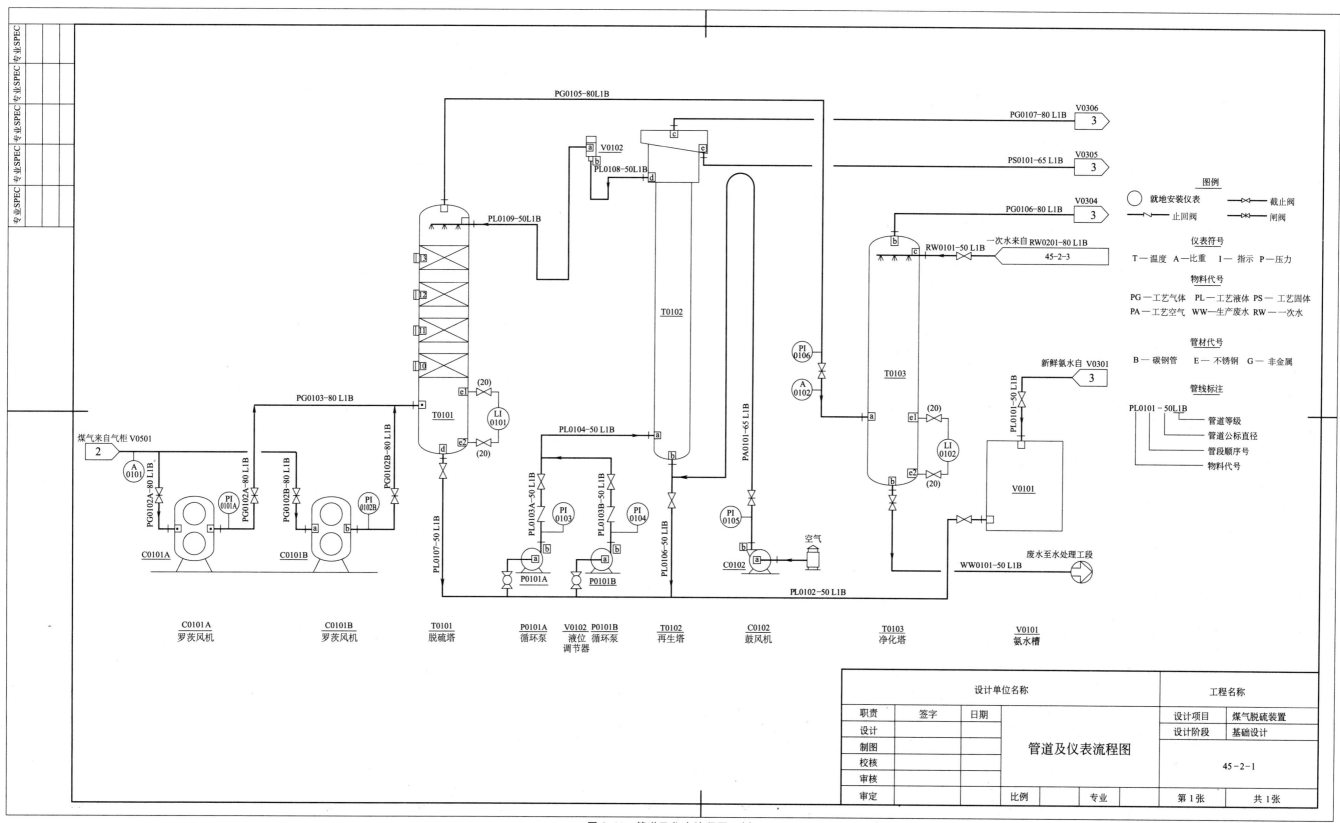

图 2.44　管道及仪表流程图示例

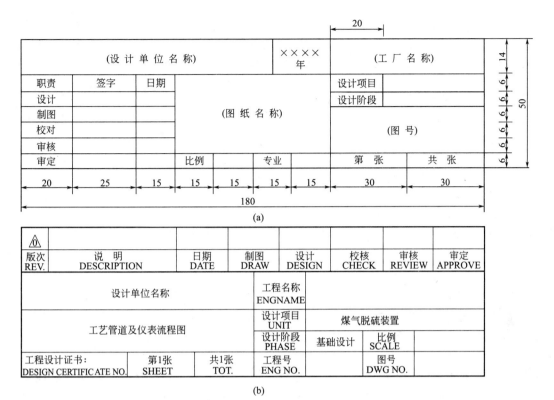

图 2.43　标题栏格式

④ 在设备层，按照流程顺序从左至右用细实线按大致的位置和近似的外形比例尺寸，绘出流程中各个设备的简化图形（示意图），各简化图形之间应保留适当距离，以便绘制各种管线及标注。

⑤ 在主物料层，用粗实线画出主要物料的流程线，在流程上画上流向箭头，并在流程线的起始和终了处注明来源和去向等。

⑥ 在辅助物料层，用稍粗于细实线的实线画出其他物料的流程线，并标注流向箭头。

⑦ 在阀门层，绘制阀门及管件。

⑧ 在文字层，在流程图的下方或上方，列出各设备的位号及名称，注意要排列整齐；在设备附近或内部也要注明设备位号。

⑨ 在仪表层，标注仪表控制点，自动化控制。

⑩ 在文字层，每条管道上完成管道标注。

⑪ 在文字层，完成附加说明的绘制。

图 2.44 是管道及仪表流程图的示例，请参考。

2.5　案例分析

设计是一个不断渐进学习、积累经验的过程，对于一个初学者来说，胜任真枪实弹的工业生产装置的设计是不可能的，最主要原因是各方面的知识积累不够，特别是缺乏一线的生产技术及生产经验，所以对于初学者来说只能纸上谈兵，脱离实际在所难免的。但只有经过不断的"纸上谈兵"式的磨练，不断地用心模仿学习，积累工程知识及设计经验，不断在实际工程设计中历练与提升，才能逐步具备实际工程的设计能力。本教材通过一氯甲烷生产和轻质碳酸钙生产工艺流程设计案例，与教材内容同步地对流程设计进行案例分析。希望读者能够认真研读和练习，以期达到提高设计能力的目的。

案例1 一氯甲烷生产工艺流程的设计

对于既没有本案例科研基础，又没有接触过实际工程装置的初学者来说，要完成生产工艺流程的设计并非易事，大部分同学无从下手，不知怎样做、如何做，下面针对初学者，简单介绍一下生产工艺流程设计的大致步骤和工作思路。

1 确定工作核心

当我们接到一个工艺设计题目后，首先要对题目进行分析，明确设计任务，找出工作的核心即工作的切入点。该案例的设计任务是完成一氯甲烷生产工艺流程的设计，设计结果由能够满足生产需要的流程图呈现出来，工作的切入点应围绕如何生产质优价廉的一氯甲烷产品为核心进行展开。

2 查阅文献进行项目调研

查阅有关一氯甲烷性质、用途、生产方法、产品质量要求，原材料种类、性质、消耗、价格等资料。下面是查阅的相关技术资料。

2.1 一氯甲烷性质

无色，为可压缩气体或液体，具有类似于醚的味道，有麻醉作用，相对密度 0.92，沸点 $-23.7℃$，凝固点 $-97.6℃$，闪点 32℃以上，微溶于水，溶于酒精、氯仿、苯、四氯化碳和冰醋酸，腐蚀铝、镁和锌。

2.2 一氯甲烷用途

用于制备有机硅聚合物和进一步氯化为其他卤代烃的原料，也是很好的溶剂和甲基化剂，广泛用于合成甲基氯硅烷、纤维素酯、季铵化合物、除草剂，还可作为有机溶剂、致冷剂、发泡剂、局部麻醉剂等。

2.3 生产方法

通过查阅文献可知一氯甲烷的生产方法有以下三种。

（1）敌百虫副产回收法

生产农药敌百虫时会副产一氯甲烷。将生产敌百虫的尾气经冷冻脱水，再经浓硫酸干燥，固碱中和除酸，再经压缩、冷凝液化得产品一氯甲烷。图 2.45 为工艺流程简图。

反应式：

$$CCl_3CHO + PCl_3 + 3CH_3OH \longrightarrow (CH_3O)_2POCHOHCCl_3 + CH_3Cl + 2HCl$$

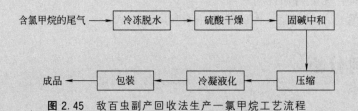

图 2.45 敌百虫副产回收法生产一氯甲烷工艺流程

（2）甲烷氯化法

将甲烷和氯气在高温下进行氯化，氯化产物经水吸收除去氯化氢，再经压缩和冷凝分去未反应的甲烷后分馏，即得产品一氯甲烷和多氯甲烷。图 2.46 为工艺流程简图。

反应式：

$$CH_4 + Cl_2 \longrightarrow CH_3Cl + HCl$$

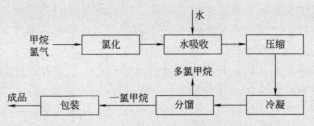

图 2.46 甲烷氯化法生产一氯甲烷工艺流程

（3）甲醇氢氯化法

一定比例的氯化氢与甲醇以氯化锌为催化剂进行反应，生成粗产品一氯甲烷，经干燥、压缩、冷凝变成液体一氯甲烷。图 2.47 为工艺流程简图。

反应式：

$$HCl + CH_3OH \xrightarrow[140\sim180\text{℃}]{ZnCl_2 70\%\sim80\%} CH_3Cl + H_2O$$

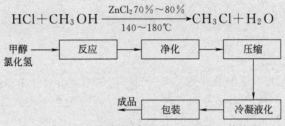

图 2.47 甲醇氢氯化法生产一氯甲烷工艺流程

2.4 产品质量标准

我们设计的工艺流程必须保证能生产出合格的产品。本案例中一氯甲烷产品的质量标准执行 GB/T 26608—2011 国家标准，具体质量指标见表 2.12。

表 2.12 一氯甲烷国家质量标准 GB/T 26608—2011

项　目	指　标		
	优等品	一级品	合格品
一氯甲烷/%wt	99.9		99.5
水分/%wt	0.005	0.020	0.050
酸度（以 HCl 计）/%wt	0.0005	0.0010	0.0050
蒸发残渣/%wt	0.003	0.005	

3 确定生产方法及工艺路线

在以上 3 种方法中，对于有敌百虫副产物尾气资源来说，采用副产物回收生产一氯甲烷的生产方法为最佳方法，将生产中的尾气变废为宝，即综合利用了资源，也保护了环境，具有生产成本低，经济、环境效益高的优点。1923 年西德赫希斯特公司建立了世界第一座甲烷热氯化法生产甲烷氯化物的工业装置，1940 年美国的第一座甲烷热氯化工业装置建成投产，1954 年日本也开始用甲烷生产甲烷氯化物。此后，世界上多用甲烷氯化法建立甲烷氯化物生产装置，到 70 年代初期，美国以甲烷为原料生产甲烷氯化物 30 多万吨，达到了高峰。此后，由于能源价格上涨，而用甲醇生产甲烷氯化物又具有比较明显的经济效益和社会效益，使美国甲烷氯化物工业的原料由甲烷转为甲醇，到 1987 年美国仅有一家公司仍以甲烷为原料，年产甲烷氯化物约 4 万吨，仅占美国甲烷氯化物总生产能力的 3％。日本德山曹达于 1978 年开发了以甲醇为原料的低温液相催化氯化制甲烷氯化物的新工艺，已用该技术替换了两套甲烷氯化装置，据报道美国也引进了该生产技术。比较甲烷氯化法，甲醇氢氯化法制氯甲烷的生产技术具有以下优点：氯化氢气体利用率高，副产盐酸少，产品质量高，原材料消耗低，原料易于运输，不受产地限制，装置选址的灵活性大等。因此目前世界甲烷氯化物原料路线的总趋势已由甲烷转向甲醇，甲醇氢氯化法生产甲烷氯化物在全世界已占绝对优势。

通过检索分析生产一氯甲烷的 3 种方法，对于没有敌百虫副产一氯甲烷的企业来说甲醇氢氯化法比传统甲烷氯化法在技术先进性、经济性、适用性等方面具有较大的优势，所以本案例选择一氯甲烷的生产方法是甲醇氢氯化法。化学反应方程式为：

主反应 $CH_3OH + HCl \longrightarrow CH_3Cl + H_2O$

副反应 $2CH_3OH \longrightarrow CH_3OCH_3 + H_2O$

通过查阅资料，可知甲醇氢氯化法生产一氯甲烷的工艺路线也不是唯一的，可细分为 3 种技术路线：①气-液相非催化法；②气-液相催化法；③气-固相催化法。其生产工艺流程简述如下。

（1）气-液相非催化法

气-液相非催化法由甲醇和氯化氢在 120℃、0.2MPa 条件下在盐酸中进行反应生成一氯甲烷。由于甲醇和氯化氢单程反应不可能完全，因此反应物料需经分离后循环使用。目前只有日本信越化学采用。反应过程中生成多种共沸物，需经汽提、蒸馏、吸收过程加以处理。另外因没有催化剂，氯化氢和甲醇的反应速度低 [反应的时空产率很低 50kg/(h·m³)]，为提高转化率，需较大的反应空间。Dow Chemical 曾发表过一种非催化法专利，在由主反应器、汽提塔和回流塔组成的反应装置内进行。该工艺流程短、一氯甲烷选择性高，但该法对设备材质的要求高，未见工业化报道。

（2）气-固相催化法

气-固相催化法是 20 世纪 60 年代初开发成功的。以 $\gamma\text{-}Al_2O_3$ 为催化剂，气态甲醇与稍过量的干氯化氢在固定床中进行气固相催化反应，反应温度为 250～350℃，压力为 0.1～0.2MPa；甲醇转化率大于 98％，一氯甲烷选择性大于 99％。由反应器流出的产物经骤冷后，液相混合物为含少量甲醇及 DME 的盐酸（质量分数 22％），进入回收系统；气相混合物经水洗、碱洗，再经浓硫酸干燥、压缩、冷却后即为成品。

该种方法适合于大规模生产，甲醇单耗接近理论值，一氯甲烷选择性高；反应过程腐蚀性低，反应器材质易解决。但催化剂必须取代或再生，副产物 DME 较前两种方法高；整个反应操作必须在高于反应物料露点的温度下进行；所以对操作要求严格，对原料中水含量的要求高。采用该法的典型代表是日本德山公司。

（3）气-液相催化法

气-液相催化法是甲醇及过量的氯化氢气相鼓泡通过以 $ZnCl_2$ 水溶液（质量分数为 75％～80％）为催化剂的反应器，反应温度为 140～180℃，反应压力为 0.1～0.6MPa；为提高生产能力，通常采用几个反应釜并联的反应釜群。采用此法者以甲烷氯化物最大生产商 Dow Chemical 公司为代表，法国 ATOCHEM 等公司以及国内自行开发的技术也用此法。

该方法的优点是工艺流程简单，反应温和，操作稳定，工业上长期而广泛的使用；但单机能力低，占地面积大，对设备腐蚀严重，副产物 DME 比气-液相非催化法多，为回收未反应的氯化氢和伴随水气化的甲醇，需增添额外的设备。

由文献检索不难发现，甲醇氢氯化法生产甲烷氯化物在全世界已占绝对优势，国外各大公司均有自己成熟、具有竞争力的独特生产工艺。气-液相非催化法、气-液相催化法、气-固相催化法三条技术路线在各大公司仍保留有生产装置。国内对该法的开发应用较晚，在技术上还有一定差距，因此对于我们来说，一氯甲烷的生产工艺仍处在进一步的开发和完善过程当中。从生产规模方面考虑，制备干氯化氢存在成本过高的实际问题，选用国内同行均认同的"气-液相催化法"生产工艺路线是最经济合理可行的。

4 工艺流程设计

在确定工艺路线后，进行工艺流程图的设计。工艺流程图设计第一步根据查阅的技术资料、生产原理将生产过程流程化。

4.1 工艺流程化

一个带有化学反应的典型化工工艺流程一般可由六个单元组成，如图 2.48 所示。

图 2.48 一般化工工艺流程

图中所示的各种单元在化工生产过程中，由于产品不同会有较大的变化，因此以下各单元操作的说明仅是常规的，并没有指出哪一种产品。

（1）原料贮存

原料贮存是保证连续或间歇生产的需要。液体、气体原料需设一定容量的贮罐，固体需设料仓、料场贮存。

（2）原料预处理

一般反应对原料的性质及规格都有一定的要求，如纯度、温度、压力以及加料方式等。通常当原料不符合要求时，需要进行预处理。有的原料纯度不高，通常经过分离提纯，有些原料需溶解或熔融后进料，固体原料往往需要破碎、磨粉及筛分预处理。

（3）反应

反应是化工生产过程的核心。将经预处理后的原料放至反应器中，按照一定的工艺操作条件，制得需要的产品。在此过程中，难免生成一些副产物或不希望获得的化合物（杂质）等。

（4）产品分离

反应结束之后，需要将产品、副产品与未反应的物料分离。如果转化率低，经分离后将未反应物料再循环返回反应器，进一步转化以提高收率。在此阶段可能得到副产物。

（5）产品精制

一般产品需要经过精制使之成为合格产品，以满足用户的要求。如果所得到的副产品具有经济价值，也可以经精制后出售。

（6）包装和运输

生产的产品一般都要经包装后出厂。气体用钢瓶装运，液体产品一般用桶或散装槽类（如汽车槽车、火车槽车或槽船）装运，固体可用袋型包装（纸袋、塑料袋）、纸桶、金属桶等装运。

一个工艺过程除了上述各单元外，还需要考虑"三废"的处理及公用工程（水、电、气）及其他附属设施（消防设施、辅助生产设施、办公室及化验室等）的配合。

将以上这六个单元过程详细地加以研究，具体化到各个过程需要哪些化工单元操作并加以组合，各化工单元操作又需要什么样的装备、设备、机械，这些单元操作的运行参数以及它们的运行次序，物料在化工单元操作中的"流水线"关系，以保证获得预期质量和数量的产品。

当工艺路线确定后，一般由主反应着手进行工艺流程化，其工作流程如图 2.49 所示。

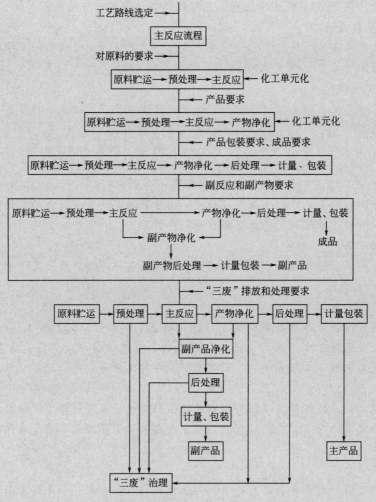

图 2.49　工艺路线的流程化工作流程

工艺流程化设计的最关键的是抓住设计的核心，本案例的核心是如何生产出质优价廉的一氯甲烷产品，流程以此点展开。一氯甲烷来自哪里，是化学反应合成还是物理提取？本案例确定由甲醇和氯化氢氯化反应制得。我们再以反应展开流程，反应是有条件的，原料纯度、状态、配比、反应温度、催化剂、压力等，反应后一般得到的是混合物，为使产品达标，需要对反应物提纯、干燥、粉碎、过筛、包装等，有的要对副产物及"三废"进行处理。下面具体介绍一下甲醇氢氯化法生产一氯甲烷的工艺流程化过程。

（1）首先确定主反应过程

按"洋葱头"模型（由史密斯、林霍夫提出）的理念，强调过程开发和设计的有序和分层性质，设计的核心是反应系统的设计和开发，如果一个化工过程需要一台反应器，那么该化工过程的设计就必须从它开始。

根据物料特性、工艺特点、产品要求、生产规模和基本操作条件，决定采用连续化操作还是间歇操作。有些不适合连续化操作的不必勉强，间歇操作也有不可替代的作用，尤其是当同一生产装置生产多品种、多牌号产品时，工艺控制要求多变复杂时，常常不必强调连续化生产。

当操作方式确定后，对主反应所需的化工单元操作和反应设备即可初步大体确定，主反应过程往往没有太多的化工单元操作，应该考虑的主要问题是满足产品生产的要求，满足产品质量和产量，满足原材料消耗低、技术先进、操作方便、安全可靠等要求，这一步的选择和确定一般不是很复杂，常常有很多文献、资料可供参考，或有中试流程、工业化生产流程可供参考、借鉴。

本案例是典型的带有化学反应的工艺过程，反应的流程是气相的 HCl 和气相的 CH_3OH 按一定比例，通入装有 80% $ZnCl_2$ 溶液的反应器中完成反应。本案例拟采用连续的鼓泡式反应，在搪玻璃反应釜中进行，通过反应釜的夹套为反应提供热源，因为气液鼓泡反应不需搅拌。

（2）根据反应要求，决定原料准备过程和投料方式

在主反应过程确定之后，根据化学反应的特点，必然对原料提出要求；根据生产操作方式，必然对原料的加料形式有所规范，如预热（冷）、汽化、干燥、粉碎、筛分、提纯精制、混合、配制等，这些操作过程就需要相应的化工单元操作，需要一定的装置和工艺操作条件，通常不是一两台设备或简单过程能完成的。原料准备的化工操作过程常常根据原料性质、处理方法不同而选用不同的生产装置，这些装置如何与反应过程衔接，就是所谓的投料过程，分为自动化、手动、自控、机械、电子、间歇、连续等方式，其计量、输送方式也各不相同。

由于本案例为气-液相反应，对原料提出了要求：①原料要求汽化；②原料尽量不含水；③原料有一定的配比 [CH_3OH：HCl=1：(1～1.1)（mol）]。因此，原料预处理过程就应有甲醇汽化、HCl 气柜、混合过程，其流程框图如图 2.50 所示。甲醇汽化设计汽化器，用蒸汽加热，混合有气体混合器。如果 HCl 是由 30%～35% 浓盐酸精馏获得，那么在 HCl 气柜之前还要有盐酸贮罐、HCl 精馏塔等设施。

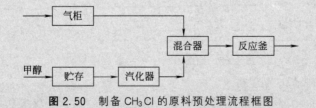

图 2.50 制备 CH_3Cl 的原料预处理流程框图

（3）根据产品质量要求和实际反应过程，确定产物净化分离的过程

按"洋葱头"模型的理念，设计的反应能够产生一种由未反应的原料、产品和副产品组成的混合物，该混合物需要进一步分离，而未反应的原料要再循环利用。

在工艺路线筛选中，实际上已经大体决定了产物的净化程序，根据主反应过程和生产

连续化与否的要求，选择化工单元操作过程加以组合，安排相应设备和装置，确定相应的工艺操作条件，把原料—反应的过程串联起来，形成"原料准备—主反应—产物净化"一个较完整、通顺的过程。

用于产物净化的化工单元操作过程很多，往往是整个工艺过程最关键、最繁杂、最需要认真和精巧构思的部分，即使已经决定了净化过程的顺序之后，如何安排每一净化步骤的操作、设备和装置，它们之间如何连通，净化的效果和能力等都是要认真思考的，要有丰富的学识，掌握大量的资料和丰富的实践经验，比较多种方案，才能完成此部分流程设计。

本案例中要求设计生产的一氯甲烷产品，达到国标优等品的标准，其中要求含水量≤0.005%，一氯甲烷≥99.9%，因此要求对反应产物进行净化分离。从反应釜蒸出的气体混合物主要是 CH_3Cl，还有未反应的 HCl、CH_3OH、生成物 H_2O 汽、副反应产物 CH_3OCH_3 等杂质。由于 CH_3Cl 沸点很低，因此可以先用冷凝的方式除去 H_2O、CH_3OH，部分含有 CH_3OH 的冷凝液可以返回反应釜循环反应，CH_3OCH_3 因溶于水随冷凝液除掉。对于 HCl 的去除可采用水洗先除去大量的 HCl，再碱洗除去剩余的 HCl，然后用干燥剂如硫酸、无水 $CaCl_2$ 等干燥，得到无水的 CH_3Cl。流程框图变成如图 2.51 所示。

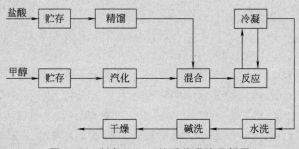

图 2.51　制备 CH_3Cl 的后处理流程框图

（4）产品的计量、包装或后处理工艺过程

有些产品可能是销售的商品，有些合成净化的产物可能是下一工序的原料，有些产物还要进行后处理，如筛选、混合、静置、拉伸、热处理、加压灌装等，有些作为原料或商品的产物，即使不进行后处理，也需要有计量、贮存、运输、包装等若干过程，这些过程有的需要一定的工艺操作要求和设备装置，有的需要合理的化工单元操作安排，作为工艺流程化的终点，也应将这个过程具体化为装置设备上可以操作运行的过程。

生成的 CH_3Cl 要灌装到钢瓶中，用压缩机加压冷却液化灌装，流程框图如图 2.52 所示。

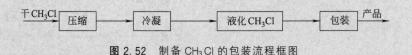

图 2.52　制备 CH_3Cl 的包装流程框图

（5）副产物处理的工艺过程

以上设计了主产品的"原料—原料准备—反应—净化—后处理及包装"全过程，在反应和净化阶段，有时出现副产品，副产品也是我们设计的产品方案的一部分，它仍然要经过"净化—后处理或包装"这个过程，处理方法和主产品相似，根据产品质量要求和反应特点、产物现状，设计需要的化工单元操作过程，确定每一步化工单元操作的流程方案和装置。

本案例在盐酸精馏塔中会有$18\%\sim20\%$的稀盐酸副产物生成，不需处理可直接出售。

（6）"三废"排出物的综合治理流程

在生产过程中，考虑到不得不排放各种废气、废水、废渣，其从产品流程中释放出来的途径和释放的流程对于下一步正确处理"三废"影响甚大。如废水的收集，废气的收集与处理或输送，废渣的排出方式、收集和贮运装置，防止造成二次污染等问题。

对于废水的处理，常采用絮凝、沉降、中和、稀释或化学的、生物的处理方法，有的可以分散处理，有的要求集中处理，视生产流程情况和排放水质要求而定，所以在设计流程时，要将废水的处理加以"具体化"。集中处理废水时，往往是全厂各车间的废水集中处理，有专门的水处理和污水净化设计流程，或污水处理车间，按照化工设计要求，进行正规设计。有时废水排放量不大，其中毒害物质和污染物质可以或很容易处理而达到国家规定的排放标准的。可以分散处理，处理原则一般是在生产流程中就近处理，例如中和、稀释、化学分解等。无论用什么方法处理废水，在主反应主产物、副产物的工艺流程中总应考虑设计废水的收集和输送流程。

对于废渣处理，通常是焚烧或回收利用，具体流程安排要根据废渣的成分、性质来确定。有的转化为建材，有的转化为肥料，有的提取化工原材料等。废渣的处理有时是一个专门的工序或车间，其流程的设计和化工工艺流程设计相似，但在主反应和主产品生产流程中，要设计废渣的排放方式，有利于贮存、运输和废渣的综合利用和处理。

废气处理常用吸收、吸附、燃烧等方法，可以分散处理，也可以集中燃烧。在主反应流程中，应设计废气的排放方式、输送方式，如设计废气就地处理，则应设计相应的化工装置，加以吸收、中和、吸附后排放惰性气体。吸收中和后的产物不允许出现二次污染，应转化为某种有用的或无害的物质。

水洗塔产生的废水中含有微量的HCl和极微量的CH_3OH，作为废水处理移出工艺界区，或者稀释排放。整个工艺路线流程化如图2.53所示。

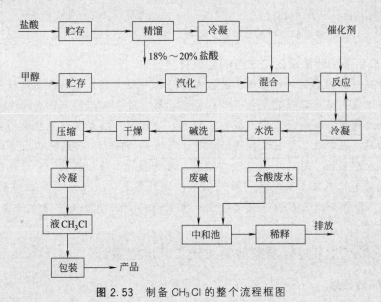

图2.53 制备CH_3Cl的整个流程框图

4.2 设计绘制流程草图

依据上述方法，将图2.53的方框流程图中，每个框换成一个工序或一个单元操作的生产设备简图，然后用物流线按工艺过程将单体设备连接起来，得到甲醇氢氯化法生产一氯甲烷的工艺流程草图，如图2.54所示。

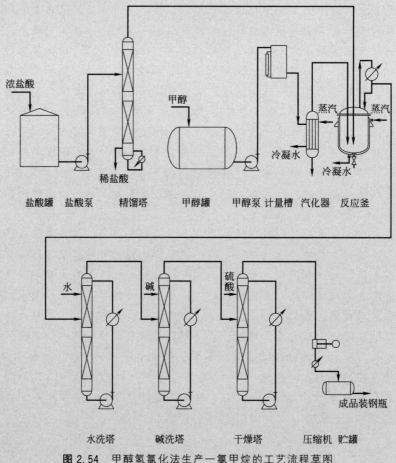

图2.54 甲醇氢氯化法生产一氯甲烷的工艺流程草图

4.3 完成初步设计阶段的工艺流程图设计

初步设计就是在概念设计的基础上将流程深化，即对工艺流程和各单元操作深入细致地加以完善。化工装置进行深入的量化设计，通过计算，对化工工艺流程进行逐步完善、拾遗补缺，全面系统地研究物料、能量、操作、控制，使各化工单元过程完整地衔接和匹配，能量得到充分利用。在对化工工艺流程进行逐项工艺计算的同时，要确定各设备和各操作环节的控制手段和控制参数，准确提出各操作控制点的要求，从而系统地、全面地将方案设计中已经初步完成的工艺流程方案一步一步地深入，达到完善，直至设计出最终的管道及仪表流程图。图2.55为年产1万吨一氯甲烷生产装置的初步设计阶段管道及仪表流程图。

📋 案例2 年产1万吨轻质碳酸钙生产工艺流程设计

1 碳酸钙的性质

碳酸钙又称石灰石，分子式为 $CaCO_3$，无毒、无嗅、无刺激性，通常为白色晶体或粉末，相对密度为 $2.7\sim2.9$，几乎不溶于醇和水。与所有的强酸发生反应，生成水和相应的钙盐（如氯化钙），同时放出二氧化碳。根据碳酸钙生产方法的不同，可以将碳酸钙分为重质碳酸钙和轻质碳酸钙。

2 碳酸钙的用途

碳酸钙属无机填料，主要用于橡胶、塑料、涂料、造纸等行业，另外建材、食品、饲料添加剂、医药、轻工、化工等行业均需碳酸钙产品，其用途十分广泛。

3 轻质沉淀碳酸钙质量标准

轻质碳酸钙的学名为工业沉淀碳酸钙，产品外观为白色粉末，其质量标准执行化工行业标准 HG/T 2226—2010，具体指标如表2.13所示。

表2.13 普通工业沉淀碳酸钙质量标准

项　目		指　标					
		橡胶和塑料用		涂料用		造纸用	
		优等品	一级品	优等品	一级品	优等品	一级品
碳酸钙($CaCO_3$)/%wt	≥	98.0	97.0	98.0	97.0	98.0	97.0
pH值(10%悬浮物)	≤	9.0～10.0	9.0～10.5	9.0～10.0	9.0～10.5	9.0～10.0	9.0～10.5
105℃挥发物/%wt	≤	0.4	0.5	0.4	0.6	1.0	
盐酸不溶物/%wt	≤	0.10	0.20	0.10	0.20	0.10	0.20
沉降体积/(mL/g)	≥	2.8	2.4	2.8	2.6	2.8	2.6
锰(Mn)/%wt	≤	0.005	0.008	0.006	0.008	0.006	0.008
铁(Fe)/%wt	≤	0.05	0.08	0.05	0.08	0.05	0.08
细度(筛余物)/%wt ≤	125μm	全通过	0.005	全通过	0.005	全通过	0.005
	45μm	0.2	0.4	0.2	0.4	0.2	0.4
白度/度	≥	94.0	92.0	95.0	93.0	94.0	92.0
吸油值/(g/100g)	≤	80	100	—	—	—	—
黑点/(个/g)	≤	5					
铅(Pb)①/%wt	≤	0.0010					
铬(Cr)①/%wt	≤	0.0005					
汞(Hg)①/%wt	≤	0.0002					
镉(Cd)①/%wt	≤	0.0002					
砷(As)①/%wt	≤	0.0003					

① 使用在食品包装纸、儿童玩具和电子产品填料生产上时需控制这些指标。

4 轻质碳酸钙生产工艺

根据碳酸钙生产方法的不同，可将碳酸钙分为重质碳酸钙和轻质碳酸钙。重质碳酸钙直接由碳酸钙石头粉碎得，其堆积比重较大；轻质碳酸钙一般通过反应生成制得，其堆积比重较小。轻质碳酸钙的主要生产方法主要有5种：①碳化法；②苏尔维法；③联钙法；④苛化碱法；⑤氯化钙-苏打法。目前轻质碳酸钙的生产均采用碳化法，其他方法存在生产成本高或副产的碳酸钙产品质量差等问题。

（1）生产原理

石灰石经煅烧，分解为CaO和CO_2。生成的CaO经消化，与水反应生成$Ca(OH)_2$，$Ca(OH)_2$再与煅烧分解出的CO_2反应生成密度小的碳酸钙。反应式如下：

煅烧　$CaCO_3 \rightleftharpoons CaO + CO_2$

消化　$CaO + H_2O \rightleftharpoons Ca(OH)_2$

碳化　$Ca(OH)_2 + CO_2 \rightleftharpoons CaCO_3 + H_2O$

（2）工艺流程

块度适中的石灰石与无烟煤按一定的煤石比送入石灰窑在高温下煅烧，石灰石分解为氧化钙和CO_2。氧化钙即人们俗称的"石灰"，由窑下部不断采出，再送入化灰机中，用水化成石灰乳，采用旋液分离器分离出石灰乳的灰渣。精制后的石灰乳经调浆后，用泵送入碳化塔中碳化。将石灰石分解及无烟煤燃烧产生的窑气，经洗气塔除尘，压缩机加压后通入到碳化塔中，与石灰乳反应生成碳酸钙悬浊液。当达到碳化终点后，将碳酸钙浆液放入稠厚池中沉淀，其中上部清液返回化灰工序，下部的沉淀物送入离心机中，分离出碳酸钙滤饼。滤饼经破碎机破碎后进入干燥机中干燥，干燥后物料再经筛分机筛分后即可包装出厂。图 2.56 为普通轻质碳酸钙生产流程示意。

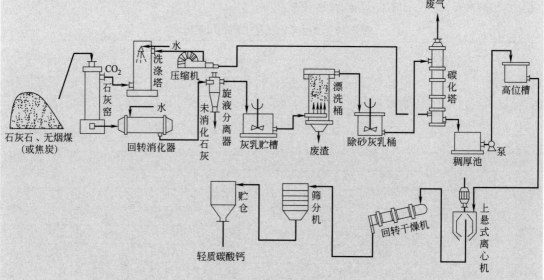

图 2.56　碳化法生产轻质碳酸钙工艺流程示意

在图 2.56 工艺流程草图基础上，还需不断将流程深化、完善，并进行量化计算。通过工艺计算，确定设备型式、规格、数量，根据所选择的设备外形、数量，进行工艺流程的修正。根据本章前面所讲的工艺流程设计步骤，一步一步地完成初始版的管道及仪表流程图。图 2.57 为年产 1 万吨轻质碳酸钙生产装置的煅烧及化灰车间的管道及仪表流程图。

第3章

物料衡算与能量衡算

物料平衡计算（简称物料衡算）和能量平衡计算（简称能量衡算）是化工工艺设计和化工生产管理的重要基础，所依据的基本原理分别是质量守恒定律和能量守恒定律。物料和能量平衡计算的主要目的和重要性如下。

① 为化工工艺设计及经济评价提供基本依据。通过对全过程或单元过程的物料和能量衡算，可以确定工厂生产装置设备的设计规模和能力；同时，可以计算出主、副产品的产量，原料的消耗定额，生产过程的物料损耗以及"三废"的排放量，蒸汽、水、电、燃料等公用工程消耗。

② 为设备选型和基础设施建设提供依据。通过物料和能量衡算可以确定各物料的流量、组成、状态和物化性质，从而为确定设备尺寸、管道设计、仪表设计、公用工程设计以及建筑、结构设计等提供依据。

③ 为生产改进、生产成本降低和节能减排提供依据。

综上，物料和能量平衡计算是化工技术人员必须熟练掌握的基本技能。

由于化工过程的多样化和复杂性，为便于理解和使问题清晰化，可依据不同化工过程的特点，将其分类处理，目前常见的化工过程分类方法主要有两种：①根据化工过程的操作方式分类，可将化工过程分为间歇操作、连续操作和半连续操作；②根据时间序列分类，可将化工过程分为稳定状态操作（稳态操作或定态操作）和不稳定状态状态操作（非稳态操作或非定态操作）。

由此可见，化工过程操作状态不同，其物料和能量衡算的方程也将有所差别。而且衡算过程可能涉及的仅仅是简单的物理变化过程，也可能涉及的是物理和化学变化同时发生的复杂过程。因此，在进行化工过程物料和能量衡算时，必须了解过程的类别，对过程特性有清晰的认识，才能使计算准确无误。

3.1 物料衡算

3.1.1 物料衡算的分类

物料平衡的理论依据是质量守恒定律，即在一个独立的体系中，无论物质发生怎样的变化，其总质量保持不变。依据衡算体系的不同，可将物料衡算划分为过程衡算、设备衡算和结点衡算三类。过程衡算是对一个化工过程进行的总体衡算;设备衡算是对一个化工设备进行衡算;结点衡算是对物流的汇合点或分支点进行衡算。而依据衡算目标的不同,又可将物料衡算进一步划分为总体质量衡算、组分质量衡算和元素质量衡算三种。无论选定的衡算体系是否有化学反应发生,总体质量衡算和元素质量衡算均符合质量守恒定律,即过程前后的总质量和元素量不发生变化,但对于组分质量衡算,若选定的衡算组分参与化学反应时,其过程前后的质量是要发生变化的。

3.1.2 物料衡算的关系

在选定的衡算体系和一定的衡算基准下,存在下列基本衡算关系。

(1) 总体质量衡算

根据质量守恒定律,对于任意衡算体系,均存在如下关系式:

$$\Sigma 输入系统质量 = \Sigma 输出系统质量 + \Sigma 系统质量积累 + \Sigma 系统质量损失 \qquad (3-1)$$

(2) 组分质量衡算

在化学反应或非定态操作情况下,衡算体内每种组分的质量或摩尔量将发生变化。对组分 i(质量或摩尔量):

$$输入系统的量 \pm 化学反应量 = 输出系统的量 + 系统积累量 + 系统损失量 \qquad (3-2)$$

这里,若对反应物进行组分衡算,则化学反应量应取"一",若进行的是生成物的物料衡算,则化学反应量应取"十"。

(3) 元素质量衡算

在不发生裂变的情况下,衡算体内的任一元素 j(质量或摩尔量)均满足下列关系式:

$$输入系统的量 = 输出系统的量 + 系统积累量 + 系统损失量 \qquad (3-3)$$

在以上各衡算式中,若选定的衡算体系处于稳定操作状态,则"系统积累量"一项为零,否则不为零。

列物料平衡式时应特别注意以下事项:

① 物料平衡是指质量平衡,而不是体积或物质的量平衡。若体系内有化学反应,则衡算式中各项以 mol/h 为单位时,必须考虑反应式中的化学计量系数,因为反应前后各元素原子数守恒。

② 对于无化学反应体系,能列出独立物料平衡式的最多数目等于输入和输出的物流里的组分数。例如,当给定两种组分的输入、输出物料时,可以写出两个组分的物料平衡式和一个总质量平衡式,这三个平衡式中只有两个是独立的,而另一个是派生出来的。

③ 在写平衡方程时,要尽量使方程式中所包含的未知数最少。

例如,在苯-甲苯混合器中,以 3kmol/min 苯和 1kmol/min 甲苯的速率混合,该过程如图 3.1 所示。

图 3.1 物料流程示意框图

在这个体系中有两个与过程有关的未知数即 X 和 Q,因此需要列出两个方程式才能计算。根据上述框图表示的体系可以写出三个物料平衡式:

总物料平衡 $\quad$ 3kmol C_6H_6/min＋1kmol C_7H_8/min＝Qkmol/min

苯的平衡 $\quad$ 3kmol/min＝Qkmol/min $\cdot$ Xkmol/kmol

甲苯的平衡 $\quad$ 1kmol/min＝Qkmol/min $\cdot$ $(1-X)$kmol/kmol/min

在这三个方程式中只要有其中两个就可解出上述的两个未知数。

总物料平衡式中只含一个未知数 Q，而组分平衡式中却含有 Q 和 X 两个未知数，因此只要用一个总物料平衡式和一个组分平衡式，就可方便地求解；如果用苯和甲苯两个组分的平衡式，则需要用同时包含两个未知数的方程式求解，虽然最终答案相同，但求解过程却较复杂。

3.1.3　物料衡算的基本步骤

在进行物料衡算时，必须按照一定的步骤和顺序进行，下面是进行单工序物料衡算的基本步骤。

(1) 确定物料衡算范围，画出物料衡算示意图，标注相关物料衡算数据

绘制物料衡算示意图时，要着重考虑物料的来龙去脉，对设备的外形、尺寸、比例等并不严格要求。图面表达的主要内容为：物料的流动及变化情况，注明物料的名称、数量、组成及流向；注明与计算有关的工艺条件，如相态、配比等，图上不但要标明已知数据，待求的未知数也要以恰当的符号标注在图上，以便分析，这样不易出现差错。

(2) 列出化学反应方程式

列出各个过程的主、副化学反应方程式和物理变化的依据，明确反应和变化前后的物料组成及各个组分之间的定量关系。

需要说明的是，当副反应很多时，对那些次要的，且所占比重也很小的副反应，可以略去。而对于那些产生有害物质或明显影响产品质量的副反应，其量虽小，却不能随便略去。这是进行分离、精制设备设计和"三废"治理设计的重要依据。

(3) 确定计算任务

根据物料衡算示意图和化学反应方程式，分析物料经过每一过程、每一设备在数量、组成、及物流走向所发生的变化，并分析数据资料，进一步明确已知项和待求的未知项。对于未知项，判断哪些是可以查到的，哪些是必须通过计算求出的，从而弄清计算任务。

(4) 收集数据资料

计算任务确定之后，要收集的数据和资料也就明确了。一般需要收集的数据和资料如下。

① 生产规模和生产时间（即年生产时数）

生产规模一般在设计任务书中已明确，如年产多少吨的某产品，进行物料计算时可直接按规定的数字计算。如果是中间车间，应根据消耗定额确定生产规模，同时考虑物料在车间的回流情况。

生产时间即年工作时数，应根据全厂检修、车间检修、生产过程和设备特性考虑每年有效的生产时数，一般生产过程无特殊现象（如易堵、易波动等），设备能正常运转（没有严重的腐蚀现象）或者已在流程上设有必要的备用设备（运转的泵、风机都设有备用设备），且全厂的公用工程系统又能保障供应的装置，年工作时数可采用 8000～8400h。

全厂（车间）检修时间较多的生产装置，年工作时数可采用 8000h。目前，大型化工生产装置一般都采用 8000h。

对于生产难以控制，易出不合格产品，或因堵、漏常常停产检修的生产装置，或者试验性车间，生产时数一般采用 7200h，甚至更少。

② 有关的消耗定额

有关的消耗定额是指生产每吨合格产品需要的原料、辅助原料及试剂等的消耗量。消耗定额低说明原料利用得充分，反之，消耗定额高势必增加产品成本，加重"三废"治理的负担，所以说消耗定额是反映生产技术水平的一项重要经济指标，同时也是进行物料衡算的基础数据之一。

③ 原料、辅助材料、产品、中间产品的规格

进行物料衡算必须要有原材料及产品等组成及规格，该数据主要向有关生产厂家咨询或查阅有关产品的质量标准。

④ 与过程计算有关的物理化学常数

计算中用到很多物理化学常数，如密度、蒸气压、相平衡常数等，需要注意的是，在收集有关的数据资料时，应注意其准确性、可靠性和适用范围，这样在一开始计算时就把有关的数据资料准备好，既可以提高工作效率，又可以减少差错发生率。

(5) 选择计算基准

在物料衡算过程中，衡算基准选择恰当，可以使计算简便，避免误差。

在一般的化工工艺计算中，根据过程特点，选择的基准大致有时间基准、质量基准和体积基准。

① 时间基准

对于连续生产，以一段时间间隔如：一秒、一小时、一天的投料量或生产的产品量为计算基准，这种基准可直接联系到生产规模和设备设计计算。对间歇生产，一般以一釜或一批料的生产周期，作为计算基准。如年产 20000t 96% 的浓硝酸，年操作时数为 7200h，则每小时的产量为 2.78t。即可以 2.78t/h 的硝酸产量为计算基准。

② 质量基准

当系统介质为固体或液体时，一般以质量为计算基准。如以煤、石油、矿石为原料的化工生产过程，一般采用一定量的原料，例如 1kg、1000kg 原料等作为计算基准。

③ 体积基准

对气体物料进行计算时，一般选体积作为计算基准。一般用标准体积，即把操作条件下的体积换算为标准状态下的体积，这样不仅与温度、压力变化没有关系，而且可以直接换算为物质的量。

选定计算基准，通常可以从年产量出发，由此算出原料年需要量和中间产品、"三废"的年产量。如果中间步骤较多，或者年产量数值较大时，计算起来很不方便，从前往后计算比较简单，不过这样计算出来的产量往往与产品的生产量不一致。为了使计算简便，可以先按 100kg（或 100kmol、10 标准体积、其他方便的数量）进行计算。算出产量后，和实际产量相比较，求出相差的倍数，以此倍数作为系数，分别乘以原来假设的量，即可得实际需要的原料量，中间产物和"三废"生成量。

(6) 建立物料平衡方程，展开计算

在上述工作的基础上，利用化学反应的关联关系、化学工程的有关理论，物料衡算方程等，列出数学关联式，关联式的数目应等于未知项的数目。当条件不充分导致关联式数目不够时，常采用试差法求解，这时，可以编制合理的程序，利用计算机进行简捷、快速的计算。

（7）整理并校核计算结果

在工艺计算过程中，每一步都要认真计算并认真校核，以便及时发现差错，以免差错延续，造成大量计算工作返工。当计算全部完成后，对计算结果进行认真整理，并列成表格即物料衡算表（见表3.1）。表中的计量单位可采用kg/h，也可以用kmol/h或m³/h等，要视具体情况而定。

通过物料衡算表可以直接检查计算是否准确，分析结果组成是否合理，并易于发现设计上（生产上）存在的问题，从而判断其合理性，提出改进方案。物料衡算表可使其他校、审人员一目了然，大大提高工作效率。

表 3.1　物料衡算一览表

组　　分	进料（输入）		出料（输出）	
	进料/(kg/h 或 kmol/h)	质量（或摩尔）分数/%	出料/(kg/h 或 kmol/h)	质量（或摩尔）分数/%
合计				

（8）绘制物料流程图

根据各个工序的物料衡算结果绘制出完整的工艺物料流程图。物料流程图（表）是物料衡算结果的一种简单而清楚的表示方法，它最大的优点是查阅方便，并能清楚地表示出物料在流程中的位置、变化结果和相互比例关系。物料流程图（表）一般作为设计成果编入正式设计文件。

3.2　能量衡算

能量衡算的基础是物料衡算，只有在完成物料衡算后，才能做出能量衡算。能量有多种存在形式，如势能、动能、电能、热能、机械能、化学能等，各种形式的能量在一定的条件下可以相互转化。但无论怎样转化，总能量都是守恒的。

3.2.1　能量衡算的依据和基准

能量衡算的依据就是能量守恒定律。

能量衡算的基准包括物料质量基准、温度及相态基准两个方面。

① 物料质量上的基准。物料基准的选取原则与物料衡算相同。

② 温度及相态基准。温度基准因能量衡算式的不同而不同。当采用平均热熔法计算时，大都选取25℃作为能量衡算的基准温度。当采用统一基准焓法计算时，因为焓的数据中已经规定了基准温度和相态，因而无需再重新选择。

3.2.2　能量衡算方程式

根据能量守恒定律，任何均相体系在 Δt 时间内的能量平衡关系，用文字表述如下：

$$\boxed{\text{体系在 } t+\Delta t \text{ 时的能量}} - \boxed{\text{体系在 } t \text{ 时的能量}} = \boxed{\text{在 } \Delta t \text{ 内通过边界进入体系的能量}} -$$

$$\boxed{\text{在 } \Delta t \text{ 内通过边界离开体系的能量}} + \boxed{\text{体系在 } \Delta t \text{ 内产生的能量}}$$

显然，上式左边两项为体系在 Δt 内积累的能量。体系在 Δt 内产生的能量是指体系内因核分裂或辐射所释放的能量，化工生产中一般不涉及核反应，故该项为零。由于化学反应所引起的体系能量变化为物质内能的变化所致，故不作为体系产生的能量考虑，所以上式可简化为：体系积累的能量＝进入体系的能量－离开体系的能量。

若以 U_1、K_1、Z_1 分别表示体系初态的内能、动能和位能，以 U_2、K_2、Z_2 分别表示体系终态的内能、动能和位能，以 Q 表示体系从环境吸收的热量，以 W 表示环境对体系所做的功，则该体系从初态到终态单位质量的总能量平衡关系为：

$$(U_2+K_2+Z_2)-(U_1+K_1+Z_1)=Q-W$$
$$\Delta U-\Delta K-\Delta Z=Q-W \tag{3-4}$$

设
$$E_2=U_2+K_2+Z_2; \quad E_1=U_1+K_1+Z_1$$

则
$$\Delta E=Q-W$$

这是热力学第一定律的数学表达式，它指出：体系的能量总变化（ΔE）等于体系所吸收的热减去环境对体系所做的功。此式称为普遍能量平衡方程式，它适用于任何均相体系，但应指出的是热和功只在能量传递过程中出现，不是状态函数。

由于化工过程能基的流动比较复杂，往往几种不同形式的能量同时在一个体系中出现。在作能量衡算之前，必须对体系作分析，以弄清可能存在的能量形式。分析的基本程序如下：

① 确定研究的范围，即确定体系与环境；

② 找出体系中存在的能量形式；

③ 按照能量守恒与转化原理，建立能量平衡方程式。

3.2.3 热量衡算

热量衡算是能量衡算的一种，在能量衡算中占主要地位。进行热量衡算有两种情况：一种是对单元设备做热量衡算，当各个单元设备之间没有热量交换时，只需对个别设备做计算；另一种是整个过程的热量衡算，当各个工序或单元操作之间有热量交换时，需做全过程的热量衡算。

(1) 热量衡算方程

热量衡算的理论依据是热力学第一定律。以能量守衡表达的方程式：

$$\Sigma Q_入 = \Sigma Q_出 + \Sigma Q_损 \tag{3-5}$$

即
$$输入＝输出＋损失$$

式中 $\Sigma Q_入$——输入设备热量的总和；

$\Sigma Q_出$——输出设备热量的总和；

$\Sigma Q_损$——损失热量的总和。

对于单元设备的热量衡算，热平衡方程式可写成如下形式：

$$Q_1+Q_2+Q_3=Q_4+Q_5+Q_6 \tag{3-6}$$

式中 Q_1——各股物料带入设备的热量，kJ；

Q_2——由加热剂或冷却剂传递给设备和物料的热量，kJ；

Q_3——过程的各种热效应，如反应热、溶解热等，kJ；

Q_4——各股物料带出设备的热量，kJ；

Q_5——消耗在加热设备上的热量，kJ；

Q_6——设备向外界环境散失的热量，kJ。

将式（3-6）按式（3-5）整理得：

$$\sum Q_\text{入}=Q_1+Q_2+Q_3$$
$$\sum Q_\text{出}=Q_4+Q_5$$
$$\sum Q_\text{损}=Q_6$$

在此，需要说明的是式（3-6）中除了 Q_1、Q_4 是正值以外，其他各项都有正、负两种情形，如传热介质有加热剂和冷却剂，热效应有吸热和放热，消耗在设备上的热有热量和冷量，设备向环境散热有热量损失和冷量损失。因此要根据具体情况进行具体分析，判断清楚再进行计算。计算时对于一些量小的热量可以略去不计，以简化计算，如式中的 Q_5 一般可忽略。

（2）热量衡算的一般步骤

热量衡算是在物料衡算的基础上进行的，其计算步骤如下。

① 绘制以单位时间为基准的物料流程图，确定热量平衡范围。

② 在物料流程图上标明温度、压力、相态等已知条件。

③ 选定计算基准温度。由于手册，文献上查到的热力学数据大多数是 273K 或 298K 的数据，故选此温度为基准温度，计算比较方便，计算时相态的确定也是很重要的。

④ 根据物料的变化和流向，列出热量衡算式，然后用数学方法求解未知值。

⑤ 整理并校核计算结果，列出热量平衡表。

（3）进行热量衡算需要注意的几点

① 热量衡算时要先根据物料的变化和走向，认真分析热量间的关系，然后根据热量守恒定律列出热量关系式。由于传热介质有加热剂和冷却剂，热效应有吸热和放热，热量损失有热量损失和冷量损失，因此，关系式中的热量数值有正、负之分，计算时应认真分析。

② 要弄清楚过程中出现的热量形式，以便搜集有关的物性数据，如热效应有反应热、溶解热、结晶热等。通常，显热采用比热容计算，而潜热采用汽化热计算，但都可以采用焓值计算，一般焓值计算法相对简单一些。

③ 计算结果是否正确适用，关键在于数据的正确性和可靠性，因此必须认真查找、分析、筛选，必要时可进行实际测定。

④ 间歇操作设备，其传热量 Q 随时间而变化，因此要用不均衡系数将设备的热负荷由 kJ/台换算为 kJ/h。不均衡系数一般根据经验选取。其换算公式为：

$$Q(\text{kJ/h})=(Q_2\times\text{不均衡系数})/(\text{h/台}) \tag{3-7}$$

计算公式中的热负荷为全过程中热负荷最大阶段的热负荷。

⑤ 根据热量衡算可以算出传热设备的传热面积，如果传热设备选用定型设备，该设备传热面积要稍大于工艺计算得出的传热面积。

（4）系统热量平衡计算

系统热量平衡是对一个换热系统、一个车间或全厂（或联合企业）的热量平衡。其依据的基本原理仍然是能量守恒定律，即进入系统的热量等于出系统的热量和损失热量之和。

系统热量平衡的作用：①通过对整个系统能量平衡的计算求出能量的综合利用率。由此来检验流程设计时提出的能量回收方案是否合理，按工艺流程图检查重要的能量损失是否都考虑到了回收利用，有无不必要的交叉换热，核对原设计的能量回收装置是否符合工艺过程的要求。②通过各设备加热（冷却）利用量计算，把各设备的水、电、汽（气）、燃料的用量进行汇总，求出每吨产品的动力消耗定额如表 3.2 所示，即每小时、每昼夜的最大用量以及年消耗量等。

表 3.2　动力消耗定额

序号	动力名称	规格	每吨产品消耗定额	每小时消耗量		每昼夜消耗量		每年消耗	备注
				最大	平均	最大	平均		
1	2	3	4	5	6	7	8	9	10

　　动力消耗包括自来水（一次水）、循环水（二次水）、冷冻盐水、蒸汽、电、石油气、重油、氮气、压缩空气等。动力消耗量根据设备计算的能量平衡部分及操作时间求出。消耗量的日平均值是以一年中平均每日消耗量计，小时平均值则以日平均值为准。每昼夜与每小时最大消耗量是以其平均值乘上消耗系数求取，消耗系数须根据实际情况确定。动力规格指蒸汽的压力、冷冻盐水的进出口温度等。

　　系统热量平衡计算的步骤与上述的热量衡算计算步骤基本相同。

3.3　案例分析

案例 1　完成 20kt/a 一氯甲烷生产工艺的物料衡算

　　在进行化工厂设计时，要按照确定的设计基础（装置规模、工艺流程、原料、辅助原料及公用工程的规格、产品及主要副产品的规格、厂区的自然条件等）进行装置的物料和能量衡算，给出一个生产装置所需要的原料和公用工程、所产生的产品和副产品、向环境排放的"三废"的数量等。

　　对于整个工艺流程的物料衡算，经验步骤是：①根据生产规模、总收率、产品主含量、原料组成等数据，计算出每小时需要处理的原料量。②由原料的输入按流程顺序一步一步进行展开计算，上步的计算结果作为下步的输入。单个装置的物料衡算按 3.1.3 节中所讲的计算步骤进行。注意对原材料的其他重要组分也要随主成分一起进行物料衡算，特别是会影响产品质量、环境污染等组分一定要进行物料衡算，为环评提供可靠的依据。③将装置的物料和能量衡算的结果以工艺物料流程图（PFD）的形式给出。

　　该案例的物料衡算过程如下。

1　计算基准及条件

为了合理、有效地进行物料衡算，根据国内外一氯甲烷合成工艺的特点作如下假设：

① 除开、停车外，生产连续、稳态操作，系统无物质损耗，各设备无质量累积；

② 气-液相催化法产物中二甲醚的含量一般小于 1%（质量），工艺计算中不考虑二甲醚的存在；

③ 一氯甲烷在水中的溶解度很低，冷凝器中冷凝液按不含一氯甲烷计算；

④ 反应器内水含量增加不利于反应进行，认为反应中生成的水全部从含醇稀酸中排出。

产量：年产 20kt 一氯甲烷（含量 99.5%）。

年操作时数：8000h。

原料：①工业甲醇（99%），其他以水计；②盐酸（30%），其他以水计。

各生产工序一氯甲烷收率：①压缩、包装工序收率为 99.9%；②干燥工序收率为 99.9%；③碱洗工序收率为 99.8%；④水洗工序收率为 99.7%；⑤根据相关文献，在一氯甲烷气-液相催化法生产工艺中，甲醇转化率为90%，HCl气体转化率为82%；⑥浓盐酸精馏工序，气相为99.5%的氯化氢气体，塔底出料为21%的稀盐酸。

2 计算原料进料量

根据生产规模及生产天数，每小时一氯甲烷生产量为：20000×1000/8000＝2500.0kg/h。

在包装、干燥、碱洗、水洗工序中一氯甲烷的总收率为99.9%×99.9%×99.8%×99.7%＝99.3%，据此要在反应工序中生成的一氯甲烷量为2500/99.3%＝2517.6kg/h。

甲醇转化率为90%，HCl气体转化率为82%。

根据反应式 $CH_3OH＋HCl \longrightarrow CH_3Cl＋H_2O$ 计算出在反应工序需要的100%甲醇量为：

$$2517.6×32/50.5/90\%＝1772.6kg/h$$

甲醇原料在气化工序按100%进入反应工序，甲醇原料中甲醇含量按99%计，那么需要甲醇原料量为1772.6/99%＝1790.5kg/h

HCl气体转化率为82%，那么在反应工序需要氯化氢的量为2517.6×36.5/50.5/82%＝2219.1kg/h。

在盐酸精馏工序的浓盐酸进料量计算如下。

盐酸精馏物料流程如图3.2所示。

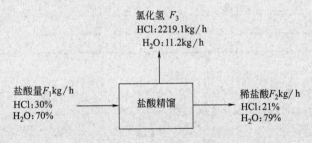

图 3.2　盐酸精馏物料流程

物料平衡方程为：

HCl平衡：$F_1×30\%＝2219.1＋F_2×21\%$

H_2O平衡：$F_1×70\%＝11.2＋F_2×79\%$

解得：$F_1＝19452.6kg/h$；$F_2＝17222.3kg/h$

那么需要盐酸（30%）原料量为21019.6kg/h。

3 按20kt/a设计产量进行各个工序的物料衡算

3.1 盐酸精馏工序物料衡算

生产工艺：质量分数30%的原料酸经过浓盐酸预热器预热后从装有规整陶瓷填料的填料塔塔顶进入。塔顶气相蒸汽经一级冷凝器（水冷）和二级冷凝器（盐水冷）冷凝除水后得到质量分数大于99.5%的氯化氢气体产品。塔底得到质量分数约21%（接近恒沸酸浓度）的稀盐酸。将两冷凝器的冷凝液混合，直接进入精馏塔顶作为回流液。盐酸精馏工序物料流程如图3.3所示。

（1）进料

浓盐酸精馏系统中进料只有浓盐酸（30%），其量为21019.6kg/h，组成见表3.3。

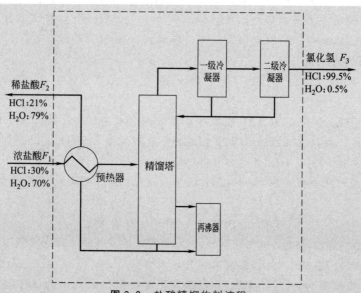

图 3.3　盐酸精馏物料流程

表 3.3　进料盐酸量及组成

组分	摩尔流量/(kmol/h)	质量流量/(kg/h)	质量分数/%
HCl	159.9	5835.7	30
H_2O	756.5	13616.8	70
总计	916.4	19452.5	100

按流程示意图 3.3，列出物料平衡方程为：

HCl 平衡：$5835.7 = F_3 \times 99.5\% + F_2 \times 21\%$

H_2O 平衡：$13616.8 = F_3 \times 0.5\% + F_2 \times 79\%$

解得：$F_3 = 2230.3 \text{kg/h}$；$F_2 = 17222.3 \text{kg/h}$

（2）出料

根据上述计算结果，该精馏工序的出料量及组成见表 3.4。

表 3.4　盐酸精馏工序出料量及组成

出料物流	组分	摩尔流量/(kmol/h)	质量流量/(kg/h)	质量分数/%
塔顶氯化氢气	HCl	60.8	2219.1	99.5
	H_2O	0.6	11.2	0.5
	合计	61.4	2230.3	100
塔底稀盐酸	HCl	99.1	3616.7	21
	H_2O	755.9	13605.6	79
	合计	855.0	17222.3	100

3.2　反应工序物料衡算

甲醇汽化为密闭连续汽化，没有废液、废气排放，因此甲醇汽化工序按甲醇 100%收率进行物料衡算，那么前面计算的甲醇原料量，汽化后 100%进入反应工序；该工序中氯化锌催化剂按出料中含量为零计算，其物料衡算如下。

（1）进料

该工序进料为甲醇气和氯化氢气，两种物料量及组成见表 3.5。

表 3.5　甲醇及氯化氢原料进料量及组成

进料物流	组分	摩尔流量/(kmol/h)	质量流量/(kg/h)	质量分数/%
甲醇气	CH_3OH	55.4	1772.6	99.0
	H_2O	1.0	17.9	1.0
	合计	56.4	1790.5	100
氯化氢气	HCl	60.8	2219.1	99.5
	H_2O	0.6	11.2	5.0
	合计	61.4	2230.3	100.0

（2）出料

甲醇转化率为 90%，HCl 气体转化率为 82%。

根据反应式：　　　　　$CH_3OH + HCl \longrightarrow CH_3Cl + H_2O$

生成一氯甲烷的量：　　$55.4 \times 90\% \times 50.5 = 2517.9 kg/h$

生成水量：　　　　　　$55.4 \times 90\% \times 18 = 897.5 kg/h$

反应物中总水量：　　　$897.5 + 17.9 + 11.2 = 926.6 kg/h$

反应掉的甲醇量：　　　$55.4 \times 90\% \times 32 = 1595.5 kg/h$

未反应的甲醇量：　　　$1772.6 - 1595.5 = 177.1 kg/h$

反应掉的氯化氢量：　　$55.4 \times 90\% \times 36.5 = 1819.9 kg/h$

未反应的氯化氢量：　　$2219.1 - 1819.9 = 399.2 kg/h$

根据上述计算结果，反应工序的出料量及组成见表 3.6。

表 3.6　反应工序出料量及组成

组分	摩尔流量/(kmol/h)	质量流量/(kg/h)	质量分数/%
CH_3Cl	49.9	2517.9	62.8
CH_3OH	5.5	177.1	4.4
HCl	10.9	399.2	10.0
H_2O	50.9	916.6	22.8
合计	117.2	4010.8	100

年产 2 万吨一氯甲烷装置中反应工序物料流程如图 3.4 所示，其他工序由学生自己完成。

案例 2　完成日产 30t 轻质碳酸钙工艺的物料及热量衡算

原料组成如表 3.7、表 3.8 所示。

表 3.7　碳酸钙原料石灰石规格

成分	含量/%
$CaCO_3$	>97
$MgCO_3$	≤1.2
SiO_2	<0.5
Fe_2O_3	<0.3
Mn	<0.0045
H_2O	≤0.5

表 3.8　无烟煤成分表

成分	含量/%
C	80
H_2O	3
S	0.5
灰分	12
其他（挥发分）	4.5

计算说明：轻质碳酸钙的生产过程主要由石灰石煅烧工序、石灰消化工序、碳化工序及后处理工序组成。那么，我们应按照流程顺序分别对每个工序进行物料及热量衡算，然

后再汇总成图或表。因各个工序的算法一样，所以下面仅列举日产30t轻质碳酸钙项目的石灰石煅烧工序的物料及热量衡算。该案例的物料衡算过程如下。

1 物料衡算

1.1 计算标准

日产30t（100%）碳酸钙；300天生产工作日。

各生产工序的收率如下。

① 石灰石煅烧工序。考虑石灰石过烧和生烧因素，取石灰石转化率为95%，石灰石中$CaCO_3$含量≥97%，计算中按97%考虑，另外在筛选工艺中生石灰经振动筛，在筛去渣屑、煤灰过程中损耗量取3%，故该工序总收率应为：97%×95%×97%=89.39%。

② 石灰消化工序。收率为93%，损耗在消化机和旋液分离器中，消化机中石灰乳随同大块渣石一起排出，旋液分离器中石灰乳则随一定粒度的石灰或尚未消化好的粒子由旋液分离器底部排出。

③ 碳化工序。收率为99.9%。

④ 后处理工序。离心脱水，随过滤液带去约1%～2%的碳酸钙，但这部分可返回消化机中回收使用，考虑该部分收率为99.9%。

回转窑干燥收率为99.8%。筛分，包装等操作收率为99.8%。后处理收率为99.9%×99.8%×99.8%=99.5%。故碳酸钙生产总收率为：

$$\eta=89.39\%×93\%×99.9\%×99.5\%=82.63\%$$

按每天生产30t $CaCO_3$计，亦即生产300kmol/d或12.5kmol/h碳酸钙所需原料石灰石量，根据总收率应为

$$G=N/\eta=12.5/82.63\%=15.13kmol/h=1513kg/h$$

本计算根据上述假定进行。

1.2 石灰石煅烧物料衡算

按30t/d计，即12.5kmol/h（100%）$CaCO_3$。

（1）石灰窑进料

① 石灰石：12.5/0.8263=15.13kmol/h=1513kg/h

其中：	$CaCO_3$	0.970	1467.61kg/h
	$MgCO_3$	0.012	18.16kg/h
	H_2O	0.005	7.57kg/h
	Fe、Mn、Al等杂质	0.013	19.66kg/h
		1.000	1513.00kg/h

② 无烟煤：按石灰石投料量8%计算，则无烟煤1513×0.08=121.04kg/h。

其中：	含碳	80%计	96.83kg/h
	水分	3%	3.63kg/h
	灰分	12%	14.52kg/h
	挥发分	4.5%	5.45kg/h
	硫	0.5%	0.61kg/h
		100%	121.04kg/h

③ 空气量确定：空气过剩系数 $\alpha = 1.10$，按此系数所得到的窑气一般为还原性气体。这种气体可以缓解对净化系统的腐蚀。

a. 对于焦炭燃烧耗氧量见下面反应方程式

$$C + O_2 \longrightarrow CO_2$$

$$S + O_2 \longrightarrow SO_2$$

炭燃烧时需氧量：$96.83/12 \times 32 = 258.21 \text{kg/h}$

硫燃烧时需氧量：$0.61/32 \times 32 = 0.61 \text{kg/h}$

b. 挥发分燃烧耗氧（挥发分用烃 C_5H_{12} 表示）

$$C_5H_{12} + 8O_2 \longrightarrow 5CO_2 + 6H_2O$$

按上式计算 5.45kg 挥发分需氧量为 19.38kg/h。

CO_2 生成量为 16.65kg/h，H_2O 生成量为 8.19kg/h。

总需氧量：$(258.21 + 0.61 + 19.38) \times 1.10 = 306.02 \text{kg/h}$

相应的氮气量：$306.02 \times (76.7/23.3) = 1007.37 \text{kg/h}$

空气量：$L = 306.02 + 1007.37 = 1313.39 \text{kg/h}$

(2) 出料

① 产出生石灰

a. CaO 量根据反应式 $CaCO_3 \longrightarrow CaO + CO_2$ 计算为：

$$15.13 \times 0.97 \times 0.95 \times 56 = 780.56 \text{kg/h}$$

b. 未反应的 $CaCO_3$ 量为：

$$15.13 \times 0.97 \times 0.05 \times 100 = 73.38 \text{kg/h}$$

c. MgO 量根据反应式 $MgCO_3 \longrightarrow MgO + CO_2$ 计算为：

$$18.16/84 \times 40 = 8.65 \text{kg/h}$$

d. 杂质（包括石灰石杂质和焦炭灰分）：$19.66 + 14.52 = 34.18 \text{kg/h}$

生石灰出料量：$G = 780.76 + 73.38 + 8.65 + 34.18 = 896.97 \text{kg/h}$

② 产生窑气

a. CO_2 生成量

根据 $CaCO_3 \longrightarrow CaO + CO_2$，$MgCO_3 \longrightarrow MgO + CO_2$，$CO_2 + C \longrightarrow 2CO$，计算结果如下。

由碳酸钙分解产生的 CO_2 量：$1513/100 \times 0.97 \times 0.95 \times 44 = 613.46 \text{kg/h}$

由碳酸镁分解产生的 CO_2 量：$18.16/84 \times 44 = 9.51 \text{kg/h}$

根据经验，CO 含量约为窑气量的 1.7% 来反算，得 CO 量为 35kg/h，则

耗 CO_2 量：$35/(2 \times 28) \times 44 = 27.50 \text{kg/h}$

耗 C 量：$35/(2 \times 28) \times 12 = 7.50 \text{kg/h}$

由反应式 $C + O_2 \longrightarrow CO_2$ 可得 CO_2 量：$(96.83 - 7.50)/12 \times 44 = 327.54 \text{kg/h}$

生成 CO_2 共计

$$\sum CO_2 = 613.46 + 9.51 + 327.54 - 27.50 + 16.65 = 939.66 \text{kg/h}$$

换算成体积 $V = 939.66/1.977 = 475.30 \text{Nm}^3/\text{h}$。

b. 生成 SO_2 量

根据反应式 $S+O_2 \longrightarrow SO_2$ 计算 SO_2 生成量：$0.61/32 \times 64 = 1.22 kg/h$

换算成体积 $V = 1.22/2.927 = 0.42 Nm^3/h$

c. 不反应的氮气量

N_2 量：$1007.37 kg/h$

$V = 1007.37/1.251 = 805.25 Nm^3/h$

d. 剩余氧气量

O_2 量：$306.02 - 238.21 - 0.61 - 19.38 = 47.82 kg/h$

$V = 47.82/1.429 = 33.46 Nm^3/h$

e. 水蒸气量

H_2O 量：$7.57 + 3.63 + 8.19 = 19.39 kg/h$

$V = 19.39/0.804 = 24.12 Nm^3/h$

f. 生成 CO 量：$35 kg/h$

$V = 35/1.25 = 28 Nm^3/h$

窑气组成见表3.9。

表 3.9　窑气组成表

组成	$W/(kg/h)$	%（wt）	$V/(Nm^3/h)$	%（v）
CO_2	939.66	45.83	475.30	34.78
N_2	1007.37	49.13	805.25	58.93
O_2	47.82	2.33	33.46	2.45
CO	35.00	1.71	28.00	2.05
SO_2	1.22	0.06	0.42	0.03
H_2O	19.39	0.94	24.12	1.76
Σ	2050.46	100.00	1366.55	100.00

石灰经振动筛选并人工剔去杂质，该步收率为97%，且要求经筛选后生石灰占总量的90%左右。则生石灰为：

CaO $780.76 \times 0.97 = 757.34 kg/h$　　　占 90%

杂质 $757.34 \times 10/90 = 84.15 kg/h$　　　占 10%

合计为：$841.49 kg/h$

筛去物为：

CaO $780.76 - 757.34 = 23.42 kg/h$

杂质（包括 $CaCO_3$、MgO 等）$73.38 + 8.65 + 42.96 - 84.15 = 40.84 kg/h$

经过以上计算得到石灰石煅烧工序物料衡算框图如图3.5所示。

2　热量衡算

2.1　石灰窑煅烧热量衡算

（1）输入热量 Q_1

假设物料石灰石和焦炭以及空气都是0℃输入，因此输入石灰窑热量只考虑无烟煤的发热量。根据物料衡算。

$G_{焦} = 121.04 kg/h$　　焦炭热值 $29475 kJ/kg$

$Q_1 = 121.04 \times 29475 = 3.568 \times 10^6 kJ/h$

（2）输出热量 Q_2

① 石灰石分解所需热量 q_1

根据反应方程式　$CaCO_3 \longrightarrow CaO + CO_2 - 177.94kJ/mol$

$q_1 = 1513/0.97 \times 177.9 \times 1000 = 2.611 \times 10^6 kJ/h$

② 生石灰于 60℃ 卸料带出热量 q_2

生石灰比热容 $C = 0.84kJ/(kg \cdot ℃)$

$q_2 = 896.97 \times 0.84 \times 60 = 0.452 \times 10^5 kJ/h$

③ 干窑气于 150℃ 时带走热量 q_3

150℃ 时，混合气体的平均热容 $C_{平} = \sum C_i \times i\%$ （忽略 SO_2 和杂质）

$C_{平} = C_{CO_2} \times CO_2\% + C_{N_2} \times N_2\% + C_{O_2} \times O_2\% + C_{CO} \times CO\% = 0.26 \times 0.4427 + 0.26 \times 0.5218 + 0.25 \times 0.0177 + 0.24 \times 0.0178 = 0.26kcal/(kg \cdot ℃) = 1.089kJ/(kg \cdot ℃)$

$q_3 = G_气 C_{平} t$

$q_3 = 2050.46 \times 1.089 \times 150 = 0.335 \times 10^6 kJ/h$

④ 水分带出热量 q_4

水分由石灰石带进 7.57kg/h，由焦炭带入 3.63kg/h（本计算未考虑空气带入水分以及燃烧过程产生的少量水分）。

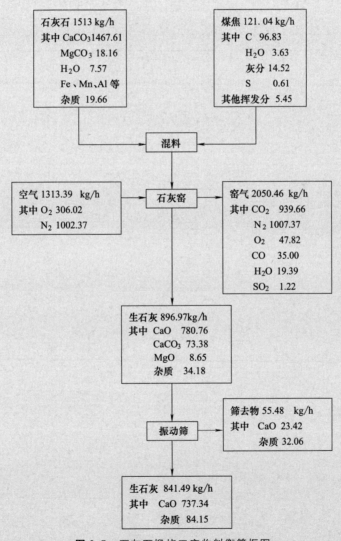

图 3.5　石灰石煅烧工序物料衡算框图

$G_{水} = 7.57 + 3.63 = 11.20 \text{kg/h}$

由 150℃水蒸气带走热量 $q_4 = G(i + Ct)$

$q_4 = 11.20(597.3 + 0.47 \times 150) \times 4.1868 = 0.31 \times 10^5 \text{kJ/h}$

⑤ 石灰窑热损失 q_5

$q_5 = Q_1 - (q_1 + q_2 + q_3 + q_4)$

$q_5 = 3.568 \times 10^6 - (2.611 \times 10^6 + 0.452 \times 10^5 + 0.335 \times 10^6 + 0.31 \times 10^5)$
$= 0.546 \times 10^6 \text{kJ/h}$

(3) 石灰窑热量衡算表

经以上计算得到石灰石煅烧工序热量衡算表如表 3.10 所示。

表 3.10 石灰窑热量衡算表

输入/(kJ/h)	输出/(kJ/h)
燃料燃烧 3.568×10^6	①石灰石分解 $q_1 = 2.611 \times 10^6$ ②排除生石灰 $q_2 = 0.452 \times 10^5$ ③干窑气带出 $q_3 = 0.335 \times 10^6$ ④水蒸气带出 $q_4 = 0.31 \times 10^5$ ⑤热损失　　 $q_5 = 0.546 \times 10^6$
$Q_1 = 3.568 \times 10^6$	$Q_2 = 3.568 \times 10^6$

第4章

设备的工艺设计与选型

化工设备的工艺设计与选型是在物料衡算和热量衡算的基础上进行的，其目的是确定工艺设备的类型、规格、主要尺寸和台数，为车间设备布置设计和非工艺专业的设计提供设计依据。

化工设备从总体上分为两类：一类称为定型设备或标准设备，是成批成系列生产的设备，可以现成买到的设备，如泵、压缩机、制冷机、离心机等；另一类称为非标设备，是化工过程中需要专门设计的特殊设备，如塔器、大型储罐、料仓等。

定型设备工艺设计的任务是根据工艺要求，计算并选定某种型号，以便订货，或者可以向设备厂家提供具体参数，由厂家来推荐选型。非标设备工艺设计的任务是根据工艺要求，通过工艺计算提出形式、材质、尺寸和其他一些要求，并绘制简单的设备样图，由化工设备专业人员进行详细的机械设计，再由有关工厂制造。

4.1 设计与选型的原则

(1) 合理性

即设备在满足工艺要求的前提下，要与生产规模、工艺操作条件、工艺控制水平相适应，所选择的设备要确保产品质量达标并能降低劳动强度，提高劳动生产率，改善劳动环境等，绝不允许把不成熟或未经生产考验的设备用于设计。

(2) 先进性

在可靠的基础上还要考虑设备的先进性，便于生产的连续化和自动化，使转化率、收率、效率达到尽可能高的水平，运行平稳，操作简单且易于加工维修等。

(3) 安全性

设备的选型和工艺设计要求安全可靠、操作稳定、无事故隐患，对厂房的建筑、结构等无特殊要求，工人在操作时，工作环境安全良好。

(4) 经济性

设备的选择力求做到技术上先进，经济上合理。尽量采用国产设备，节省设备投资，同时设备要易于加工制造和维修，没有特殊要求等。

总之，化工设备工艺设计和选用要综合考虑，仔细研究，认真设计。

4.2 设计与选型的内容

化工设备的工艺设计与选型是化工设计中一项责任重大、技术要求较高的设计工作，设计人员需要扎实的理论知识和丰富的生产经验，其主要设计工作内容如下。

1）结合工艺流程确定化工单元操作所需设备的类型。例如，工艺流程中的液固物料的分离是采用过滤机还是用离心机；液体混合物的各组分分离是用萃取方法还是选用蒸馏方法；实现气固相催化反应，是选择固定床反应器还是流化床反应器等。

2）根据工艺操作条件（温度、压力、介质的性质等）和对设备的工艺要求确定设备的材质。这项工作有时需要与设备专业的设计人员共同来完成。

3）通过工艺流程设计、物料衡算、能量衡算、设备的工艺计算确定设备工艺设计参数。不同类型设备的主要工艺设计参数如下。

① 换热器：热负荷，换热面积，冷、热载体的种类，冷、热流体的流量、温度和压力。

② 泵：流量、扬程、轴功率、安装高度。

③ 风机：风量和风压。

④ 吸收塔：进出塔气体的流量、组成、压力和温度，吸收剂种类、流量、温度和压力、塔径、塔高、塔体的材质，对于板式塔要给出塔板的类型和板数、塔板材质；对于填料塔要给出填料种类、规格、填料总高度或每段填料的高度和段数。

⑤ 蒸馏塔：进料物料，塔顶产品、塔釜产品的流量、组成和温度，塔的操作压力、塔径、塔体材质、塔板材质、塔板类型和板数（对板式塔），填料种类、规格、填料总高度、每段填料高度和段数（对填料塔），加料口位置、塔顶冷凝器的冷负荷及冷却介质的种类、流量、温度和压力，再沸器的热负荷及加热介质的种类、流量、温度和压力，灵敏板位置。必要时，给出换热器材质及换热面积。

⑥ 反应器：反应器的类型，进、出口物料的流量、组成、温度和压力，催化剂的种类、规格、数量和性能参数，反应器内换热装置的形式、热负荷及热载体的种类、数量、压力和温度，反应器的主要尺寸、换热式固定床催化反应器的温度、浓度沿床层的轴向（对大直径床还包括径向）分布，冷激式多段绝热固定床反应器的冷激气用量、组成和温度。

4）确定定型设备的型号、规格和台数。定型设备中的泵、风机、制冷机、压缩机、离心机、过滤器等是众多行业广泛采用的设备，这类设备有众多的生产厂家，型号也很多，可选择的范围很大。

5）对已有标准图纸的设备，确定标准图的图号和型号。

6）对非标设备来说，应向化工设备专业的设计人员提供工艺设计条件和设备简图（图中注明对设备的所有要求）。

7）编制工艺设备一览表。在初步设计阶段，根据设备工艺设计和选型的结果编制工艺设备一览表，可按非定型设备和定型工艺设备两类编制。初步设计阶段的工艺设备一览表作为设计说明书的组成部分提供给有关部门进行设计审查。

施工图设计阶段的工艺设备一览表是施工图设计阶段的主要设计成品之一，在施工图设计阶段，由于非标设备的施工图纸已经完成，工艺设备一览表必须填写得十分准确和足够详尽，以便订货加工。

8）在工艺设备的施工图纸完成后，要同化工设备的专业设计人员进行图纸会签。

4.3 设备材料及选材原则

4.3.1 化工设备使用材料分类概况

一般分类如下：

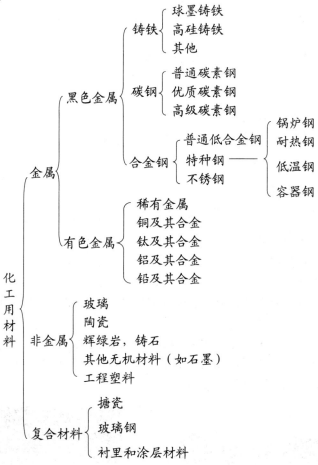

4.3.2 材料选用的一般原则

(1) 满足工艺及设备要求

这是选材最基本的依据，根据工艺条件和操作的温度、压力、介质、环境等条件，在机械强度、耐腐蚀和耐溶剂等性能上优先考虑，选用具有足够的强度和塑性、韧性，能耐受介质腐蚀的材料。

(2) 材质可靠，使用安全

设备是化工反应的载体，是生产成败的场所，也是最应当注意安全和运行可靠的地方。因此，选用材料要做到安全第一、万无一失。当然，化工设备有国家规定的设计使用年限，在选材料时，还应考虑保证使用寿命。

(3) 易于加工，性能不受加工影响

化工设备总是由材料加工而成的，有些材料在加工过程中，可能导致一些性能恶化，有些材料加工困难等，都不是选材的首选或主要对象，因为材料性能在加工中的变化是不可控制的，而不易加工的材料势必影响造价。

（4）材料立足于当地市场，立足于国内，立足于资源

化工设备使用材料用量一般不大，在尽量采用先进材料的同时，应立足于当地和国内市场。我国有相当丰富的资源，又有十分丰富的、占世界绝对储藏量的稀土元素，有一些特殊的金属如钨、锑，也有一些金属可能储量不丰富，我们选材时在保证质量的前提下，尽量采用我国资源丰富的材料，不仅可以节省投资，也可以促进我国相关工业的开发和发展。

（5）综合经济指标核算

材料选择之后，要制造成设备，其费用不仅是材料费用一项，还包括运输费、加工费、维护费，以及将来备品、备件、设备维修的费用等，综合地从经济上衡量和测算，应立足于选用价廉物美的材料。

4.4 泵的设计与选型

4.4.1 泵的类型和特点

泵的类型很多，分类也不尽统一。按泵作用于液体的原理可将泵分为叶片式和容积式两大类。叶片式泵是由泵内的叶片在旋转时产生的离心力作用将液体吸入和压出。容积式泵是由泵的活塞或转子在往复或旋转运动中产生挤压作用将液体吸入和压出。叶片式泵又因泵内叶片结构形式不同分为离心泵（屏蔽泵、管道泵、自吸泵、无堵塞泵）、轴流泵和旋涡泵。容积式泵分为往复泵（活塞泵、柱塞泵、隔膜泵、计量泵）和转子泵（齿轮泵、螺杆泵、滑片泵、罗茨泵、蠕动泵、液环泵）。

泵也常按其使用的用途来命名，如水泵、油泵、泥浆泵、砂泵、耐腐蚀泵、冷凝液泵等。也有以泵的结构特点命名的，如悬臂水泵、齿轮油泵、螺杆泵、液下泵、立式泵、卧式泵等。图4.1为离心泵和液下泵的外形图。

(a) 离心泵　　　　　　　　　　　　　(b) 液下泵

图4.1　离心泵和液下泵的外形图

（1）泵的技术指标

泵的技术指标包括型号、扬程、流量、必需汽蚀余量、功率和效率等。

① 型号　目前，我国对于泵的命名尚未有统一的规定，但在国内大多数的泵产品已逐渐采用英文字母来代表泵的名称，如泵型号：IS80-65-160。IS表示泵的型号代号（单级单

吸清水离心泵),吸入口直径为80mm,排出口直径为65mm,叶轮名义直径为160mm。不同类型泵的型号均可从泵的产品样本中查到。

② 扬程 它是单位质量的液体通过泵获得的有效能量,单位为 m。由于泵可以输送多种液体,各种液体的密度和黏度不同,为了使扬程有一个统一的衡量标准,泵的生产厂家在泵的技术指标中所指明的一般都是清水扬程,即介质为清水,密度为 $1000kg/m^3$,黏度为 $1mPa·s$,无固体杂质时的值。此外少数专用泵如硫酸泵、熔盐泵等,扬程单位注明为 m 酸柱或 m 熔盐柱。

③ 流量 泵在单位时间内抽吸或排送液体的体积数称为流量,其单位以 m^3/h 或 L/s 表示。叶片式泵如离心泵,流量与扬程有关,这种关系是离心泵的一个重要特性,称之为离心泵的特性曲线。泵的操作流量指泵的扬程流量特性曲线与管网系统所需的扬程、流量曲线相交处的流量值。容积式泵流量与扬程无关,几乎为常数。

④ 必需汽蚀余量 为使泵在工作时不产生汽蚀现象,泵进口处必须具有超过输送温度下液体的汽化压力的能量,使泵在工作时不产生汽蚀现象所必须具有的富余能量称为必需汽蚀余量或简称汽蚀余量,单位为 m。

⑤ 功率与效率 有效功率指单位时间内泵对液体所做的功;轴功率指原动机传给泵的功率;效率指泵的有效功率与轴功率之比。泵样本中所给出的功率与效率都为清水试验所得。

离心泵适用于流量大,扬程低的液体输送,液体的运动黏度小于 $65×10^3 m^2/s$,液体中气体体积分数低于5%,固体颗粒含量在3%以下。

(2) 化工生产常用泵

① 清水泵 是过流部件为铸铁,供输送温度不高于80℃的清水或物理、化学性质类似于清水的液体,适用于工业与城市排水及农田灌溉等。最普通的清水泵是单级单吸式,如果要求高压头,可采用多级离心泵;如要求的流量很大,可采用双吸式离心泵。

② 油泵 用于输送石油产品的泵称为油泵。由于油品易燃易爆,因此油泵应具有良好的密封性能,热油泵在轴承和轴封处设置冷却装置,运转时可通冷水冷却。

③ 耐腐蚀泵 当输送酸、碱和浓氨水等腐蚀性液体时,与腐蚀性液体接触的泵部件必须用耐腐蚀材料制造。如 FS 型氟合金塑料耐腐蚀离心泵适用于−80~180℃条件下,长期输送任意浓度的各种酸、碱、盐、有机溶剂、化学试剂及其他多种化学介质,严禁输送快速结晶及含硬质颗粒的介质。该泵的过介部分采用氟合金塑料,经高温烧结模压加工而成。

④ 液下泵 其泵体沉浸在储罐液体中,叶轮装于转轴末端,使滚动轴承远离液体,上部构件不受输送介质腐蚀,由于泵体沉浸在液体中,只要液面高于泵体,即可无需灌泵而启动。输送时,泄漏液通过中心管上的泄漏孔回流到储罐内,是输送不易结晶、温度不高于100℃的各种腐蚀介质的理想设备。其缺点是效率不高。根据输送介质的不同,泵的过流部分材质有铸铁、不锈钢合金、玻璃钢、增强聚丙烯、氟塑料等可供选择。

⑤ 屏蔽泵 是一种无泄漏泵,它的叶轮和电机连为一个整体并密封在同一泵壳内,不需要轴封,所以称为无密封泵。在化工生产中常输送易燃、易爆、剧毒及具有放射性的液体,其缺点也是效率较低。

⑥ 隔膜泵 系借弹性薄膜将活柱与被输送的液体隔开,当输送腐蚀性液体或悬浮液时,可不使活柱和缸体受到损伤。隔膜系采用耐腐蚀橡皮或弹性金属薄片制成,当活柱做往复运动时,迫使隔膜交替地向两边弯曲,将液体吸入和排出。

⑦ 计量泵 在化工生产中,计量泵能够输送流量恒定的液体或按比例输送几种液体。计量泵的基本构造与往复泵相同,但设有一套可以准确而方便地调节活塞行程的机构。

⑧ 齿轮泵　这是一种正位移泵，泵壳中有一对相互啮合的齿轮，将泵内空间分成互不相通的吸入腔和排出腔。齿轮旋转时，封闭在齿穴和泵壳间的液体被强行压出。齿轮泵的体积流量较小，但可产生较高的压头。化工厂中大多用来输送黏度在 300cSt❶ 以下的各种油类，但不宜输送腐蚀性的、含硬质颗粒的液体以及高度挥发性、低闪点的液体。齿轮泵还可以输送黏稠液体甚至膏糊状物料，但不宜输送含有固体颗粒的悬浮液，常见的有 2CY、KCB 齿轮油泵。

⑨ 螺杆泵　属于内啮合的密闭式泵，为转子式容积泵。按螺杆的数目，可分为单螺杆、双螺杆、三螺杆、五螺杆。单螺杆泵是靠螺杆在具有内螺纹泵壳中偏心转动，将液体沿轴向推进，最后由排出口排出；多螺杆泵则依靠螺杆间相互啮合的容积变化来输送液体。螺杆泵输送扬程高，效率较齿轮泵高，运转时无噪声、无振动、体积流量均匀，特别适用于高黏度液体的输送，例如 G 型单螺杆泵广泛应用于原油、污油、矿浆、泥浆等的输送。

⑩ 旋涡泵　是一种叶片式泵（也称涡流泵），由星形叶轮和有环形流道的泵壳组成，依靠离心力作用输送液体，但与离心泵的工作原理不同。适用于功率小、扬程高（5～250m）、体积流量小（0.1～11L/s）、夹带气体的体积分数大于 0.05 的场合。

⑪ 轴流泵　是利用高速旋转螺旋桨将液体推进而达到输送目的。适用于大体积流量，低扬程。

4.4.2　选泵的原则

(1) 基本泵型和泵的材料

一般选择化工泵，都是先决定型式再确定尺寸。选择泵的基本型式这一工作，甚至于要提早到工艺流程设计阶段，在设计工艺流程时，对选用的泵的型式应大体确定。进入初步设计阶段时，综合已经汇总和衡算出的工艺参数，确定泵的基本型式。

确定和选择使用的泵的基本型式，要从被输送物料的基本性质出发，如物料的温度、黏度、挥发性、毒性、化学腐蚀性、溶解性和物料是否均一等。此外，还应考虑到生产的工艺过程和动力、环境等条件，如是否长期连续运转、扬程和流量的波动和基本范围、动力来源、厂房层次高低等等因素。

均一的液体几乎可选用任何泵型；悬浮液则宜选用泥浆泵、隔膜泵；夹带或溶解气体时应选用容积式泵；黏度大的液体、胶体或膏糊料可用往复泵，最好选用齿轮泵、螺杆泵；输送易燃易爆液体可用蒸汽往复泵；被输送液体与工作液体（如水）互溶而生产工艺又不允许其混合时则不能选用喷射泵；流量大而扬程高的宜选往复泵；流量大而扬程不高时应选离心泵；输送具有腐蚀性的介质，选用耐腐蚀的泵体材料或衬里的耐腐蚀泵；输送昂贵液体、剧毒或具有放射性的液体选用完全不泄漏、无轴封的屏蔽泵。此外，有些地方必须使用液下泵，有些场合要用计量泵等。

有电源时选用电动泵，无电源但有蒸汽供应时可选用蒸汽往复泵，卧式往复泵占地稍大，立式泵占地较小。车间要求防爆时，应选用蒸汽驱动的泵或具有防爆性能的泵，喷射泵需要水、汽作动力，有相应的装置，选用时应充分注意，有时还采用手摇泵等。

输送介质的温度对泵的材质有不同的要求，一般在低温下（-40～-20℃）宜选用铸钢和低温材料的泵，在高温下（200～400℃）宜选用高温铸钢材料，通常温度在-20～200℃范围内，一般铸铁材料即可通用。

---

❶　1cSt=10^{-6}m²/s。

耐腐蚀泵的材料很多，如石墨、石墨内衬、玻璃、搪瓷、陶瓷、玻璃钢（环氧或酚醛树脂作基材）、不锈钢、高硅铁、青铜、铅、钛、聚氯乙烯、聚四氟乙烯等。聚乙烯、合成橡胶等常作泵的内衬。随着工业技术的进步，各类化工耐腐蚀泵还将不断更新问世。

实际上，我们在选择泵的型式时，往往不大可能各方面都满足要求，一般是抓住主要矛盾，以满足工艺要求为主要目标。例如输送盐酸，防腐是主要矛盾；输送氢氰酸，二甲酚之类的，毒性是主要矛盾。选泵型式时有没有电源动力、流量扬程等都要服从上述主要矛盾加以解决。此外，在选泵型时，应立足于国内，优先选用国内产品，还要考虑资源和货源、备品充足，利于维修，价格合理等因素，这也是我们在选型时要注意的项目。

（2）扬程和流量

在泵的选用设计中，可以通过计算算出工程上所要求的流量和扬程，这当然是选泵的具体型号、规格、尺寸的依据，但计算出来的数据是理论计算值，通常还要在流量上考虑工艺配套问题，此设备和彼设备间生产能力的平衡，工艺上原料的变换，以及产品更换等影响因素，考虑发展和适应不同要求等因素，总工艺方案一般均要求装置有一定的富裕能力。在选泵时，应按设计要求达到的能力确定泵的流量，并使之与其他设备能力协调平衡。另一方面，泵流量的确定也应考虑适应不同原料或不同产品要求等因素，所以在确定泵的流量时，应该综合考虑下列两点：

① 装置的富余能力及装置内各设备能力的协调平衡；

② 工艺过程影响流量变化的范围。

工艺设计给出泵的流量一般包括正常、最小、最大三种流量，最大流量已考虑了上述多种因素，因此选泵时通常可直接采用最大流量。

泵的扬程还应当考虑到工艺设备和管道的复杂性，压力降的计算可靠程度与实际工作中的差距，需要留有余地，所以，常常选用计算数据的 $1.05 \sim 1.1$ 倍，如有工厂的实际生产数据，应尽可能采用。在工艺操作中，有时会有一些特殊情况，如结垢、积炭，造成系统中压力降波动较大。在设计计算时，不仅要使选定的扬程满足过程在正常条件下的需要，还要顾及可能出现的特殊情况，使泵在某些特殊情况下也能运转。当然，还有其他一些因素制约，不能只知其一，不知其二。

（3）有效汽蚀余量和安装高度

被输送的液体，在不同温度下有各自的饱和蒸气压，液体在泵操作条件下，当低压部分在静压力下小于液体该温度下的饱和蒸气压时，液体就会汽化，液流中产生空穴，使泵的性能下降，甚至破坏操作状态，直至损坏，这就是汽蚀现象。

为避免汽蚀现象，就必须使泵的入口端（研究表明，最低压力产生在泵的入口附近）的压头高于物料输送状态下的饱和蒸气压，高出的值称为"需要汽蚀余量"或"净正吸入压头"（NPSH），NPSH 一般又分为泵必需的 NPSH（有时写成 NPSHR）和正常操作时装置和设备（系统）的有效 NPSH，有效汽蚀余量（有效 NPSH，有时写成 NPSHA）通常最大可选用泵的"需要汽蚀余量"的 $1.3 \sim 1.4$ 倍系数，称为安全系数。

（4）泵的台数和备用率

一般情况下只设一台泵，在特殊情况下也可采用两台泵同时操作，但不论如何安排，输送物料的本单元中，不宜多于三台泵（至多两台操作，一台备用）。两台泵并联操作时，由于泵的个体差异，有时变得不易操作和控制，所以，只有万不得已，方采用两台泵并联。下列情况可考虑采用两台泵：

① 流程很大而一台泵不能满足要求；

② 大型泵，需要一台操作并备用一台时，可选用两台较小的泵操作，而备用一台，可使备用泵变小，最终节省费用；

③ 某些大型泵，可采用流量为其70％的两台小泵并联操作，可以不设备用泵；

④ 某些特大型泵，启动电流很大，为防止对电力系统造成影响，可考虑改用两台较小的泵，以免电流波动过大。

泵的备用情况，往往根据工艺要求，是否长期运转，泵在运转中的可靠性、备用泵的价格、工艺物料的特性、泵的维修难易程度和一般维修周期、操作岗位等诸多因素综合考虑，很难规定一个通行的原则。

一般来说，输送泥浆或含有固体颗粒及其他杂质的泵、一些关键工序上的小型泵，应有备用泵。对于一些重要工序如炉前进料、计量、塔的输料泵、塔的回流泵、高温操作条件及其他苛刻条件下使用的泵、某些要求较高的产品出料泵，应设有备用泵。备用率一般取100％，而其他连续操作的泵，可考虑备用率50％左右，对于大型的连续化流程，可适当提高泵的备用率。而对于间歇操作，泵的维修简易，操作很成熟的以及特别昂贵而操作有经验的情况下，常常不考虑备用泵。

4.4.3　选泵的工作方法和基本程序

(1) 列出选泵的岗位和介质的基础数据

① 介质名称和特性，如介质的密度、黏度、重度、毒性、腐蚀性、沸点、蒸气压、溶液浓度等；

② 介质的特殊性能，如价格昂贵程度、含固体颗粒与否、固体颗粒的粒度、颗粒的性能、固体含量等，介质中是否含有气体，气体的体积含量等数据；

③ 操作条件，如温度、压力、正常流量、最小和最大流量等；

④ 泵的工作位置情况，如泵的工作环境温度、湿度、海拔高度、管道的大小及长度、进口液面至泵的中心线距离、排液口至设备液面距离等。

(2) 确定选泵的流量和扬程

① 流量的确定和计算　工艺条件中如已有系统可能出现的最大流量，选泵时以最大流量为基础，如果数据是正常流量，则应根据工艺情况可能出现的波动，开车和停车的需要等，在正常流量的基础上乘以一个安全系数，一般可取这个系数为 1.1～1.2，特殊情况下，还可以再加大。

流量通常都必须换算成体积流量，因为泵生产厂家的产品样本中的数据是体积流量。

② 扬程的确定和计算　首先计算出所需要的扬程，即用来克服两端容器的位能差，两端容器上静压力差，两端全系统的管道、管件和装置的阻力损失以及两端（进口和出口）的速度差引起的动能差别。泵的扬程用伯努利方程计算，将泵和进出口设备作一个系统研究，以物料进口和出口容器的液面为基准，根据下式就可很方便地算出泵的扬程。

$$H = (Z_2 - Z_1) + \frac{p_2 - p_1}{\gamma} + (\sum h_2 + \sum h_1) + \frac{c_2^2}{2g}$$

式中　Z_1——吸入侧最底液面至泵轴线垂直高度。如果泵安装在吸入液面的下方（称为灌注），则 Z_1 为负值；

Z_2——排出侧最高液面至泵轴线垂直高度；

p_2，p_1——排出侧和吸入侧容器内液面压力；

γ——液体重度；

$\sum h_1$，$\sum h_2$——排出侧和吸入侧系统阻力损失；

$\quad\quad c_2$——排出口液面液体流速。

对于一般输送液体$\dfrac{c_2^2}{2g}$值很小，常忽略或纳入$\sum h$损失中计算。

计算出的H不能作为选泵的依据，一般要放大$5\%\sim10\%$，即

$$H_{选用}=(1.05\sim1.1)H$$

（3）选择泵的类型，确定具体型号

依据上述两项得出的选泵数据和工作条件、工艺特点，依照选泵的原则，选择泵的类型、材质和具体型号，由远而近、由粗而细、由一般到具体、由总类到个体型号一步一步地进行，最终选出一种具体型号的泵，其基本步骤如下。

① 确定泵的类型　化工泵的类型很多，常见的离心泵、往复泵、转子泵、涡旋泵、混流泵等都有一定的性能范围，有大体适应的流量和扬程使用区域，结合前述的选泵原则，考虑物料的物理化学性质，先确定选用泵的类型。

② 选泵的系列和过流部件的材料及密封　选定了泵的类型之后，属于这种类型的泵还有很多系列，还要根据介质的性质（物理性质和化学性质）和操作条件（温度、压力）确定选用哪一系列泵。如已选择泵的类型为离心泵，则应根据设计条件进一步确定选用哪一系列泵，是选用水泵，还是其他系列泵，如油泵、耐腐蚀泵、特殊性能的泵或泥浆泵系列等。另外要考虑是选择耐高温还是耐低温的泵，是选择单级泵还是多级泵，是选择单吸式还是双吸式，是卧式还是立式等。

泵的过流部件的材料和轴的密封，要综合材料耐蚀和运转性能、密封条件等因素，合理地选用，以保证泵的稳定运转和延长使用寿命。

- 浓硫酸一般选用碳钢材料或衬氟泵；
- 盐酸选用塑料泵或衬氟、衬胶泵；
- 硝酸选用不锈钢材料的泵；
- 碱选用不锈钢或碳钢的泵。

③ 选择泵的具体型号　根据通行的泵的产品样本和说明书，根据前述计算和确定的泵的最大流量和选用时确定的扬程（计算扬程放大$5\%\sim10\%$），选择泵的具体型号。

在选用具体型号时，要注意熟悉各类型泵用各种符号表示的意义，一般在泵的产品样本和说明书中有交代。

（4）换算泵的性能

对于输送水或类似于水的泵，将工艺上正常的工作状况对照泵的样本或产品目录上该类泵的性能表或性能曲线，看正常工作点是否落在该泵的高效区，如校核后发现性能不符，就应当重新选择泵的具体型号。

输送高黏度液体，应将泵的输水性能指标换算成输送黏液的性能指标，并与之对照校核。有关公式在《化学工程手册》上可查到。

根据输送物料的特性，泵的性能曲线（H-Q性能曲线）有可选择性，如一般输送到高位槽的泵，希望流量变化大时而扬程变化很小，即选用H-Q曲线比较平坦的泵，不希望曲线出现驼峰形等。

（5）确定泵的几何安装高度

根据泵的样本上规定的允许吸上真空高度或允许汽蚀余量，核对泵的安装几何高度，使泵在给定条件下不发生汽蚀。

(6) 确定泵的台数和备用率

其选用原则，如前所述。

(7) 校核泵的轴功率

泵样本上给定的功率和效率都是用水试验得出来的，当输送介质不是清水时，应考虑物料的重度和黏度等对泵的流量、扬程性能的影响。利用化学工程有关公式，计算校正后的 Q、H 和 η，求出泵的轴功率。

(8) 确定冷却水或加热蒸汽的耗用量

根据所选泵型号和工艺操作情况，在泵的特性说明书或有关泵的表格中找到冷却水或蒸汽的耗用量。

(9) 选用电动机（略）

(10) 填写选泵规格表

将所选泵类加以汇总，列成泵的设备总表，以作为泵订货的依据。

4.4.4　工业装置对泵的要求

(1) 必须满足流量、扬程、压力、温度、汽蚀余量等工艺参数要求。

(2) 必须满足介质特性的要求。

① 对输送易燃、易爆、有毒或贵重介质的泵，要求轴封可靠或采用无泄漏泵，如屏蔽泵、磁力驱动泵、隔膜泵等。

② 对于输送腐蚀性介质的泵，要求过流部件采用耐腐蚀材料。

③ 对于输送含固体颗粒介质的泵，要求过流部件采用耐磨材料，必要时轴封应采用清洁液体冲洗。

(3) 必须满足现场的安装要求。

① 对安装在有腐蚀性气体存在场合的泵，要求采取防大气腐蚀的措施。

② 对安装在室外环境温度低于 -20℃以下的泵，要求考虑泵的冷脆现象，采用耐低温材料。

③ 对安装在爆炸区域的泵，应根据爆炸区域等级，采用防爆电机。

④ 对于要求每年一次大检修的工厂，泵的连续运转周期一般不应小于 $8000h$。

4.4.5　选泵的经验

输送清水一般选铸铁或碳钢卧式离心泵，密封填料选填料密封，向锅炉供水选多级离心泵；输送浓硫酸为防止泄露伤人一般选浓硫酸专用液下泵或衬氟磁力泵；输送稀硫酸可选衬氟、机械密封卧式离心泵或磁力泵；一般酸性液体选不锈钢、衬氟、衬胶或塑料卧式离心泵，密封一般选用机械密封；碱液等腐蚀性不大的流体选用不锈钢或碳钢泵；流体中含有一定的固体颗粒物的物料一般选用耐磨的液下泵；输送油要选油泵，黏度大的油要选用齿轮油泵；输送黏度大、含固量高的物料一般选螺杆泵，向压滤机加压浆状物料标配为螺杆泵。

泵的流量、扬程，汽蚀余量及使用条件要满足使用要求，需要连续运转不能停车的工序，要设计备用泵。

4.4.6　泵选型案例

案例1　年产2万吨一氯甲烷生产装置中原料盐酸通过预热器向精馏塔的上料泵选型

类型选择：本案例中原料盐酸不易燃易爆，黏度不大，所以设备类型首选卧式离心泵。

材质选择：盐酸对大多数金属有腐蚀，应选非金属泵。非金属泵主要有各种塑料泵、衬氟泵。由于塑料泵材质强度不高，与其连接的塑料管道安全性比金属低，本案例中，一氯甲烷生产过程为连续生产，从泵的长周期稳定运行及运行安全性上考虑，选衬氟泵。为防止盐酸由轴泄漏，选用陶瓷机械密封。

泵的流量计算：年产2万吨一氯甲烷生产装置中，盐酸进精馏塔为连续进入，根据物料衡算盐酸（30%）进料量为19.5t/h，考虑20%的富余量，泵的流量应为23.5m³/h。

泵的扬程估算：浓盐酸的精馏塔设计压力为0.16MPa，由精馏塔出来的氯化氢气经冷凝脱水后，进入反应器鼓泡与甲醇气反应，反应器的压力约为0.06MPa，据此选择泵扬程在25m以上，可满足工艺需要。泵扬程的精确选择待配管图完成后，计算出管道阻力，才能准确确定适宜的泵扬程。

通过以上分析初步选择泵的型号为：IHF65-40-200。该泵的性能是：流量25m³/h，扬程32m，转速2900r/min，功率4.0kW。因盐酸相对密度接近水，泵所配电机功率也可满足要求。

案例2　年产2万吨一氯甲烷生产装置中原料甲醇向汽化器进料泵选型

类型选择：由于甲醇沸点低、易挥发，甲醇蒸气易燃易爆，危险性较大，所以首选无泄漏的泵是比较理想的，如屏蔽泵、磁力泵等。

材质选择：考虑甲醇对大多数金属或非金属没有腐蚀，但从安全方面考虑选择金属泵更佳，另外考虑甲醇对长时间运行的普通碳钢泵有锈蚀作用，为在工艺上保证反应产物的质量，本案例选择输送甲醇用304材质的不锈钢泵更理想。

泵的流量计算：年产2万吨一氯甲烷生产装置中，甲醇进汽化器为连续进入，根据物料衡算甲醇（99%）进料量为1.8t/h，按富余量20%计，泵的流量应在2.2t/h，约2.8m³/h。

泵的扬程估算：由汽化器出来的甲醇汽直接进入反应器参加反应，反应器的反应压力约0.1MPa，据此选择泵扬程在25m，可满足工艺需要。扬程的精确选择待配管图完成后，计算出管道阻力，才能准确确定适宜的泵扬程。

通过以上分析初步选择泵的型号为：32CQ-15，该泵的性能是：流量4.8m³/h，扬程25m，功率1.1kW。注意甲醇为甲类火灾危险品，电机应选防爆电机。

4.5　气体输送及压缩设备的设计与选型

4.5.1　气体输送及压缩设备分类

气体输送、压缩设备按出口压力和用途可分为以下五类。

(1) 通风机

简称为风机，压力在0.115MPa以下，压缩比为1～1.15。通风机又可分为轴流风机和离心风机。通风机使用较普遍，主要用于通风、产品干燥等过程。

(2) 鼓风机

压力为0.115～0.4MPa，压缩比小于4。鼓风机又可分为罗茨（旋转）鼓风机和离心鼓风机。一般用于生产中要求相当压力的原料气的压缩、液体物料的压送、固体物料的气流输送等。

(3) 压缩机

压力在 0.4MPa 以上，压缩比大于 4。压缩机又可分为离心式、螺杆式和往复式压缩机，主要用于工艺气体、气动仪表用气、压料过滤及吹扫管道等方面。

(4) 制冷机

压力及压缩比与压缩机相同，可分为活塞式、离心式、螺杆式、溴化锂吸收式及氨吸收式等几种，主要用于为低温生产系统提供冷量。

(5) 真空泵

用于减压，出口极限压力接近 0MPa，其压缩比由真空度决定。

4.5.2 气体输送及压缩设备选择步骤

下面分别介绍这五类气体输送、压缩设备的性能及选择步骤。

(1) 通风机

工业上常用的通风机有轴流式和离心式两类。轴流式通风机排送量大，但所产生的风压甚小，一般只用来通风换气，而不用来输送气体。化工生产中，轴流式通风机在空冷器和冷却水塔的通风方面的应用很广泛。

离心式通风机的结构与离心泵相似，包括蜗壳叶轮、电机和底座三部分。离心式通风机根据所产生的压头大小可分为：

① 低压离心通风机，其风压小于或等于 1kPa；

② 中压离心通风机，其风压为 1～3kPa；

③ 高压离心通风机，其风压为 3～15kPa。

离心式通风机的主要参数和离心泵差不多，主要包括风量、风压、功率和效率。通风机在出厂前，必须通过试验测定其特性曲线，试验介质为 101.3kPa、20℃ 的空气（密度 $\rho = 1.2\text{kg/m}^3$）。因此选用通风机时，如所输送的气体密度与试验介质相差较大时，应将实际所需风压换算成试验状况下的风压。

离心通风机的选择步骤如下。

① 了解整个工程工况装置的用途、管道布置、装机位置、被输送气体性质（如清洁空气、烟气、含尘空气或易燃易爆气体）等。

② 根据伯努利方程，计算输送系统所需的实际风压，考虑计算中的误差及漏风等未见因素而加上一个附加值，并换算成试验条件下的风压 Δp_0。

③ 根据所输送气体的性质与风压范围，确定风机类型。若输送的是清洁空气，或与空气性质相近的气体，可选用一般类型的离心通风机，常用的有 4-72 型、8-18 型和 9-27 型。

④ 把实际风量 Q（以风机进口状态计）乘以安全因数，即加上一个附加值，并换算成试验条件下的风量 Q_0，若实际风量 Q 大于试验条件下的风量 Q_0，常以 Q 代替 Q_0，把大于值作为富裕量。

⑤ 按试验条件下的风量 Q_0 和风压 Δp_0，从风机的产品样本或产品目录中的特性曲线或性能表中选择合适的机号。

⑥ 根据风机安装位置，确定风机旋转方向和出风口的角度。

⑦ 若所输送气体的密度大于 1.2kg/m^3 时，则须核算轴功率。

(2) 鼓风机

化工厂中常用的鼓风机有旋转式和离心式两种，罗茨鼓风机是旋转式鼓风机中应用最广的一种。罗茨鼓风机的工作原理与齿轮泵极为相似，如图 4.2 所示。因转子端部与机壳、转子与转子之间缝隙很小，当转子作旋转运动时，可将机壳与转子之间的气体强行排出，两转子的旋转方向相反，可将气体从一侧吸入，从另一侧排出。罗茨鼓风机的风量与风机转速成正比，而与出口压强无关。罗茨鼓风机的风量为 $2 \sim 500 m^3/min$，出口压强不超过 81kPa（表压），出口压强太高，则泄漏量增加，效率降低。罗茨鼓风机工作时，温度不能超过 85℃，否则易因转子受热膨胀而发生卡住现象。罗茨鼓风机的出口应安装稳压气柜与安全阀，流量用旁路调节，出口阀不可完全关闭。

离心鼓风机与离心通风机的工作原理相同，由于单级通风机不可能产生很高的风压（一般不超过 50kPa 表压），故压头较高的离心鼓风机都是多级的，与多级离心泵类似。多级离心鼓风机的出口压强一般不超过 0.3MPa（表压），因压缩比不大，不需要冷却装置，各级叶轮尺寸基本相等。

离心鼓风机的选用方法与离心通风机相同。

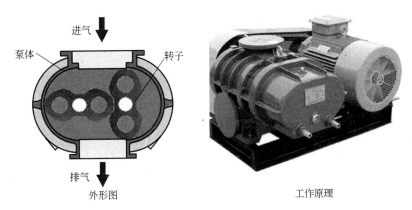

进气

泵体　　　　　转子

排气

外形图　　　　　　　　工作原理

图 4.2　罗茨鼓风机

(3) 压缩机

按工作原理，压缩机可分为两类：一类是容积式压缩机，另一类是速度式压缩机。按结构形式还可将压缩机分为活塞式压缩机和离心式压缩机。

在容积式压缩机中，气体压力的提高是由于压缩机中气体体积被缩小，使单位体积内空气分子的密度增加而形成的。在速度式压缩机中，空气的压力是由空气分子的速度转化而来，即先使空气分子得到一个很高的速度，然后在固定元件中使一部分速度能进一步转化为气体的压力能。用作压缩空气的压缩机，在中小流量时使用最广泛的是活塞式空气压缩机，在大流量时则采用离心式空气压缩机，选型时要对压缩机进行工艺计算。

下面介绍几种常用的压缩机。

1）活塞式空气压缩机

① 中小型活塞式压缩机的类型　中小型活塞式空气压缩机根据其结构形式，一般常用的有：L 形、V 形、W 形及卧式、立式、对称平衡式等；水冷式、空冷式，单级、两级或多级。

② 型号及技术指标　压缩机的主要技术性能指标有排气量、排气压力、进出口气体温度、冷却水用量、功率等。

• 型号　以活塞式空气压缩机 4M12-45/210 型为例。型号的含义为 4 列，M 型，$12 \times 10^4 N$ 活塞力，额定排气量为 $45 m^3/min$，额定排气表压为 $210 \times 10^5 Pa$。

• 排气量　压缩机的排气量是指单位时间内压缩机最后一级排出的空气换算到第一级进气条件时的气体容积值，排气量常用的单位为 m^3/min。压缩机的理论排气量为压缩机在单位时间内的活塞行程容积。由于压缩机的进气条件不同，使压缩机实际供气量发生变化，工艺设计者常需要计算出压缩机在指定操作状况下，即标准状况下（进气压力为 0.1MPa，温度为 0℃）的干基空气（扣除空气中水分的含量）的供气能力。

• 轴功率　空气压缩机的轴功率（不包括因冷却所需的水泵或风扇的功率），一般可由产品样本或说明书中直接查得，并按制造厂配用的原动机选取。

• 排气温度　油润滑空气压缩机的排气温度一般规定不超过 160℃，移动式空气压缩机不超过 180℃，无油润滑空气压缩机排气温度一般限定在 180℃ 以下。压缩机的排气温度取决于进气温度、压缩比及压缩过程指数。

2）离心式空气压缩机

离心式压缩机工作时，主轴带动叶轮旋转，空气自轴向进入，并以很高的速度被离心力甩出叶轮，进入流通面积逐渐扩大的扩压器中，使气体的速度降低而压力提高，接着又被第二级吸入，通过第二级进一步提高压力，依此类推，一直达到额定压力。

3）螺杆式空气压缩机

螺杆式压缩机是依靠两个螺旋形转子相互啮合而进行气体压缩的。在气缸中平行放置两个高速回转、按一定传动比相互啮合的螺旋形转子，形成进气、压缩和排气过程。

螺杆式压缩机与往复式压缩机一样，同属于容积型压缩机，就其运动形式而言，压缩机的转子与离心式压缩机一样作高速运动，所以螺杆式压缩机兼有活塞式压缩机与离心式压缩机的特点。

① 螺杆式压缩机没有往复运动部件，不存在不平衡惯性力，所以螺杆式压缩机的设备基础要求低；

② 螺杆式压缩机具有强制输气的特点，即排气几乎不受排气压力的影响；

③ 螺杆式压缩机在较宽的工作范围内仍能保持较高的效率，没有离心式压缩机在小排气量时喘振和大排气量时的扼流现象。

螺杆式压缩机适用于中低压及中小排气量，如干式螺杆压缩机，排气量范围为 3～500 m^3/min；排气压力<1.0MPa；喷油螺杆压缩机，排气量范围为 5～100 m^3/min；排气压力<1.7MPa。

(4) 压缩机的选择

一般来说，压缩机是装置中功率较大、电耗较高、投资较多的设备。工艺设计者可根据操作工况所需的压力、流量和运转状态（间歇或连续）选择所需的压缩机类型。

1）压缩机的选用原则

① 选择压缩机时，通常根据要求的排气量、进排气温度、压力及流体的性质等重要参数来决定。

② 各种压缩机常用气量、压力范围：

活塞式空气压缩机单机容量通常小于或等于 100m^3/min，排压为 0.1～32MPa；

螺杆式空气压缩机单机容量通常为 50～250m^3/min，排压为 0.1～2.0MPa；

离心式空气压缩机单机容量通常大于 100m^3/min，排压为 0.1～0.6 MPa。

③ 确定空压机时，重要因素之一是考虑空气的含湿量。确定空压机的吸气温度时，应考虑四季中最高、最低和正常温度条件，以便计算标准状态下的干空气量。

④ 选用离心式压缩机时，须考虑如下因素（其他类型压缩机也可参考）：吸气量（或排

气量）和吸气状态，这取决于用户要求及现场的气象条件。排气状态、压力、温度，由用户要求决定。冷却水水温、水压、水质的要求；压缩机的详细结构、轴封及填料由制造厂提供详细资料；驱动机，由制造厂提供规格明细表；控制系统，制造厂提供超压、超速、压力过低、轴承温度过高和润滑系统等停车和报警系统图；压缩机和驱动机轴承的压力润滑系统，包括油泵、油槽、油冷却器等规格；附件，主要有仪表、备用品、专用工具等。

2）离心式压缩机的型号选择

① 利用图表选型　国内外生产厂家为便于用户选型，把标准系列产品绘制出选型用曲线图，根据图进行型号的选择和功率计算。

② 估算法选型　估算法应计算的数据有气体常数、绝热指数、压缩系数，进口气体的实际流量、总压缩比、压缩总温升、总能量头、级数、转速、轴功率、段数。

选择离心式压缩机应以进口流量和能量头的关系为依据，以上估算的性能参数在生产厂家定型产品的范围内，即可直接订购。

3）活塞式压缩机的型号选择

① 一般原则　压缩机的选型可分为压缩机的技术参数选择与结构参数选择，前者包括技术参数对所在化工工艺流程的适用性和技术参数本身的先进性，从而决定压缩机在流程中的适用性，后者包括压缩机的结构形式、使用性能以及变工况适应性等方面的比较选择，从而将影响压缩机所在流程的经济性。因此，压缩机选择应该是适用、经济、安全可靠，利于维修。

ⅰ）工艺方面的要求　介质要求，可否泄漏，能否被润滑油污染，排气温度有无限制，排气量，压缩机进出口压力。

ⅱ）气体物性要求与安全　压缩的气体是否易燃、易爆或有无腐蚀性；压缩过程如有液化，应注意凝液的分离和排除，同时在结构上要有一些修改；排气温度限制，对压缩的介质在较高的温度下会分解，此时应对排气温度加以限制；泄漏量限制，对有毒气体应限制其泄漏量。

② 选型基本数据

ⅰ）气体性质和吸气状态，如吸气温度、吸气压力、相对湿度；

ⅱ）生产规模或流程需要的总供气量；

ⅲ）流程需要的排气压力；

ⅳ）排气温度。

③ 化工特殊介质使用压缩机的选择　对氧气、氢气、氯气、氨气、石油气、二氧化碳、一氧化碳、乙炔等气体的压缩，对压缩机的要求可参阅有关专著。

(5) 真空泵

真空泵是用来维持工艺系统要求的真空状态。真空泵的主要技术指标如下。

① 真空度　一般有以下几种表示方法。

以绝对压力 p 表示，单位为 kPa；以真空度 p_v 表示，单位为 kPa，则有：

$$p_v(kPa) = 101.325 - p(kPa)$$

② 抽气速率（S）　指在单位时间内，真空泵吸入的气体体积，即吸入压力和温度下的体积流量，单位是 m^3/h、m^3/min。真空泵的抽气速率与吸入压力有关，吸入压力愈高，抽气速率愈大。

③ 极限真空　指真空泵抽气时能达到的稳定最低压力值。极限真空也称最大真空度。

④ 抽气时间（t） 指以抽气速率 S 从初始压力抽到终了压力所耗费的时间（min）。

化工中常用的真空泵有如下几种类型。

① 往复式真空泵 往复式真空泵的构造和原理与往复式压缩机基本相同，但真空泵的压缩比较高，例如，95%的真空度时，压缩比约为 20，所抽吸气体的压强很小，故真空泵的余隙容积必须更小，排出和吸入阀门必须更加轻巧、灵活。

往复式真空泵所排送的气体不应含有液体，如气体中含有大量蒸汽，必须把可凝性气体设法除掉（一般采用冷凝）之后再进入泵内，即它属于干式真空泵。

② 水环真空泵 简称水环泵，其工作时，由于叶轮旋转产生的离心力的作用，将泵内水甩至壳壁形成水环，此水环具有密封作用，使叶片间的空隙形成许多大小不同的密封室，叶轮的旋转使密封室由小变大形成真空，将气体从吸入口吸入，然后密封室由大变小，气体由压出口排出。水环真空泵最高真空度可达 85%。为维持泵内液封，水环泵运转时要不断地充水。

③ 液环真空泵 简称液环泵，又称纳氏泵，外壳呈椭圆形，其内装有叶轮，当叶轮旋转时，液体在离心力作用下被甩向四周，沿壁形成椭圆形液环。和水环泵一样，工作腔也是由一些大小不同的密封室组成的，液环泵的工作腔有两个，由泵壳的椭圆形状形成。由于叶轮的旋转运动，每个工作腔内的密封室逐渐由小变大，从吸入口吸进气体，然后由大变小，将气体强行排出。此外所输送的气体不与泵壳直接接触，所以，只要叶轮采用耐腐蚀材料制造，液环泵也可用于腐蚀性气体的抽吸。

④ 旋片真空泵 是旋转式真空泵，当带有两个旋片的偏心转子旋转时，旋片在弹簧及离心力的作用下，紧贴泵体内壁滑动，吸气工作室扩大，被抽气体通过吸气口进入吸气工作室，当旋片转至垂直位置时，吸气完毕，此时吸入的气体被隔离，转子继续旋转，被隔离的气体被压缩后压强升高，当压强超过排气阀的压强时，气体从泵排气口排出。因此，转子每旋转一周，有两次吸气、排气过程。

旋片泵的主要部分浸没于真空油中，为的是密封各部件的间隙，充填有害的余隙和得到润滑。旋片真空泵适用于抽除干燥或含有少量可凝性蒸气的气体，不适宜用于抽除含尘和对润滑油起化学作用的气体。

⑤ 喷射真空泵 是利用高速流体射流时压强能向动能转换而造成真空，将气体吸入泵内，并在混合室通过碰撞、混合以提高吸入气体的机械能，气体和工作流体一并排出泵外。喷射泵的工作流体可以是水蒸气也可以是水，前者称为蒸气喷射泵，后者称为水喷射泵。

单级蒸汽喷射泵仅能达到 90%的真空度，为获得更高的真空度可采用多级蒸汽喷射泵。喷射真空泵的优点是工作压强范围广，抽气量大，结构简单，适应性强（可抽吸含有灰尘以及腐蚀性、易燃、易爆的气体等），其缺点是工作效率很低。

4.5.3 压缩机选型案例

案例 1 年产 2 万吨一氯甲烷生产装置中一氯甲烷成品压缩机的选型

根据物料衡算，压缩机要处理的一氯甲烷气量为：2500kg/99.9% ＝2502.5kg/h＝49.6kmol/h＝1110.0Nm³/h＝18.5Nm³/min。

一氯甲烷液化装入钢瓶需要的压力为 0.8MPa。

通过以上分析初步选择压缩机型号为：LW-20/10，该压缩机的性能是：排气量20m³/min，排气压力 1.0MPa，主机转速 400r/mim，功率 160kW，适用介质为氯甲烷。因压缩机需要经常维修保养，所以工艺上要选 2 台，即一开一备。

🔵 案例2 年产1万吨轻质碳酸钙生产装置中窑气输送压缩机的选型

轻质碳酸钙生产中，用于窑气输送的压缩机主要有两类：一类是往复压缩机；另一类是旋转式压缩机。如罗茨鼓风机。这两种压缩机在碳酸钙厂均有选用，往复压缩机的优点是排气压力高，缺点是电耗高，维修保养频繁，适合与细高碳化塔配套，制备的产品微观粒度小，产品质量优。罗茨鼓风机优点是省电、可长期稳定运行，维修量很少，缺点是压头低，一般在5000mm水柱以下，适合与短粗碳化塔配套，制备的产品微观粒度大。

在本案例中，为确保生产出高质量的碳酸钙产品，拟选用往复压缩机用于窑气的输送。根据年产1万吨轻质碳酸钙生产中的物料衡算，产生的窑气量为$1366.6Nm^3/h$，即$22\ Nm^3/min$。压缩机的排气压力主要根据碳化塔进气阻力进行估算，关于塔的工艺计算参照有关技术资料完成，在估算基础上再考虑一定的富裕量，根据碳酸钙生产厂家实测，需要压缩机的排气压力在0.25MPa左右。

通过以上分析初步选择压缩机型号为：3LB-15/3，该压缩机的性能是：排气量$15m^3/min$，排气压力0.3MPa，功率75kW。因压缩机需要经常维修保养，所以工艺上要选3台，即开二备一。

4.6 换热器的设计与选型

化工生产中传热过程十分普遍，传热设备在化工厂占有极为重要的地位。物料的加热、冷却、蒸发、冷凝、蒸馏等都需要通过换热器进行热交换，换热器是应用最广泛的设备之一，大部分换热器已经标准化、系列化。下面重点介绍标准换热器的选用方法，关于非标准换热器的设计，请查阅有关换热器设计的专业书籍。

4.6.1 换热器的分类

(1) 按工艺功能分类

① 冷却器 是冷却工艺物流的设备。一般冷却剂多采用水，若冷却温度低时，可采用氨或者氟利昂为冷却剂。

② 加热器 是加热工艺物流的设备。一般多采用水蒸气作为加热介质，当温度要求高时可采用导热油、熔盐等作为加热介质。

③ 再沸器 用于蒸馏塔底蒸发物料的设备。其中热虹吸式再沸器是被蒸发的物料依靠液头压差自然循环蒸发。动力循环式再沸器，被蒸发物流是用泵进行循环蒸发。

④ 冷凝器 是用于蒸馏塔顶物流的冷凝或者反应器的冷凝循环回流的设备。冷凝器可用于多组分的冷凝，当最终冷凝温度高于混合组分的泡点时，仍有一部分组分未冷凝，以达到再一次分离的目的。另一种为含有惰性气体的多组分的冷凝，排出的气体含有惰性气体和未冷凝组分。全凝器，多组分冷凝器的最终冷凝温度等于或低于混合组分的泡点，所有组分全部冷凝。

⑤ 蒸发器 专门用于蒸发溶液中的水分或者溶剂的设备。

⑥ 过热器 对饱和蒸汽再加热升温的设备。

⑦ 废热锅炉 从工艺的高温物流或者废气中回收其热量而发生蒸汽的设备。

⑧ 换热器　两种不同温位的工艺物流相互进行显热交换能量的设备。

(2) 按传热方式和结构分类

根据热量传递方法不同，换热器可以分为间壁式、直接接触式和蓄热式。

间壁式换热器是化工生产中采用最多的一种，温度不同的两种流体隔着液体流过的器壁（管壁）传热，两种液体互不接触，这种传热办法最适合于化工生产。因此，这种类型换热器使用十分广泛，型式多样，适用于化工生产的几乎各种条件和场合。

直接接触式换热器，是两种（冷和热）流体进入换热器后，直接接触传递热量，传热效率高，但使用受到限制，只适用于允许这两种流体混合的场合，如喷射冷凝器等。

蓄热式换热器，是一个充满蓄热体的空间（蓄热室）温度不同的两种流体先后交替地通过蓄热室，实现间接传热。

由于化工生产中绝大多数使用的是间壁式传热，因此以此类换热器为选用设计的主要对象。间壁式换热器根据间壁的形状，又可分为管壁传热的管壳式换热器和板壁传热的板式换热器，或称为紧凑式换热器。

管壳式换热器是使用得较早的换热器，通常将小直径管用管板组成管束，流体在管内流动，管束外再加一个外壳，另一种流体在管间流动，这样组成一个管壳式换热器。其结构简单、制造方便，选用和适用的材料很广泛，处理能力大，清洗方便，适应性强，可以在高温高压下使用，生产制造和操作都有较成熟的经验，型式也有所更新改进，这种换热器使用一直十分普遍。根据管束和外壳的形状不同，又可以分为固定管板、浮头管束、U 形管束、填料函管束以及套管（杯）式、蛇管式等。

板式或称紧凑式换热器的传热间壁是由平板冲压成的各型沟槽、波纹状、伞状以及卷成螺旋状。这是一种新出现的换热器，其传热面积大、效率高，金属耗用量节省但不能在较高压力下操作。在许多使用场合，板式换热器正在逐步取代原有的管壳式换热器。

由于换热设备应用广泛，所以，国家现在已将多种换热器，包括管壳式和板式换热器采用标准的图纸、系列化生产。各型号标准图纸亦可到有关设计院购买，化工机械厂有的已有系列标准的各式换热器供应，为化工选型设计提供很多方便。已经形成标准系列的换热器有：列管式固定管板换热器，立式热虹吸式再沸器，浮头式换热器和冷凝器系列，U 形管式换热器系列，薄管板列管式换热器系列，不可拆式螺旋板换热器系列，BR0.1 型波纹板式换热器，FP-G 型复波伞板换热器和几种石墨换热器系列。随着换热器产品的开发和发展，新的标准系列会不断形成。

各类间壁式换热器的分类与特性见表 4.1 所示。

表 4.1　间壁式换热器的分类与特性

分类	名称	特　性	相对费用	耗用金属量 /(kg/m²)
管壳式	固定管板式	使用广泛,已系列化,壳程不易清洗,当管壳两物流温差>60℃时应设置膨胀节,最大使用温差不应>120℃	1.0	30
	浮头式	壳程易清洗,管壳两物料温差可>120℃,内垫片易渗漏	1.22	46
	填料函式	优缺点同浮头式,造价高,不宜制造大直径设备	1.28	
	U 形管式	制造、安装方便,造价较低,管程耐高压,但结构不紧凑,管子不易更换和不易机械清洗	1.01	

分类	名 称	特 性	相对费用	耗用金属量 /(kg/m²)
板式	板翅式	紧凑、效率高,可多股物料同时热交换,使用温度<150℃	0.6	16
	螺旋板式	制造简单、紧凑,可用于带颗粒物料,温位利用好,不易检修		50
	伞板式	制造简单,紧凑,成本低,易清洗,使用压力<$1.18×10^6$Pa,使用温度<150℃		16
	波纹板式	紧凑,效率高,易清洗,使用温度<150℃,使用压力<$1.47×10^6$Pa		
管式	空冷器	投资和操作费用一般较水冷低,维修容易,但受周围空气温度影响大	0.8~1.8	
	套管式	制造方便、不易堵塞,耗金属多,使用面积不宜>20m²	0.8~1.4	150
	喷淋管式	制造方便,可用海水冷却,造价较套管式低,对周围环境有水雾腐蚀	0.8~1.1	60
	箱管式	制造简单,占地面积大,一般作为出料冷却	0.5~0.7	100
液膜式	升降膜式	接触时间短、效率高,无内压降,浓缩比≤5		
	刮板薄膜式	接触时间短,适于高黏度、易结垢物料,浓缩比为11~20		
	离心薄膜式	受热时间短、清洗方便,效率高,浓缩比≤15		
其他形式	板壳式	结构紧凑、传热好,成本低,压降小,较难制造		24
	热管	高导热性和导温性,热流密度大,制造要求高		

4.6.2 换热器设计的一般原则

(1) 基本要求

选用的换热器首先要满足工艺及操作条件要求。在工艺条件下长期运转,安全可靠,不泄漏,维修清洗方便,满足工艺要求的传热面积,尽量有较高的传热效率,流体阻力尽量小,并且满足工艺布置的安装尺寸等。

(2) 介质流程

介质走管程还是走壳程,应根据介质的性质及工艺要求,进行综合选择。以下是常用的介质流程安排。

① 腐蚀性介质宜走管程,可以降低对外壳材质的要求;

② 毒性介质走管程,泄漏的概率小;

③ 易结垢的介质走管程,便于清洗和清扫;

④ 压力较高的介质走管程,以减小对壳体的机械强度要求;

⑤ 温度高的介质走管程,可以改变材质,满足介质要求。

此外,由于流体在壳程内容易达到湍流($Re \geq 100$ 即可,而在管内流动 $Re \geq 10000$ 才是湍流)因而主张黏度较大、流量小的介质选在壳程,可提高传热系数。从压降考虑,也是雷诺数小的走壳程有利。

(3) 终端温差

换热器的终端温差通常由工艺过程的需要而定,但在确定温差时,应考虑到对换热器的经济性和传热效率的影响。在工艺过程设计时,应使换热器在较佳范围内操作,一般认为理想终端温差如下。

① 热端的温差,应在 20℃ 以上;

② 用水或其他冷却介质冷却时，冷端温差可以小一些，但不要低于5℃；

③ 当用冷却剂冷凝工艺流体时，冷却剂的进口温度应当高于工艺流体中最高凝点组分的凝点5℃以上；

④ 空冷器的最小温差应大于20℃；

⑤ 冷凝含有惰性气体的流体时，冷却剂出口温度至少比冷凝组分的露点低5℃。

(4) 流速

流速提高，流体湍流程度增加，可以提高传热效率，有利于冲刷污垢和沉积，但流速过大，磨损严重，甚至造成设备振动，影响操作和使用寿命，能量消耗亦将增加。因此，主张有一个恰当的流速。根据经验，一般主张流体流速范围如下。

流体在直管内常见流速：

冷却水（淡水）	0.7～3.5m/s
冷却用海水	0.7～2.5m/s
低黏度油类	0.8～1.8m/s
高黏度油类	0.5～1.5m/s
油类蒸气	5.0～15m/s
气液混合流体	2.0～6.0m/s

壳程内的常见适宜流速：

水及水溶液	0.5～1.5m/s
低黏度油类	0.4～1.0m/s
高黏度油类	0.3～0.8m/s
油类蒸气	3.0～6.0m/s
气液混合流体	0.5～3.0m/s

(5) 压力降

压力降一般考虑随操作压力不同而有一个大致的范围。压力降的影响因素较多，但通常希望换热器的压力降在下述参考范围之内或附近。

操作压力 p	压力降 Δp
真空（0～0.1MPa绝压）	$\Delta p = p/10$
0～0.07（MPa表压下同）	$\Delta p = p/2$
0.07～1.0	$\Delta p = 0.035$（MPa下同）
1.0～3.0	$\Delta p = 0.035～0.18$
3.0～8.0	$\Delta p = 0.07～0.25$

(6) 传热系数

传热面两侧的对流传热系数 α_1、α_2 如相差很大时，α 值较小的一侧将成为控制传热效果的主要因素，设计换热器时，应尽量增大 α 较小这一侧的对流传热系数，最好能使两侧的 α 值大体相等。计算传热面积时，常以 α 小的一侧为准。

增加 α 值的方法有：

① 缩小通道截面积，以增大流速；

② 增设挡板或促进产生湍流的插入物；

③ 管壁上加翅片，提高湍流程度也增大了传热面积；

④ 糙化传热表面，用沟槽或多孔表面，对于冷凝、沸腾等有相变化的传热过程来说，可获得大的膜系数。

(7) 污垢系数

换热器使用中会在壁面产生污垢，这是常见的事，在设计换热器时应予认真考虑。由于目前对污垢造成的热阻尚无可靠的公式，不能进行定量计算，在设计时要慎重考虑流速和壁温的影响。选用过大的安全系数，有时会适得其反，传热面积的安全系数过大，将会出现流速下降，自然的"去垢"作用减弱，污垢反会增加。有时在设计时，考虑到有污垢的最不利条件，但新开工时却无污垢，造成过热情况，有时更有利于真的结垢，所以不可不慎。应在设计时，从工艺上降低污垢系数，如改进水质，消除死区，增加流速，防止局部过热等。

(8) 标准设计和换热器的标准示例

尽量选用标准设计和换热器的标准系列。有时可以将标准系列的换热器少数部件作适当变动，避免使用特殊的机械规格。这样可以提高工程的工作效率，缩短施工周期，降低工程投资，对投产后维修、更换都有利。

4.6.3 管壳式换热器的设计及选用程序

(1) 汇总设计数据、分析设计任务

根据工艺衡算和工艺物料的要求、特性，掌握物料流量、温度、压力和介质的化学性质、物性参数等（可以从有关设计手册中查），还要掌握物料衡算和热量衡算得出的有关设备的负荷、流程中的位置、与流程中其他设备的关系等数据。根据换热设备的负荷和它在流程中的作用，明确设计任务。

(2) 设计换热流程

换热器的位置，在工艺流程设计中已得到确定，在具体设计换热时，应将换热的工艺流程仔细探讨，以利于充分利用热量，充分利用热源。

① 要设计换热流程时，应考虑到换热和发生蒸汽的关系，有时应采用余热锅炉，充分利用流程中的热量。

② 换热中把冷却和预热相结合，有的物料要预热，有的物料要冷却，将二者巧妙结合，可以节省热量。

③ 安排换热顺序，有些换热场所，可以采用二次换热，即不是将物料一次换热（冷却）而是先将热介质降低到一定的温度，再一次与另一介质换热，以充分利用热量。

④ 合理使用冷介质，化工厂常使用的冷介质一般是水、冷冻盐水和要求预热的冷物料，一般应尽量减少冷冻盐水的使用场合，或减少冷冻盐水的换热负荷。

⑤ 合理安排管程和壳程的介质，以利于传热、减少压力损失、节约材料、安全运行、方便维修为原则。具体情况具体分析，力求达到最佳选择。

(3) 选择换热器的材质

根据介质的腐蚀性能和其他有关性能，按照操作压力、温度，材料规格和制造价格，综合选择。除了碳钢（低合金钢）材料外，常见的有不锈钢，低温用钢（低于−20℃），有色金属如铜、铅。非金属作换热器具有很强的耐腐蚀性能，常见的耐腐蚀换热器材料有玻璃、搪瓷、聚四氟乙烯、陶瓷和石墨，其中应用最多的是石墨换热器，国家已有多种系列，近年来聚四氟乙烯换热器也得到重视。此外，一些稀有金属如钛、钽、锆等也被人们重视，虽然价格昂贵，但其性能特殊，如钽能耐除氢氟酸和发烟硫酸以外的一切酸和碱。钛的资源丰富，强度好，质轻，对海水、含氯水、湿氯气、金属氯化物等都有很高的耐蚀性能，是不锈钢无法比拟的，虽然价格高，但用材少，造价也未必昂贵。

(4) 选择换热器类型

根据热负荷和选用的换热器材料，选定某一种类型。

(5) 确定换热器中介质的流向

根据热载体的性质、换热任务和换热器的结构，决定采用并流、逆流、错流、折流等。

(6) 确定和计算平均温差 Δt_m

确定终端温差，根据化学工程有关公式，算出平均温差。

(7) 计算热负荷 Q、流体传热系数 α

可用粗略估计的方法，估算管内和管间流体的对流传热系数 α_1、α_2。

(8) 估计污垢热阻系数 R，并初算出总传热系数 K

这在有关书中已详细叙述，现在有各种工艺算图，将公式和经验汇集在一起，可以方便地求取 K。

在许多设计工作中，K 常常取有一些经验值，作为粗算或试算的依据，许多手册书籍中都罗列出各种条件下 K 的经验值，但经验值所列的数据范围较宽，作为试算，并与 K 值的计算公式结果参照比较。

(9) 算出总传热面积 A

总传热面积 A 表示 K 的基准传热面积，但实际选用的面积通常比计算结果要适当放大。

(10) 调整温度差，再次计算传热面积

在工艺的允许范围内，调整介质的进出口温度，或者考虑到生产的特殊情况，重新计算 Δt_m，并重新计算 A 值。

(11) 选用系列换热器的某一个型号

根据两次或三次改变温度算出的传热面积 A，并考虑有 $10\% \sim 25\%$ 的安全系数裕度，确定换热器的选用传热面积 A。根据国家标准系列换热器型号，选择符合工艺要求和车间布置（立或卧式，长度）的换热器，并确定设备的台件数。

(12) 验算换热器的压力降

一般利用工艺算图或由摩擦系数通过公式计算，如果核算的压力降不在工艺允许范围之内，应重选设备。

(13) 试算

如果不是选用系列换热器，则在计算出总传热面积时，按下列顺序反复试算。

① 根据上述程序计算传热面积 A 或者简化计算，取一个 K 的经验值，计算出热负荷 Q 和平均温差 Δt_m 之后，算出一个试算的传热面积 A'。

② 确定换热器基本尺寸和管长、管数。根据上一步试算出的传热面积 A'，确定换热管的规格和每根管的管长（有通用标准和手册可查），由 A' 算出管数。

根据需要的管子数目，确定排列方法，从而可以确定实际的管数，按照实际管数可以计算出有效传热面积和管程、壳程的流体流速。

③ 计算设备的管程、壳程流体的对流传热系数。

④ 确定污垢热阻系数，根据经验选取。

⑤ 计算该设备的传热系数。此时不再使用经验数据，而是用如下公式计算。

$$K = \cfrac{1}{\cfrac{1}{\alpha_1} + R_{t1} + \cfrac{\Delta X_w}{\lambda_w} \times \cfrac{A_1}{A_m} + R_{t2}\cfrac{A_1}{A_2} + \cfrac{A_1}{A_2 \alpha_2}}$$

式中　R_{t1}、R_{t2}——管外、管内污垢热阻；

　　　　　ΔX_w——管壁厚度；

　　　　　λ_w——管壁热导率；

　　A_1、A_2、A_m——管外、管内传热面积和平均传热面积，$A_m=(A_1+A_2)/2$。

⑥ 求实际所需传热面积。用计算出的 K 和热负荷 Q、平均温差 Δt_m 计算传热面积 $A_{计}$，并且在工艺设计允许范围内改变温度重新计算 Δt_m 和 $A_{计}$。

⑦ 核对传热面积。将初步确定的换热器的实际传热面积与 $A_{计}$ 相比，实际传热面积比计算值大 10%～25% 方为可靠，如若不然，则要重新确定换热器尺寸、管数，直到计算结果满意为止。

⑧ 确定换热器各部尺寸、验算压力降。如果压力降不符合工艺允许范围，亦应重新试确定，反复选择计算，直到完全合适时为止。

⑨ 画出换热器设备草图。工艺设计人员画出换热器设备草图，再由设备机械设计工程师完成换热器的详细部件设计。

在设计换热器时，应当尽量选用标准换热器形式。根据"管壳式换热器"（GB 151—1999）规定，标准换热器形式为：固定管板式、浮头式、U 形管式和填料函式。这些换热器的主要部件的分类及代号见图 4.3。

标准换热器型号的表示方法：

$$\times\times\times DN-\frac{p_t}{p_s}-A-\frac{LN}{d}-\frac{N_t}{N_s}\ \mathrm{I}\ (\text{或}\mathrm{II})$$

式中　$\times\times\times$——由三个字母组成，第一个字母代表前端管箱形式，第二个字母代表壳体形式，第三个字母代表后端结构形式，详见图 4.3；

　　　　DN——公称直径，mm，对于釜式重沸器用分数表示，分子为管箱内直径，分母为圆筒内直径；

　　　p_t/p_s——管/壳程设计压力，MPa，压力相等时，只写 p_t；

　　　　　A——公称换热面积，m^2；

　　　LN/d——LN 为公称长度，m；d 为换热管外径，mm；

　　　N_t/N_s——管/壳程数，单壳程时只写 N_t；

　　I（或II）——I 级换热器（或 II 级换热器）。

示例：

① 固定管板式换热器　封头管箱，公称直径 700mm，设计管程压力 2.5MPa，壳程压力 1.6MPa，公称换热面积 $200m^2$，较高级冷拔换热管外径 25mm，管长 9m，4 管程，单壳程的固定管板式换热器。其型号为：

$$\mathrm{BEM}\ 700-\frac{2.5}{1.6}-200-\frac{9}{25}-4\ \mathrm{I}$$

② 釜式再沸器　平盖管箱，管箱内直径 600mm，圆筒内直径 1200mm，管程设计压力 2.5MPa，壳程设计压力 1.0MPa，公称换热面积 $90m^2$，普通级冷拔换热管外径 25mm，管长 6m，2 管程的釜式再沸器。其型号为：

$$\mathrm{AKT}\ \frac{600}{1200}-\frac{2.5}{1.0}-90-\frac{6}{25}-2\ \mathrm{II}$$

③ 浮头式换热器　平盖管箱，公称直径 500mm，管程和壳程设计压力 1.6MPa，公称

换热面积为 $54m^2$，较高级冷拔换热管外径 25mm，管长 6m，4 管程，单壳程的浮头式换热器。其型号为：

$$AES\ 500-1.6-54-\frac{6}{25}-4\ \text{I}$$

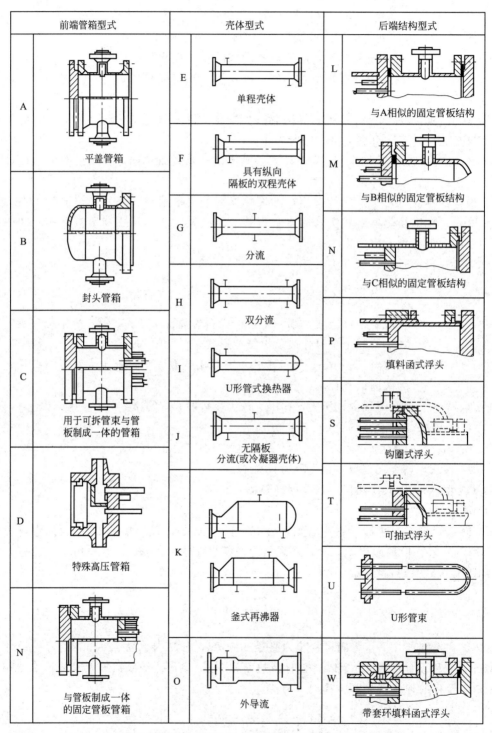

图 4.3 管壳式换热器主要组合部件分类及代号

4.6.4　换热器选型案例

案例　年产2万吨一氯甲烷生产装置中盐酸精馏塔再沸器的选型

（1）工艺任务

用水蒸气使塔底稀酸再沸。

（2）设计操作条件

压力 0.16MPa。

（3）进料

出塔底的盐酸流量 37804.4kg/h，其中氯化氢质量分数 21%，温度 120.27℃（考虑了压力对泡点的影响），压力 0.16MPa。

水蒸气流量 V_{LS}、温度 T_{LS}、压力 p_{LS}。

（4）出料

氯化氢水蒸气流量 3024.3kg/h，其中氯化氢质量分数 24.58%，温度 120.40℃，压力 0.16MPa。

氯化氢溶液流量 34780.0kg/h，其中氯化氢质量分数 20.69%，温度 120.40℃，压力 0.16MPa。

冷凝水流量 V_{LS}、温度 T_{LS}、压力 p_{LS}。

（5）再沸器热负荷

再沸器的热负荷：

$$Q_1 = 1567773.44 \text{kcal/h} = 6.5 \times 10^6 \text{kJ/h}$$

考虑到计算误差及再沸器实际操作时的热量损失，取 15% 的热负荷裕度，则设计热负荷为：

$$Q_2 = 1.15 \times 1567773.44 = 1802939.45 \text{kcal/h} = 7.5 \times 10^6 \text{kJ/h}$$

（6）选型

根据工艺条件，建议选用立式热虹吸型再沸器。

（7）加热蒸汽用量

本设计选择 145℃、0.42MPa（绝对压力）的饱和水蒸气作为加热介质以保证再沸器的操作温差基上处于临界温度差附近，即 $T_{LS} = 145℃$，$p_{LS} = 0.4\text{MPa}$。

饱和水蒸气用量：$V_{LS} = 3545.78\text{kg/h}$

（8）传热面积

据《石墨制化工设备设计》介绍，21% 盐酸再沸器的传热系数范围是 4180～12540kJ/(m²·h·℃)。考虑到本设计采用立式热虹吸型再沸器，汽化率不高。为了稳妥，再沸器总传热系数取 4180kJ/(m²·h·℃)。再沸器的传热面积为：

$$A_1 = 73.1\text{m}^2$$

考虑 20% 的传热面积裕度，再沸器的设计传热面积为：

$$A_2 = 73.1 \times 1.2 = 87.7\text{m}^2$$

选用再沸器型号：GH80-100，有效管长 5m，公称换热面积 100m² 的列管式石墨换热器。

4.7　贮罐容器的设计与选型

贮罐主要用于贮存化工生产中的原料、中间体或产品等，贮罐是化工生产中最常见的设备。

4.7.1　贮罐类型

贮罐容器的设计要根据所贮存物料的性质、使用目的、运输条件、现场安装条件、安全可靠程度和经济性等原则选用其材质和大体型式。

贮罐根据形状来划分，有方形贮罐、圆筒形贮罐、球形贮罐和特殊形贮罐（如椭圆形、半椭圆形）。每种型式又按封头形式不同分为若干种，常见的封头有平板、锥形、球形、碟形、椭圆形等，有些容器如气柜、浮顶式贮罐，其顶部（封头）是可以升降浮动的。

贮罐按制造的材质分为钢、有色金属和非金属材质。常见的有普通碳钢、低合金钢、不锈钢、搪瓷、陶瓷、铝合金、聚氯乙烯、聚乙烯和环氧玻璃钢、酚醛玻璃钢等。

贮罐按用途又可以分为贮存容器和计量、回流、中间周转、缓冲、混和等工艺容器。

4.7.2　贮罐系列

我国已有许多化工贮罐实现了系列化和标准化，可根据工艺要求，选用已经标准的产品。图 4.4 所示为化工常用的贮罐。

(1) 立式贮罐

① 平底平盖系列（HG 5-1572—85）；

② 平底锥顶系列（HG 5-1574—85）；

③ 90°无折边锥形底平盖系列（HG 5-1575—85）；

④ 立式球形封头系列（HG 5-1578—85）；

⑤ 90°折边锥形底、椭圆形盖系列（HG 5-1577—85）；

⑥ 立式椭圆形封头系列（HG 5-1579—85）。

以上系列适用于常压，贮存非易燃易爆、非剧毒的化工液体。技术参数为容积（m^3），公称直径（mm）×筒体高度（mm）。

(2) 卧式贮罐

① 卧式无折边球形封头系列，用于 $p \leqslant 0.07MPa$，贮存非易燃易爆、非剧毒的化工液体。

② 卧式有折边椭圆形封头系列（HG 5-1580—85），用于 $p = 0.25 \sim 4.0MPa$，贮存化工液体。

(3) 立式圆筒形固定顶贮罐系列（HG 21502.1—92）

适用于贮存石油、石油产品及化工产品。用于设计压力 $-0.5 \sim 2kPa$，设计温度 $-19 \sim 150℃$，公称容积 $100 \sim 30000m^3$，公称直径 $5200 \sim 44000mm$。

(4) 立式圆筒形内浮顶贮罐系列（HG 21502.2—92）

适用于贮存易挥发的石油、石油产品及化工产品。用于设计压力为常压，设计温度 $-19 \sim 80℃$，公称容积 $100 \sim 30000m^3$，公称直径 $4500 \sim 44000mm$。

(5) 球罐系列

适用于贮存石油化工气体、石油产品、化工原料、公用气体等。占地面积小，贮存容积大。设计压力 4MPa 以下，公称容积 $50\sim10000\text{m}^3$。结构类型有橘瓣型和混合型及三带至七带球罐。

(6) 低压湿式气柜系列（HG 21549—92）

适用于化工、石油化工气体的贮存、缓冲、稳压、混合等气柜的设计。设计压力 4000Pa 以下，公称容积 $50\sim10000\text{m}^3$。按导轨形式分为螺旋气柜、外导架直升式气柜、无外导架直升式气柜。按活动塔节数分为单塔节气柜、多塔节气柜。

图 4.4　常用贮罐

4.7.3　贮罐设计的一般程序

(1) 汇集工艺设计数据

经过物料和热量衡算，确定贮罐中将贮存物料的温度、压力，最大使用压力，最高使用温度，最低使用温度，介质的腐蚀性，毒性，蒸气压，介质进出量，贮罐的工艺方案等。

(2) 选择容器材料

从工艺要求来决定材料的适用与否，对于化工设计来说介质的腐蚀性是一个十分重要的参数。通常许多非金属贮罐，一般只作单纯的贮存容器在使用，而作为工艺容器时，有时温度压力等不允许，所以必要时，应选用搪瓷容器或由钢制压力容器衬胶、衬瓷、衬聚四氟乙烯等加以解决。

(3) 容器型式的选用

详细原则已如前述。此外，我国已有许多化工贮罐实现了系列化和标准化，在贮罐型式选用时，应尽量选择已经标准化的产品。

(4) 容积计算

容积计算是贮罐工艺设计和尺寸设计的核心，它随容器的用途而异。

1）原料和成品贮罐

这类贮罐的体积与需要贮存的物料关系十分明显。原料的贮存分全厂性的原料库房贮存和车间工段性的原料贮存。如化工厂外购的浓硫酸、液碱，每次运进的量较大，有专门的仓库贮存，贮罐总容量是考虑两次运进量再加 $10\%\sim20\%$ 的裕度。当然还要根据运输条件和消耗情况，一般主张至少有一个月的耗用量贮存。车间的贮罐一般考虑至少半个月的用量贮存，因为车间的成本核算常常是逐月进行的，一般贮量不主张超过一个月。

成品贮罐一般是指液体和固体。固体成品贮罐使用较少，常常都及时包装，只有中间性贮罐。液体产品贮罐一般设计至少能存储一周的产品产量，有时根据物料的出路，如厂内使用，视下工段（车间）的耗量，可以贮存一个月以上或贮存量可以达到下一工段使用的两个月的数量。如果是厂的终端产量，贮罐作为待包装贮罐，存量可以适当小一些，最多可以考虑半个月的产量，因为终端产品应及时包装进入成品库房，或成品大贮罐，安排放在罐区。液体贮罐装载系数通常可达80%，这样可以计量出原料产品的最大贮存量。

气柜常常作为中间贮存气体使用，一般可以设计得稍大些，可以达两天或略多时间的产量。因为气柜不宜多日持久贮存，当下一工段停止使用时，这一产气工序应考虑停车。

2）中间贮罐

当物料、产品、中间产品的主要贮罐距工艺设施较远，或者作为原料或中间体间歇或中断供应时调节之用，有些中间贮罐是待测试检验，以确定去向的贮罐，如多组分精馏过程中确定产品合格与否的中间性贮罐，有些贮罐是工艺流程中切换使用，或以备翻罐挪转用的中间罐等。

这一类贮罐有时称"昼夜罐"，即是考虑一昼夜的产量或发生量的贮存罐。具体情况亦不能一概而论，有时则不只一天甚至达一周的贮量。

3）计量罐、回流罐

计量罐的容积一般考虑少到10分钟、15分钟，多到2小时或4小时产量的储存。计量罐装载系数一般按照60%～70%，因为计量罐的刻度一般在罐的直筒部分，使用度常为满量程的80%～85%。

回流罐一般考虑5至10分钟左右的液体保有量，作冷凝器液封之用。

4）缓冲罐、汽化罐等

缓冲罐的目的是使气体有一定数量的积累，使之压力比较稳定，从而保证工艺流程中流量操作的稳定，因此往往体积较大，常常是下游使用设备5至10分钟的用量，有时可以超过15分钟的用量，以备在紧急时，有充裕的时间处理故障，调节流程或关停机器。

某些物料在恒定温度下，以汽液平衡的状态出现在贮罐中，而在工艺过程中使用其蒸气，则这类罐称为汽化罐（可加热，也可不加热），其物料汽化空间常常是贮罐总容积的一半。汽化空间的容量大小常常根据物料汽化速度来估计，一般要求汽化空间足够下游设备3分钟以上的使用量，至少在2分钟左右，一般汽化都能实现。

5）混合、拼料罐

化工产品有一些是要随间歇生产而略有波动变化的，如某些物料的固含量、黏度、pH值、色度或分子量等可能在某个范围内波动，为使产物质量划一，或减少出厂检验的批号分歧，在产品包装前将若干批加以拼混，俗称"混批"，混批罐的大小，根据工艺条件而定，考虑若干批的产量，装载系数约70%（用气体鼓泡或搅拌混合）。

6）包装罐等

包装罐一般可视同于中间贮罐，原则上是昼夜罐，对于需要及时包装的贮罐，定期清洗的贮罐，容积可考虑偏小。

总之，贮罐的容积要根据物料的工艺条件和工艺要求，贮存条件等决定其有效容积。有效容积占贮罐的总体积数为装载系数，不同场合下，考虑装载系数不一样，一般在60%～80%左右，某些场合（如汽化空间）可低至50%或更少，有时可以高至85%，固体包装罐或在固体贮罐中装有充压、吹扫等装置的，其装载系数应偏低。如此，可以确定出容器的设计体积。

(5) 确定贮罐基本尺寸

根据前几项的设计原则，我们已经选择了贮罐材料，确定了基本型式（即卧式、立式、封头型式等），并计算了设计容积，现在则应根据物料重度，卧式或立式的基本要求，安装场地的大小，确定贮罐的大体直径。贮罐直径的大小，要根据国家规定的设备的零部件即筒体与封头的规范，确定一个尺寸，据此计算贮罐的长度，核实长径比，如长径比太大（即偏长），太小（即偏圆），应重新调整，直到大体满意，外形美观实用，贮罐大小与其他设备般配，整体美观，并与工作场所的尺寸相适应。

（6）选择标准型号

关于各类容器国家有通用设计图系列，根据计算初步确定的直径和长度、容积，在有关手册中查出与之符合或基本相符的规格。有的手册中还注明通用设计图的供货供图单位，可以向有关单位购买复印标准图，这样既省时间，又可以充分保证设计质量。即使从标准系列中找不到符合的规格，亦可根据相近的结构规格在尺寸上重新设计。

（7）开口和支座

容器的管口和方位，如果选用标准图系列则其管口及方位都是固定的，工艺设计人员在选择标准图纸之后，要设计并核对设备的管口，考虑管口的用途及其大小尺寸，管口的方位和相对位置的高低，通常在设备上考虑进料、出料、温度、压力（真空）、放空、液面计、排液、放净以及人孔、手孔、吊装等，并留有一定数目的备用孔，当然不主张贮罐上开口太多。如标准图纸的开孔及管口方位不符合工艺要求而又必须重新设计时，可以利用标准系列型号在订货时加以说明并附有管口方位图。

容器的支承方式和支承座的方位在标准图系列上也是固定的，如位置和形式有变更要求，则在利用标准图订货时加以说明，并附有草图。

（8）绘制设备草图（条件图），标注尺寸，提出设计条件和订货要求

贮罐容器的工艺设计成果是选用标准图系列的有关复印图纸，作为订货的要求，应在标准图的基础上，提出管口方位、支座等的局部修改和要求，并附有图纸。

如标准图不能满足工艺要求，应重新设计，由工艺设计人员绘制设备草图。所谓草图，并不是徒手潦草绘制的意思，而应该绘制设备容器的外形轮廓，标注一切有关尺寸，包括容器接管口的规格，并填写"设计条件表"，再由设备专业的工程师设计可供加工用的、正式的非标准设备蓝图。

4.7.4 贮罐选型案例

> ### 🔵 案例1 年产2万吨一氯甲烷生产装置中原料盐酸（30%）贮罐的选型
>
> 盐酸对大多数金属有腐蚀，选用非金属罐比较适用。根据年产2万吨一氯甲烷生产装置的物料衡算数据，原料盐酸（30%）消耗量为19.5t/h，每天需要468t。折合体积为：$468/1.1083 = 422.2m^3$。盐酸所需贮罐体积庞大且为常压，从罐的材质强度上考虑，选用塑料不如选用玻璃钢更安全，外形上选用占地少的平底锥顶立式贮罐非常合适。考虑到盐酸可来自当地，供应有保证，贮量按2天用量计算，本案例需选用10台100 m^3 的平底锥顶立式玻璃钢贮罐作为盐酸原料罐。

> ### 🔵 案例2 年产2万吨一氯甲烷生产装置中原料甲醇贮罐的选型。
>
> 根据年产2万吨一氯甲烷生产装置的物料衡算数据，原料甲醇（99%）消耗量约为1.8t/h，每天需要43.2t，折合体积为：$43.2/0.7918 = 54.6m^3$。因甲醇对大多数金属没有腐蚀，选用价廉的碳钢罐比较合适。本案例的甲醇贮罐选用占地少的平底锥顶立式贮罐非常适宜。考虑甲醇来自当地，供应有保证，贮量按2天用量计算，本案例需选用3台50m^3的平底锥顶立式碳钢贮罐作为甲醇原料罐。

4.8 塔设备的设计与选型

塔器是气-液、液-液间进行传热、传质分离的主要设备,在化工、制药和轻工业中,应用十分广泛,塔器甚至成为化工装置的一种标志。在气体吸收、液体精馏(蒸馏)、萃取、吸附、增湿、离子交换等过程都离不开塔器,对于某些工艺来说,塔器甚至就是关键设备。

4.8.1 塔的分类

随着时代的发展,出现了各种各样型式的塔,而且还不断有新的塔型出现。虽然塔型众多,但根据塔内部结构,通常将塔大体分为板式塔和填料塔两大类。

(1) 板式塔

板式塔是在塔内装有多层塔板(盘),传热传质过程基本上是在每层塔板上进行,塔板的形状、塔板结构或塔板上气液两相的表现,就成了命名这些塔的依据,如筛板塔、栅板塔、舌形板塔、斜孔板塔、波纹板塔、泡罩塔、浮阀塔、喷射板塔、穿流板塔、浮动喷射板塔等。下面简单介绍一下几种常用的板式塔性能。

浮阀塔一般生产能力大,弹性大,分离效率高,雾沫夹带少,液面梯度较小,结构较简单。目前很多专家正力图对此改进提高,不断有新的浮阀类型出现。

泡罩塔是工业上使用最早的一种板式塔,气-液接触有充分的保证,操作弹性大,但其分离效率不高,金属耗量大且加工较复杂,应用逐渐减少。

筛板塔是一种有降液管、板形结构最简单的板式塔,孔径一般为 4~8mm,制造方便,处理量较大,清洗、更换、维修均较容易,但操作范围较小,适用于清洁的物料,以免堵塞。

波纹穿流板塔是一种新型板式塔,气-液两相在板上穿流通过,没有降液管,加工简便,生产能力大,雾沫夹带小,压降小,除污容易且不易堵塞,在除尘、中和、洗涤等方面应用更为广泛。

(2) 填料塔

填料塔是一个圆筒塔体,塔内装载一层或多层填料,气相由下而上、液相由上而下接触,传热和传质主要在填料表面上进行,因此,填料的选择是填料塔的关键。

填料的种类很多,许多研究者还在不断地试图改进填料,填料塔的命名也以填料名称为依据,如金属鲍尔环填料塔、波网填料塔。常用的填料有拉西环、鲍尔环、矩鞍形填料、阶梯形填料、波纹填料、波网(丝网)填料、螺旋环填料、十字环填料等。

有些特殊操作型的塔,如乳化塔、湍球塔等,因为塔内实际上是一些填料,所以一般也属于填料塔范围。

填料塔制造方便,结构简单,便于采用耐腐蚀材料,特别适用于塔径较小的情况,使用金属材料省,一次投料较少,塔高相对较低。20 世纪 70 年代之前,有人主张使用板式塔,逐渐淘汰填料塔,后来,新型填料不断涌现,操作方法也有所改进,填料塔仍然取得很好的经济效益,在精馏和吸收过程中,仍占有不可取代的地位,特别是小型塔和介质具有腐蚀性等情况,其优势更为明显。

板式塔和填料塔各有其优点和适用性,现将二者比较对照,见表 4.2。

表 4.2　板式塔与填料塔对比

序号	填 料 塔	板 式 塔
1	ϕ800mm 以下,造价一般比板式塔低,直径大则价高	ϕ600mm 以下时,安装较困难
2	用小填料时,小塔的效率高,塔较低;直径增大,效率下降,所需填料高度急增	效率较稳定,大塔板效率比小塔板有所提高
3	空塔速度(生产能力)低	空塔速度高
4	大塔检修费用大,劳动量大	检修清理比填料塔容易
5	压降小,对阻力要求小的场合较适用(例如,真空操作)	压降比填料塔大
6	对液相喷淋量有一定要求	气液比的适应范围大
7	内部结构简单,便于非金属材料制作,可用于腐蚀较严重场合	多数不便于非金属材料制作
8	持液量小	持液量大

4.8.2　塔型选择基本原则

在设计中选择塔型,必须综合考虑各种因素,并遵循以下基本原则。

① 要满足工艺要求,分离效率高。工艺上要分离的液体有很多特殊要求,如沸点低、形成共沸物、挥发度接近、有腐蚀性、有污垢物等。所以塔型要慎加选择。

② 生产能力要大,有足够的操作弹性。随着化工装置大型化,塔的生产能力要求尽量地大,而根据化工生产的经验,工艺流程中"瓶颈"工段往往是精馏,很多精馏塔设计中考虑诸如造价、结构或压降、分离效率等因素较多,而常常未将塔的操作弹性放在重要位置,从而造成投产后塔设备不大适应工艺条件和生产能力的较大波动。

③ 运转可靠性高,操作、维修方便,少出故障,就是说,不希望塔过于"娇气"。

④ 结构简单,加工方便,造价较低。经验证明,结构繁琐复杂的塔未必是理想的塔器,现在许多高效塔都趋于简化。

⑤ 塔压降小。对于较高的塔来说,压降小的意义更为明显。

通常选择塔型未必能满足所有的原则,应抓住主要矛盾,最大限度满足工艺要求。现将常用的塔板性能指标列于表 4.3 中,以便比较选择。表中提供的数据,仅供参考,因为对于某一种塔板来说,还有研究人员在不断研究开发和改进,不可一概而论。

表 4.3　各类塔板性能比较表

指　　标		溢　流　式								穿流式		
	F形浮阀	十字架形浮阀	条形浮阀	筛板①	舌形板	浮动喷射塔板	圆形泡罩	条形泡罩	S形泡罩	栅板	筛孔板	波纹板
液体和气体负荷 {高	4	4	4	4	4	4	2	1	3	4	4	4
{低	5	5	5	2	3	3	3	3	3	2	3	3
弹性(稳定操作范围)	5	5	5	3	3	4	4	3	4	1	1	2
压力降	2	3	3	3	2	3	0	0	0	2	3	3
雾沫夹带量	3	3	4	3	4	3	1	1	2	4	4	4
分离效率	5	5	4	4	3	4	3	3	4	4	4	4
单位设备体积的处理量	4	4	4	4	4	4	2	1	3	4	4	4
制造费用	3	3	4	4	4	3	2	1	3	5	5	3
材料消耗	4	4	4	4	5	4	2	2	3	5	5	4
安装和拆修	4	3	4	4	4	3	1	1	3	5	5	3
维修	3	3	3	3	3	3	2	1	3	5	5	4
污垢物料对操作的影响	2	3	2	1	2	3	1	0	0	4	4	4

① 所给筛板塔指标与一些研究结果有出入。

注:0—不好;1—尚可;2—合适;3—较满意;4—很好;5—最好。

4.8.3 塔选型案例

案例　年产2万吨一氯甲烷生产装置中盐酸精馏塔的选型

（1）工艺任务

精馏质量分数30%的浓盐酸，塔顶得高浓氯化氢气体，塔底得恒沸盐酸。

（2）设计操作条件

压力0.16MPa。

（3）进料

浓盐酸，温度81.0℃，压力0.16MPa，流量20710.2kg/h，质量分率：氯化氢0.30，水0.70。

再沸蒸汽，温度108.4℃，压力0.16MPa，流量3024.3kg/h，质量分率：氯化氢0.246，水0.754。

再沸液体，温度108.4℃，压力0.16MPa，流量34780.0kg/h，质量分率：氯化氢0.207，水0.793。

（4）出料

塔顶蒸汽，温度91.8℃，压力0.16MPa，流量311.9kg/h，质量分率：氯化氢0.829，水0.171。

塔底液体，温度108.3℃，压力0.16MPa，流量55502.7kg/h，质量分率：氯化氢0.210，水0.790。

（5）理论板数

在 $HCl\text{-}H_2O$ 二元物系的焓-浓图上作出精馏所需的理论板数。盐酸精馏塔理论板数为8块，此值随原料酸的进料温度而变。

（6）填料型号

选择耐高温、耐强酸腐蚀的470型轻质陶瓷波纹板规整填料。此填料壁厚1.2mm，比表面积470m²/m³，空隙率71.5%，密度711kg/m³。

（7）动能因子 F

气体动能因子计算式：

$$F = u\sqrt{\rho}$$

470型陶瓷波纹板填料的工作负荷范围：$F=1.2\sim1.8$（m/s）/（kg/m³）。设计动能因子取：$F=1.6$(m/s)/(kg/m³)。

（8）塔径和空塔气速 u

塔径计算式：

$$d = \sqrt{\frac{4V}{3600\pi\rho u}}$$

式中，V 对应精馏塔最大气体体积流量处的气体质量流量，kg/h；ρ 为气体密度，kg/m³；d 为塔径，m。

精馏塔塔底的气体体积流量最大。根据前面的物料衡算计算出 $F=3024.35$t/h，$\rho=1.038$kg/m³。代入式中算出塔径：$d=0.81$m。

塔径圆整后，取 $d=0.85$m，空塔气速计算式为：

$$u = \frac{4V}{3600\pi\rho d^2}$$

精馏塔实际空塔气速 $u=1.43\mathrm{m/s}$。

（9）填料层高度

470型陶瓷波纹板填料具有较高的分离效率。对于有机物系，实验验证每米填料的理论板数高达5～6块。对于含水量高的水溶液，它与填料之间的润湿性能明显下降，导致分离效率降低。

本设计的精馏物系属含水量高的水溶液。精馏塔塔顶浓酸的进料温度低于泡点温度，需要一定高度的填料层作为预热段。由于精馏塔进液、进气结构对流体分布性能的限制，也需要一定高度的填料层作为初始分布段。考虑上述这些因素，精馏塔填料层高度取5m。填料层考虑分成两段。

（10）填料层压力降

由于470型陶瓷波纹板填料的板壁较厚，填料空隙率较低，填料压降较大，按每米填料压降1000Pa计算，精馏塔填料层压降约5000Pa，即0.005MPa。

（11）塔主体高度

1）顶部空间高度

塔的顶部空间高度是指塔顶封头切线至填料顶层的距离。为了减少塔顶出口气体中夹带的液体量，此空间高度一般取1.2～1.5m。由于离塔气体要经过二级冷凝，所以雾沫夹带对氯化氢产品的纯度影响不大，再考虑到本设计填料塔的造价较高，应尽可能降低塔高。选取顶部空间高度 $H=1.0\mathrm{m}$。

顶部空间高度 H 的分配原则：尽量加大塔顶进料管离塔顶封头的距离，有利于气、液分离；尽量缩短分布器底面离填料层顶部的距离，有利于减少雾沫夹带。

选取：进料管离塔顶封头距离0.6m，进料管离填料层顶部距离0.4m。要求：液体分布器的安装高度（分布器底面到填料层顶部的距离）0.15m。

2）底部空间高度

塔的底部空间高度是指填料层底部离塔底封头切线的距离。此高度尚无统一的选取标准，底部空间高度主要由塔底储液高度决定。塔底储液高度根据液体的停留时间确定。对于釜液流量大的塔，釜液的停留时间一般取3～5min。最低取釜液停留时间 $t=3\times60=180\mathrm{s}$。

$$H_1=L\mathrm{w}t_1\bigg/\left(\frac{\pi}{4}D_T^2\right)=4.653\times10^{-3}\times180\bigg/\left(\frac{3.1416}{4}\times0.85^2\right)=1.48\mathrm{m}$$

为保证立式热虹吸再沸器的稳定操作，底部空间不宜取得太小，取2m。

底部空间高度 H 的分配原则：进气管离填料底层的距离应满足塔底液位、进气管尺寸和填料支承板尺寸的要求，同时还应考虑气、液分离的需要。因为离开再沸器的蒸汽中不可避免地夹带有一部分液体。此距离不宜太小，也不必过大。出料管（装配在塔节上，避免陶瓷填料碎片阻塞管口，可省去安装复杂的防碎填料挡板）宜靠近塔底封头切线。选取：进气管离填料底层距离350mm，出料管离塔底封头切线150mm。

由上述两项高度加上填料层高度得到塔顶封头切线至塔底封头间的高度为：

$$H_Z=H_P+H_S+H_S=5.0+1.0+2.0=8.0\mathrm{m}$$

4.9 反应器的设计与选型

化学反应器是将反应物通过化学反应转化为产物的装置，是化工生产及相关工业生产的关键设备。由于化学反应种类繁多、机理各异，因此，为了适应不同反应的需要，化学反应器的类型和结构也必然差异很大。反应器的性能优良与否，不仅直接影响化学反应本身，而且影响原料的预处理和产物的分离，因而，反应器设计过程中需要考虑的工艺和工程因素应该是多方面的。

反应器设计的主要任务首先是选择反应器的型式和操作方法，然后根据反应和物料的特点，计算所需的加料速度、操作条件（温度、压力、组成等）及反应器体积，并以此确定反应器主要构件的尺寸，同时还应考虑经济的合理性和环境保护等方面的要求。

4.9.1 反应器分类与选型

由于化学反器过程复杂，从早期到近年来都有许多经典或新型的反应器用于反应过程，有的反应器是定型化的，有的尚未定型化，有的反应器随着反应条件、体系和介质的不同而千差万别，尽管它们也许属于同一类型。因而化学反应器的类型很多，分类的方式也很多，尚没有一个妥善的分类方法把各类反应器包罗得那么透彻。下面是几种常用的反应器的分类方法。

① 按操作是否连续划分

$$
\left\{
\begin{array}{l}
\text{非稳定定操作}\left\{
\begin{array}{l}
\text{间歇式反应器}\\
\text{半间歇式反应器}
\end{array}
\right.\\
\text{稳定操作——连续反应器}
\end{array}
\right.
$$

② 按反应器形状划分

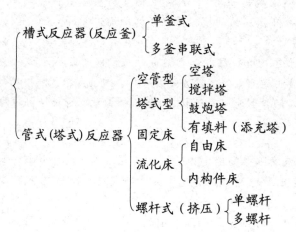

③ 按反应物相态划分

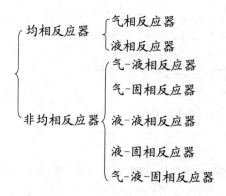

④ 按热处理方法划分

$$
\left\{
\begin{array}{l}
\text{等温反应器} \\
\text{非等温反应器}
\end{array}
\right.
$$

反应器的分类主要按反应器的形状来划分。目前大多数反应器在工程设计上已经成熟，有不少反应器已经定型化、系列化和标准化，已供设计选用。

反应器的设计研究涉及化学反应热力学、动力学、化工传递、工程控制、机械工程、反应工程和经济研究等多学科综合应用的技术科学。学科还很年轻，新型反应器还可能出现，因此工艺设计人员在反应器的选型和设计上，既有困难又有希望和机遇，既觉得无章可循又有起码的原则，既要依靠经验和实践又可能采用数学方法和电子计算机，使之充分体现其科学性。现将常见的几种反应器略述如下。

(1) 釜式反应器（反应釜）

这种反应器通用性很大，造价不高，用途最广。它可以连续操作，也可以间歇操作，连续操作时，还可以多个釜串联反应，停留时间可以有效地控制。国家已有 K 型和 F 型两类反应釜列成标准。K 型是有上盖的釜，形状上偏于"矮胖型"（长径比较小）。F 型没有上盖，形状则偏于"瘦长型"（长径比较大），材质有碳钢、不锈钢、搪玻璃等几种。高压反应器、真空反应器、常减压反应器、低压常压反应器都已系列化生产，供货充足，选型方便。有些化工机械厂家接受修改图纸进行加工，化工设计人员可以提出个别的特殊要求，在系列反应釜的基础上，加以改进。

系列反应釜的传热面积和搅拌形式基本上都是既定的，在选型设计时，如不能选用系列化产品应当提出设备设计条件，依修改型进行加工。

釜式反应器比较灵活通用，在间歇操作时，只要设计好搅拌，可以使釜温均一，浓度均匀，反应时间可以长、可以短，可以常压、加压、减压操作，范围较大，而且反应结束后，出料容易，釜的清洗方便，其机械设计亦十分成熟。

釜式反应器可用于串联操作，使物料从一端流入，另一端出料，形成连续流动。多釜串联时，可以认为形成活塞流，反应物浓度和反应速度恒定，反应还可以分段进行控制。

(2) 管式反应器

近年来此种反应器在化工生产中使用越来越多，而且越来越趋向大型化和连续化。它的特点是传热面积大，传热系数较高，反应可以连续化，流体流动快，物料停留时间短，经过一定的控制手段，可以使管式反应器有一定的温度梯度和浓度梯度。根据不同的化学反应，可以有直径和长度千差万别的型式。此外，由于管式反应器直径较小（相对于反应釜）因而能耐高温、高压。由于管式反应器结构简单，产品稳定，它的应用范围越来越广。

管式反应器可以用于连续生产，也可以用于间歇操作，反应物不返混，管长和和管径是反应器的主要指标，反应时间是管长的函数，管径决定于物料的流量，反应物浓度在管长轴线上，浓度呈梯度分布，但不随时间变化，不像单釜间歇操作时那样。

(3) 固定床反应器

此种反应器主要应用于气-固相反应，其结构简单，操作稳定，便于控制，易于实现连续化。床型可以是多种多样，易于大型化，可以根据流体流动的特点，设计和规划床的内部结构和内构件排布，是近代化学工业使用得较早又较普遍的反应器。它可以设计较大的传热面积，可以有较高的气体流速，传热和传质系数可以较高。加热的方式比较灵活，可以有较高的反应温度。

但是，固定床反应器床层的温度分布不容易均匀，由于固相粒子不动，床层导热性不太好，因此对于放热量较大的反应，应在设计时增大传热面积，及时移走反应热，但相应地减小了有效空间，这是这类床型的缺点，尽管后起的流化床在传热上有很多优点，远优于固定床，但由于固定床结构简单，操作方便，停留时间较长且易于控制，加上化工工程的习惯，因此固定床仍不能被完全被流化床所取代。

（4）流化床反应器

流化床的特点是细的或粗的粒子在床内不是静止不动，而是在高速流体的作用下，床内固体粒子被扰动悬浮起来，剧烈运动，固体的运动形态，接近于可以流动的流体，故称流化床，由于物料在床内如沸腾的液体（被很多气泡悬浮），因此又称沸腾床。使固体流态化的介质，当然也可以是液体，所以流化床越来越被化工工程师重视，适用于气-固和液-固相反应。

流化床反应器的最大优点是传热面积大，传热系数高，传热效果好。流态化较好的流化床，其床内各点温度相差不会超过5℃，可以防止局部过热，流化床的进料、出料、排废渣都可以用气流流化的方式进行，易于实现连续化，亦易于实现自动化生产和控制，生产能力较大，在气-气相反应物（固相催化）、气-固相反应物、气-液相反应物（固相催化）、液-液相反应物（固相催化）以及液-固相反应物体系中越来越普遍地被应用。

由于流化床体系内物料返混严重，粒子磨损严重，通常要有粒子回收和集尘的装置，另外存在床型和构件比较复杂、操作技术要求高以及造价较高等问题，在选用时要充分注意到。

介于流化床和固定床之间的还有搅拌床（气-固反应）、移动床、喷动床、转炉、回转窑炉（离心力场反应器）等。

还有许多新型的和改进的反应器型式，在这里不再一一列举，请查阅有关书籍。

化工生产的复杂和多样使反应器的选择问题常常困扰着工艺设计人员，通常是根据经验选用某些反应器，而要对反应器进行改进或突破当前的一些习惯，选用或设计一种新的反应器，有时并不那么容易，必须通过大量的小试和中试，甚至于到半工业化规模上进行较长时期的考察、性能测试、操作比较等，才能有所突破。

反应器的选择经验一般是：液-液相反应或气-液反应一般选用反应釜，尽量选用标准系列的反应器，搅拌形式根据工艺操作需要进行选型设计，以达到充分接触；某些液-固相反应或气-液-固反应也常常选用反应釜；许多工艺条件并不苛刻的反应器，绝大多数是选用反应釜，万不得已，也有不采用系列标准的，则要另行设计。反应釜的使用，有时超出了"反应"过程这个概念，如在化工生产中，某些溶解、水解、浓缩、结晶、萃取、洗涤、混合混料过程，也选用系列标准反应釜，主要是因为它带搅拌，可以加热和冷却，而且是系列化生产的不需要设计，可以直接购买。对于气相反应，也可以选用加压的反应釜或管式反应器。对于生产规模不是很大的情况下，有时就用釜式反应器，对于气相反应规模较大，而反应的热效应（吸热或放热）又很大的情况，常采用管式反应器。对于气-固相反应经常采用的是固定床、带有搅拌形式的塔床、回转床和流化床，根据反应的动力学和热效应，一般在物料放热比较大，或停留时间短、不怕返混的情况下，主张使用流化床。许多原先生产中使用固定床的可以使用流化床，不过要调整一下工艺参数，流化床生产能力大，易于进料出料，易于自动控制，在设计选型时，能够用流化床的应尽量采用先进技术，不要保守，但要经过论证和生产（中试）检验。

4.9.2 反应器的设计要点

设计反应器时，首先应对反应作全面的较深刻的了解，比如反应的动力学方程或反应的动力学因素、温度、浓度、停留时间和粒度、纯度、压力等因素对反应的影响，催化剂的寿命、失活周期和催化剂失活的原因，催化剂的耐磨性以及回收再生的方案，原料中杂质的影响，副反应产生的条件，副反应的种类，反应特点、反应或产物有无爆炸危险、爆炸极限如何，反应物和产物的物性，反应热效应，反应器传热面积和对反应温度的分布要求，多相反应时各相的分散特征，气-固相反应时粒子的回床和回收，以及开停车的装置、操作控制方法等，尽可能掌握和熟悉反应的特性，方使我们考虑问题时能够瞻前顾后，不至于顾此失彼。

在反应器设计时，除了通常说的要符合"合理、先进、安全、经济"的原则，在落实到具体问题时，要考虑下列设计要点。

(1) 保证物料转化率和反应时间

这是反应器工艺设计的关键条件，物料反应的转化率有动力学因素，也有控制因素，一般在工艺物料衡算时，已研究确定。设计者常常根据反应特点、生产实践和中试及工厂数据，确定一个转化率的经验值，而反应的充分和必要时间也是由研究和经验所确定的。设计人员根据物料的转化率和必要的反应时间，可以在选择反应器型式时，作为重要依据，选型以后，并依据这些数据计算反应器的有效容积和确定长径比例及其他基本尺寸，决定设备的台件数。

(2) 满足物料和反应的热传递要求

化学反应往往都有热效应，有些反应要及时移出反应热，有些反应要保证加热的量，因此在设计反应器时，一个重要的问题是要保证有足够的传热面积，并有一套能适应所设计传热方式的有关装置，此外，在设计反应器时还要有温度测定控制的一套系统。

(3) 设计适当的搅拌器和类似作用的机构

物料在反应器内接触，应当满足工艺规定的要求，使物料在湍流的状态下，有利于传热、传质过程的实现。对于釜式反应器来说，往往依靠搅拌器来实现物料流动和接触的要求，对于管式反应器来说，往往有外加动力调节物料的流量和流速。搅拌器的型式很多，在设计反应釜时，当作为一个重要的环节来对待。

(4) 注意材质选用和机械加工要求

反应釜的材质选用通常都是根据工艺介质的反应和化学性能要求，如反应物料和产物有腐蚀性，或在反应产物中防止铁离子渗入，或要求无锈、十分洁净，或要考虑反应器在清洗时可能碰到腐蚀性介质等。此外，选择材质与反应器的反应温度有关联，与反应粒子的摩擦程度、磨损消耗等因素有关。不锈钢、耐热锅炉钢、低合金钢和一些特种钢是常用的制造反应器的材料。为了防腐和洁净，可选用搪玻璃衬里等材料，有时为了适应反应的金属催化剂，可以选用含这种物质（金属、过渡金属）的材料作反应器，可收到一举两得之功。例如 $F_{22}[CH(Cl)F_2]$ 裂解以 Ni 作催化剂，可以设计一种镍管裂解反应器。材料的选择与反应器加热方法有一定关系，如有些材料不适用于烟道气加热，有些材料不适合于电感应加热，某些材料不宜经受冷热冲击等，都要仔细认真地加以考虑。

4.9.3 釜式反应器的结构和设计

(1) 釜式反应器结构

典型釜式反应器结构如图 4.5 所示，其主要由以下部件组成。

① 釜体及封头　提供足够的反应体积以保证反应物达到规定转化率所需的时间，并且要有足够的强度、刚度和稳定性及耐腐蚀能力以保证运行可靠。

② 换热装置　有效地输入或移出热量，以保证反应过程在适宜的温度下进行。

③ 搅拌器　使各种反应物、催化剂等均匀混合，充分接触，强化釜内传热与传质。

④ 轴密封装置　用来防止釜体与搅拌轴之间的泄漏。

⑤ 工艺接管　为满足工艺要求，设备上开有各种加料口、出料口、视镜、人孔及测温孔等，其大小和安装位置均由工艺条件定。

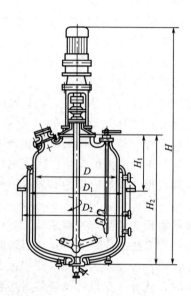

图 4.5　反应釜结构

(2) 釜式反应器的选型设计步骤

1) 确定反应釜操作方式

根据工艺流程的特点，确定反应釜是连续操作还是间歇操作。

2) 汇总设计基础数据

工艺计算依据，如生产能力、反应时间、温度、装料系数、物料膨胀比例、投料比、转化率、投料变化情况以及物料和反应产物的物性数据等。

3) 计算反应釜体积

① 对于连续反应釜来说，根据工艺设计规定的生产能力，确定全年的工作时数，就能很方便地算出每小时反应釜需要处理（或生产）的物料量（V_h），如果已经确定了设备的台数，根据物料的平均停留时间（τ）就可以算出每台釜处理物料的体积，其计算公式如下。

$$V_p = \frac{V_h \tau}{m_p}$$

式中　V_p——每台釜的物料体积；

　　　V_h——每小时要求处理的物料体积；

　　　τ——平均反应停留时间；

　　　m_p——实际生产反应中操作的台数。

在选用反应釜时，一般把选用的台数与实际操作的台数之间，用一个"设备备用系数" n 关联：

$$m = m_p n$$

式中 m——设计选用反应釜台数；

n——设备备用系数，通常 $1.05 \sim 1.3$，实际操作的釜数越多，备用系数可以偏小，反之，则应偏大。

由物料体积 V_p 计算釜的体积 V_a，要由装载系数 φ 加以关联：

$$V_a = \frac{V_p}{\varphi}$$

式中 φ——物料装载系数（装料系数），在液相反应时，通常取 $\varphi = 0.75 \sim 0.8$，对于有气相参与的反应或易起泡的反应，$\varphi = 0.4 \sim 0.5$，此值亦不能视为教条，应视具体情况而定。

② 间歇反应。间歇反应釜的投料量根据物料衡算计算得到，从工艺设计要求的年产量决定日投料量 (V_o)，再从每釜反应所用的时间（包括辅助时间等）$\tau_{釜}$ 算出 24h 内釜反应的周期数 (α)，公式如下：

$$\alpha = \frac{24}{\tau_{釜}}$$

每釜处理的物料体积 V_p

$$V_p = \frac{V_o}{\alpha m_p}$$

式中 α——每昼夜反应釜周期数；

V_o——日夜（24h）投料体积。

每釜实际体积 V_a

$$V_a = \frac{V_p}{\varphi}$$

式中 φ——装料系数，对于间歇釜的装料系数，可以比连续釜再适当放宽一些，取上限或略大。

4）确定反应釜体积和台数

根据上述计算的反应釜"实际体积"和反应釜台（件）数 $m(m = m_p n)$ 都只是理论计算值，还应根据理论数值加以圆整化。

对于选用系列产品的反应釜来说，即根据系列规定的反应釜体积系列（如 500L、1000L、1500L 等）加以圆整选用，连同设备台数 m，一并确定。例如计算出：$V_a = 1.25 \text{m}^3$，$m = 3.45$，则可以选用 1.5m^3（1500L）反应釜 3 台，或 1000L 反应釜 5 台，2000L 反应釜 3 台，5000L 反应釜 1 台等。反应釜的选用还要根据工艺条件和反应热效应、搅拌性能等，综合确定。一般说，反应釜体积越小，相对传热面积越大，搅拌效果越好，但停留时间未必符合要求，物料返混严重等，主要的有待于传热核算。

如作为非标设备设计反应釜，则还要决定长径比以后再校算，但可以初步确定为一个尺寸，即将直径确定到一个国家规定的容器系列尺寸中。

5）反应釜直径和筒体高度、封头确定

设反应釜直径为 D，筒高为 H，则长径比 γ 为

$$\gamma = \frac{H}{D}$$

对于反应釜设计来说，不但要确定釜的容积还要确定釜的长径比 γ，一般取 $\gamma = 1 \sim 3$，

根据工艺条件和工艺经验，不同反应有各自特点的长径比。

γ 接近于 1，釜型属于矮胖型，通常的系列 K 型反应釜取这个值，这种反应釜单位体积内消耗的钢材最少，液体比表面大，适用于间歇反应。

γ 增大，釜向瘦长型趋近。当 $\gamma = 3$ 时，就是常见的半塔式反应釜（生物化学工程中常采用此类）。此类釜单位体积（釜容）内传热面积增大，γ 越大，传热比面积越大，可以减少返混，对于有气体参加的反应较为有利，停留时间较长，但加工困难，材料耗费较高，此外，搅拌支承也有一定的难度。

总之，γ 根据工艺条件和经验大体选定之后，先将釜的直径 D 确定下来（圆整结果），再确定封头型式，查阅有关机械手册，并查出封头体积（下封头）$V_{封头}$。

$$V = \frac{\pi}{4}D^2 H + V_{封头}$$

如果 V 不合适，可重新假定直径（圆整）再试算直到满意为止。

6）传热面积计算和核校

反应釜最常见的冷却（加热）形式是夹套，它制造简单，不影响釜内物流的流型，但传热面积小，传热系数也不大。釜的长径比直接影响传热面积，如果计算传热面积足够（不能以夹套全部面积计算，只能以投料高度计算），就认为前面所确定的长径比合适或所选用的系列设备合适，否则就要调整尺寸。

传热面积计算公式和方法同一般传热体系，不再赘述。

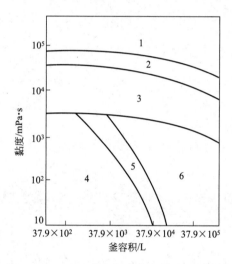

图 4.6 黏度、釜容积与搅拌器型式关系
1—桨式改进型式；2—桨式；3—涡轮式；4—推进式（1750r/min）；5—推进式（1150r/min）；6—推进式（4200r/min）

如计算传热面积不够，则可能应在釜内设置盘管、列管、回形管以增大传热面积，但这样釜内构件的增加，将影响物流。易粘壁、结垢或有结晶沉淀产生的反应通常不主张设置内冷却（或传热）器冷却的办法。

总之，传热面积的校核是进一步确定反应釜型式和尺寸的因素，经过校算之后，才能最终确定釜型和容积直径及其他基本尺寸。

7）搅拌器设计

釜用搅拌器的型式有桨式、涡轮式、推进式、框式、锚式、螺杆式及螺带式等。选择时，首先根据搅拌器型式与釜内物料容积及黏度的关系进行大致的选择，如图 4.6 和表 4.4 所示进行确定，也可以查有关标准系列手册确定。搅拌器的材质可根据物料的腐蚀性、黏度及转速等确定。

确定搅拌器尺寸及转速 n；计算搅拌器轴功率；计算搅拌器实际消耗功率；计算搅拌器的电机功率；计算搅拌轴直径。

8）管口和开孔设计，确定其他设施

夹套开孔和釜底釜盖开孔，根据工艺要求有进出料口有关仪器仪表接口、手孔、人孔、备用口等，注意操作方位。

9）轴密封装置

防止反应釜的跑、冒、滴、漏，特别是防止有毒害、易燃介质的泄漏，选择合理的密封装置非常重要。密封装置主要有如下两种。

① 填料密封。优点是结构简单，填料拆装方便，造价低，但使用寿命短，密封可靠性差。

表 4.4 搅拌器型式选用参数

操作类别	控制因素	适用搅拌型式	D_i/D	H_1/D_i
调和（低黏度均相液体混合）	容积循环速率（液体循环流量）	推进式、涡轮式、要求不高时用桨式	推进式:3~4 涡轮式:3~6 桨式:1.25~2	不限
分散（非均相液体混合）	液滴大小（分散度）、容积循环速率	涡轮式	3~3.5	0.5~1
固体悬浮（固体颗粒与液体混合）	容积循环速率、湍流强度	按固体大小，相对密度及含量决定用桨式、推进式或涡轮式	推进式:2.5~3.5 桨式、涡轮式:2~3.2	0.5~1
气体吸收	剪切作用、高速率	涡轮式	2.5~4	1~4
传热	容积循环速率、流经传热面的湍流程度	桨式、推进式、涡轮式	桨式:1.25~2 推进式:3~4 涡轮式:3~4	0.5~2
高黏度液体的搅拌	容积循环速率、低速率	涡轮式、锚式、框式、螺杆式、螺带式、桨式	涡轮式:1.5~2.5 桨式:1.25 左右	0.5~1
结晶	容积循环速率、剪切作用、低速率	按控制因素用涡轮式、桨式或改进型式	涡轮式:2~3.2	1~2

注：D_i—搅拌容器内径；D—搅拌器直径；H_1—搅拌容器内液体的装填高度。

② 机械密封。优点是密封可靠（其泄漏量仅为填料密封的 1%），使用寿命长，适用范围广、功率消耗少，但其造价高，安装精度要求高。

10）画出反应器工艺设计草图（条件图），或选出型号（略）

4.9.4 反应器选型案例

🗨 案例 年产 2 万吨一氯甲烷生产装置中反应釜的选型

（1）工艺任务

甲醇氢氯化反应合成一氯甲烷。

（2）设计操作条件

温度 150℃，压力 0.14MPa。

（3）进料

混合气体，温度 82.2℃，压力 0.15MPa，流量 115.54kmol/h（3969.6kg/h），摩尔分率：甲醇 0.476，氯化氢 0.524，质量分率：甲醇 0.444，氯化氢 0.556。

循环液，温度 98℃，压力 0.15MPa，流量 24.85kmol/h（528.6kg/h），摩尔分率：甲醇 0.027，氯化氢 0.156，水 0.817，质量分率：甲醇 0.041，氯化氢 0.268，水 0.692。

补充水，流量 1.14kmol/h（20.6kg/h）。

（4）出料

混合气体，温度 150℃，压力 0.14MPa，流量 141.53kmol/h（4518.8kg/h），摩尔分率：甲醇 0.044，氯化氢 0.105，一氯甲烷 0.350，水 0.501，质量分率：甲醇 0.044，氯化氢 0.120，一氯甲烷 0.553，水 0.283。

（5）选型

高温下的高浓 $ZnCl_2$：水溶液具有一定的腐蚀性，返回反应器的循环物料为含质量分率

4%的甲醇、27%氯化氢的含醇酸液，具有很强的腐蚀性，故反应器的材料选用能耐酸、碱及有机溶剂的搪玻璃。由于气泡对液层具有搅动作用，反应器因而不设搅拌器。

（6）反应器体积

反应器体积根据一氯甲烷空时收率计算。本设计取空时收率为 $180kg/(m^3 \cdot h)$。

液相体积：2500.0/180＝13.89m³

对于高温、高浓度强电解质水溶液中的气含率，目前仍难以估算。本设计取氢氯化反应器的气含率为 0.2。

反应器有效体积：13.89/(1－0.2)＝17.4 m³

反应器的总体积应大于此值。

（7）反应器直径

根据反应器类型和反应器体积确定。

4.10 液固分离设备的选型

液固分离是重要的化工单元操作，液固分离的方法主要有：①浮选，在悬浮液中鼓入空气将疏水性的固体颗粒（加入浮选剂，疏水性）粘附在气泡上而与液体分离的方法；②重力沉降，借助于重力的作用使固液混合物分离的过程；③离心沉降，在离心力作用下使用机械沉降的分离过程；④过滤，利用过滤介质将固液进行分离的过程。其中以离心沉降和过滤的方法在工业上应用较多，因此对固液分离设备的选用，应以此为重点。

4.10.1 离心机

离心机有数十种，各有其特点，除液-固分离外，部分离心机也可用于液-液两相的分离，所以首先确定分离应用的场合，然后根据物性及对产品的要求决定选用离心机的形式。

液-液系统的分离可用沉降式离心机，分离条件是两液相之间的密度差。因液体中常含有乳浊层，故宜用能够产生高离心力的管式高速离心机或碟式分离机。

常用的离心机有过滤式、沉降式、高速分离、台式、生物冷冻和旁滤式六种类型，前三类又以出料方式、结构特点等因素分成多种形式，因此离心机的型号也相当繁杂。

(1) 过滤式离心机

图 4.7　三足刮刀下卸料离心机外形

按过滤式离心机的卸料过程或方式分为：间歇卸料、连续卸料和活塞推料。

① 间歇卸料式过滤离心机　主要有三足式离心机、上悬式离心机和卧式刮刀卸料离心机等机型。

三足式离心机具有结构简单、运行平稳、操作方便、过滤时间可随意掌握、滤渣能充分洗涤、固体颗粒不易破坏等优点，广泛应用于化工、轻工、制药、食品、纺织等工业部门的间歇操作，分离含固相颗粒≥0.01mm 的悬浮液，如粒状、结晶状或纤维状物料的分离。

主要型号：SS 型为上部出料，SX 型为下部出料，SG型为刮刀下部出料，如图 4.7 所示；SCZ 型为抽吸自动出料，ST、SD 型为提袋式，SXZ、SGZ 型为自动出料。

型号标志如下：

$$SX \quad 800 \quad N - 附加标记$$

制造厂机型代号┘　　└数字表示转鼓内径

其中，附加代号为 N（不锈钢）、G（碳钢）、XJ（衬橡胶）、NB（防爆）、H（防振机座）、I（钛）、NC（双速）、A（改型序号）。

上悬式离心机是一种按过滤循环规律间歇操作的离心机，主要型号有 XZ 型（重力卸料）、XJ 型（刮刀卸料）、XR 型（专供碳酸钙分离）等。上悬式离心机适用于分离含中等颗粒（0.1～1mm）和细颗粒（0.01～0.1mm）固相的悬浮液，如砂糖、葡萄糖、盐类以及聚氯乙烯树脂等。

卧式刮刀卸料离心机主要型号有 WG 型（垂直刮刀）、K 型（旋转刮刀）、WHG 型（虹吸式）、GKF 型（密闭防爆型）、GKD 型（生产淀粉专用）等。这类离心机转鼓壁无孔，不需要过滤介质。转鼓直径为 300～1200mm，分离因数最大达 1800，最大处理量可达 18m³/h 悬浮液。一般用于处理固体颗粒尺寸为 5～40μm、固液相密度差大于 0.05g/cm³ 和固体密度小于 10％的悬浮液。我国刮刀卸料离心机标准规定：转鼓直径 450～2000mm，工作容积 15～1100L，转鼓转速 350～3350r/min，分离因数 140～2830。

② 活塞推料式过滤离心机　具有自动连续操作，分离因数较高，单机处理量大，结构紧凑，铣制板网阻力小，转鼓不易积料等特点。推料次数可根据不同的物料进行调节，推料活塞级数越多，对悬浮液的适应性越大，分离效果越好。它适用于固相颗粒≥0.25mm、固含量≥30％的结晶状或纤维状物料的悬浮液，大量应用在碳酸氢铵、硫酸铵、尿素等化肥及制盐等工业部门。

主要型号有 WH 型（卧式单级）（图 4.8）、WH2 型（卧式双级）、HR 型（双级柱形转鼓）、P 型（双级转口型）等。单级卧式活塞推料离心机转鼓长度 152～760mm，转鼓直径 152～1400mm，分离因数 300～1000。

③ 连续卸料式过滤离心机　有锥篮离心机、螺旋卸料过滤离心机两种。

锥篮离心机无论是立式还是卧式，都是依靠离心力卸料的。立式用于分离含固相颗粒≥0.25mm、易过滤结晶的悬浮液，如制糖、制盐及碳酸氢铵生产；卧式用于分离固相颗粒在 0.1～3mm 范围内易过滤但不允许破碎的、浓度在 50％～60％的悬浮液，如硫酸铵、碳酸氢铵等。主要型号有 IL 型（立式卸料）和 WI 型（卧式卸料）。

螺旋卸料过滤离心机主要型号有 LLC 型立式、LWL 型卧式，其生产能力大，固相脱水程度高，能耗低及重量轻，密闭性能良好，适用于含固体颗粒为 0.01～0.06mm 的悬浮液。固体密度应大于液相密度，且为不易堵塞滤网的结晶状或短纤维状物料等。适用于芒硝、硫酸钠、硫酸铜、羧甲基纤维素等结晶状的固液分离。

(2) 沉降式离心机

按结构形式有卧式螺旋沉降（WL 型、LW 型、LWF 型、LWB 型）和带过滤段的卧式螺旋沉降（TCL 型、TC 型）两种。

沉降式离心机可连续操作，也可处理液-液-固三相混合物。螺旋沉降离心机的最大分离因数可达 6000，分离性能较好，对进料浓度变化不敏感，操作温度可在 -100～300℃，操作压力一般为常压，密闭型可从真空至 1.0MPa，适于处理 0.4～60m³/h、固体颗粒 2～5μm、固相密度差大于 0.5g/cm³、固相容积浓度 1％～50％的悬浮液。图 4.9 所示为卧式螺旋卸料沉降离心机外形。

图4.8　单级卧式活塞推料离心机　　　　　图4.9　卧式螺旋卸料沉降离心机外形

(3) 高速分离机

高速分离机利用转鼓高速旋转产生强大离心力使被处理的混合液和悬浮液分别达到澄清、分离、浓缩的目的。高速分离机广泛用于食品、制药、化工、纺织、机械等工业部门的液-液、液-固、液-液-固分离。如用于油水分离，金霉素、青霉素分离，啤酒、果汁、乳品、油类的澄清，酵母和胶乳的浓缩等。

高速分离机按结构分有碟式、室式和管式三种。碟式分离机是通过多层碟片把液体分成细薄层强化分离效果，其转鼓内为多层碟片，分离因数可达 3000~10000，最大处理量可达 300m³/h，适于处理固相颗粒直径 0.1~100μm、固相容积浓度小于 25% 的悬浮液。

室式分离机为多层套筒，相当于把管式分离机分为多段相套，只用于澄清，且只能人工排渣。适用于处理固体颗粒大于 0.1μm、固相容积浓度小于 5% 的悬浮液，处理量为 2.5~10m³/h。

管式分离机分离因数高达 15000~65000，处理量为 0.1~4m³/h，适于处理固相颗粒直径 0.1~100μm、液固密度差大于 0.01g/m³、固相容积浓度小于 1% 的难分离悬浮液和乳浊液。

4.10.2　过滤机

(1) 压滤机

压滤机广泛用于化工、石油、染料、制药、轻工、冶金、纺织和食品等工业部门的各种悬浮液的固液分离。压滤机主要可分为两大类：板框式压滤机和箱式压滤机。

BAS、BAJ、BA、BMS、BMJ、BM、BMZ、XM、XMZ 型等各类压滤机均为加压间歇操作的过滤设备。在压力下，以过滤方式通过滤布及滤渣层，分离由固体颗粒和液体所组成的各类悬浮液。各种压紧方式和不同形式的压滤机对滤渣都有可洗和不可洗之分。

① 板框式压滤机　主要由尾板、滤框、滤板、头板、主梁和压紧装置等组成。两根主梁把尾板和压紧装置连在一起构成机架。机架上靠近压紧装置端放置头板，在头板与尾板之间依次交替排列着滤板和滤框，滤框间夹着滤布。压滤机滤板尺寸范围为 100mm×100mm~2000mm×2000mm，滤板厚度为 25~60mm。操作压力：一般金属材料制作的矩形板 0.5~1MPa，特殊金属材料制作的矩形板 7MPa，硬聚丙烯制作的矩形板 40℃、0.4MPa。板框式压滤机，具有结构简单，生产能力弹性大，能够在高压力下操作，滤饼中含液量较一般过滤机低的特点。

② 箱式压滤机（见图 4.10）　操作压力高，适用于难过滤物料。自动箱式压滤机由压滤机主机、液压油泵机组、自动控制阀（液压和气压）、滤布振动器和自动控制柜组成。压滤

机尚需有贮液槽、进料泵、卸料盘和压缩空气气源等附属装置。间歇操作液压全自动压滤机，由电器装置实现程序控制，操作顺序为：加料—过滤—干燥（吹风）—卸料—加料。需全自动操作时，只需按启动电钮，操作过程即可顺序重复进行，亦可由手动按电钮来完成各工序的操作。

图 4.10　箱式压滤机外形

（2）转鼓真空过滤机

G 型转鼓真空过滤机（见图 4.11）为外滤面刮刀卸料，适用于分离含 0.01～1mm 易过滤颗粒且不太稀薄的悬浮液，不适用于过滤胶质或黏性太大的悬浮液，其过滤面积为 2～50m^2，转鼓直径为 1～3.35m。选用 G 型转鼓真空过滤机应具备以下条件：

① 悬浮液中固相沉降速度，在 4min 过滤时间内所获得的滤饼厚度大于 5mm；

② 固相相对密度不太大，粒度不太粗，固相沉降速度每秒不超过 12mm，即固相在搅拌器作用下不得有大量沉降；

③ 在操作真空度下转鼓中悬浮液的过滤温度不能超过其汽化温度；

④ 过滤液内允许剩有少量固相颗粒；

⑤ 过滤液量大，并要求连续操作的场合。

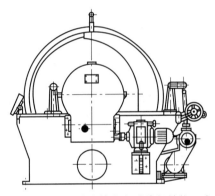

图 4.11　G-5 型转鼓真空过滤机结构示意

（3）盘式过滤机

目前国内有三种形式盘式过滤机，其结构差异较大。

① PF 型盘式过滤机　该机是连续真空过滤设备，用于萃取磷酸生产中料浆的过滤，使磷酸与磷石膏分离，也可用于冶金、轻工、国防等部门。

② FT 型列盘式全封闭、自动过滤机　该系列产品主要用于制药行业的药液过滤，能彻底分离除去絮状物。清渣时，设备不解体自动甩渣，无环境污染，可提高收率，降低过滤成本。

③ PN140-3.66/7 型盘式过滤机　该产品无真空设备，适用于纸浆浆料浓缩及白水回收。日产 70～80t（干浆），滤盘直径 3.66m。

（4）带式过滤机

国内常用的带式过滤机有 DI 型和 DY 型两类。

① DI 型移动真空带式过滤机　是一种新颖、高效、连续固液分离设备。其特点是，机型可全自动连续运转，机型可以灵活组合。过滤面积为 0.6～35m^2，带宽为 0.46～3m。

② DY 型带式压滤机　是一种高效、连续运行的加压式固液分离设备。主要特点是连续

运行、无级调速，滤带自动纠偏、自动冲洗，带有自动保护装置。

③ SL 型水平加压过滤机　适用于压力小于 0.3MPa、过滤温度低于 120℃、黏度为 1Pa·s、含固体量在 60% 以下的中性和碱性悬浮液，即树脂、清漆、果汁、饮料、石油等。间歇式操作，结构紧凑，具有全密闭过滤、污染小、效率高、澄清度好（滤液中的固体粒径可小于 15μm）、消耗低、残液可全部回收、滤板能够完全清洗、性能稳定、操作可靠等优良性能。

④ QL 型自动清洗过滤机　适用于涂料、颜料、乳胶、丙烯酸、聚醋酸乙烯以及各种化工产品的杂质的过滤。过滤过程全封闭，自动清洗及连续过滤，生产效率高。

4.10.3　离心机的选型

离心机的型式有数十种，各有其特点，选型的基本原则是首先确定属液-液分离还是液-固分离，然后根据物性及对产品的要求决定选用离心机的型式。

(1) 液-液系统的分离

液-液系统的分离可用沉降式离心机。分离条件是两液相间必须有密度差。因液体中常含有乳浊层，故宜用能够产生高离心力的管式高速离心机或碟式分离机。

(2) 液-固系统的分离

液-固系统的分离，要根据分离液的性质、状态及对产品的要求，确定用沉降式或过滤式离心机或两者组合。

1）以原液的性质、状态为选择基准

悬浮液中的液体和固体之间可以是密度大致相同或不同的，如果有固体的密度大于液体的密度时，可选用沉降式离心机；如果有固体颗粒小，沉降分离也困难，且固体易堵塞滤布，甚至固体会通过滤布而流失而得不到澄清的滤液，所以还必须根据颗粒大小和粒度分布情况选择适当的机型。

当固体颗粒在 1μm 以下时，一般宜用具有大离心力的沉降式离心机，如管式高速离心机。若用过滤式离心机，则不仅得不到澄清的滤液，且固体损失也大。

固体颗粒在 10μm 左右时，适合用沉降式离心机。当在生产过程中滤液可以循环时，也可用过滤式离心机。但固体颗粒不宜太小，以免固体损失增大。

固体颗粒大于 100μm 或更大时，无论沉降式离心机或过滤式离心机都可采用。另外固体的状态不同时，选择的型式也不同。结晶质物料用过滤式离心机效率高；但当滤饼是可压缩的，像纤维状或胶状，过滤效率就低，以沉降式离心机为宜。

过滤过程中，如原液的黏度及温度的变化均适用于各种离心机时，则高压力的原液适宜选用沉降式离心机。1MPa 以下的原液可选用碟式分离机、螺旋卸料式离心机。

固体浓度大时，滤渣量也大。管式高速离心机、碟式分离机等不适宜处理固体浓度大的原液；自动出渣离心机既可适应黏稠物料的过滤又可自动分出滤渣。

原液中常含有杂质，选择离心机时也应考虑。

2）以产品要求为选择基准

对分离产品的要求，包括分离液的澄清度、分离固体的脱水率、洗涤程度，分离固体的破损、分级和原液的浓缩度等，是离心机选型时的重要依据之一。

用于固体颗粒分级，宜用沉降式离心机。通过调整沉降式离心机的转速、供料量、供料方式等方法，可使固体按所要求的粒度分级。

要求获得干燥滤渣的，宜用过滤式离心机。如固体颗粒可压缩，则用沉降式离心机更为合适。

要求洗净滤渣的，宜用过滤式离心机或转鼓式过滤机。处理结晶液并要求不破坏结晶时，不宜用螺旋型离心脱水机。

通常原液量大而固体含量少时，适宜用喷嘴卸料型碟式分离机将原液浓缩。当要求高浓缩度时，宜用自动卸料型碟式分离机。

除上述选型基准外，还必须同时考虑经济性、材料以及安全装置等因素。

图 4.12 所示为各种离心机沉降设备的性能范围，可供粗略选定沉降离心机类型之用，它是按 $\Delta \rho = \rho_s - \rho_1 = 1 \mathrm{g/cm^3}$ 和黏度 $\mu =$

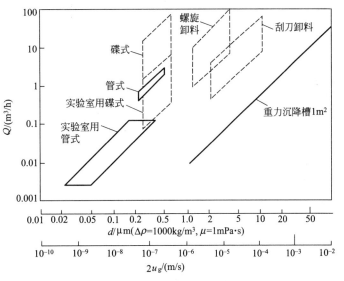

图 4.12　各种离心机沉降设备的性能范围

$1 \mathrm{Pa \cdot s}$ 作出的，如需分离的悬浮液的性质与之不符，可按下式进行换算：

$$\frac{d_1}{d_2} = \sqrt{\frac{\mu_1 \Delta \rho_2}{\mu_2 \Delta \rho_1}}$$

4.10.4　过滤机的选型

过滤机选型主要根据滤浆的过滤特性、滤浆的物性及生产规模等因素综合考虑。

(1) 滤浆的过滤特性

滤浆按滤饼的形成速度、滤饼孔隙率、滤浆中固体颗粒的沉降速度和滤浆的固相浓度分为五大类：过滤性良好的滤浆、过滤性中等的滤浆、过滤性差的滤浆、稀薄滤浆及极稀薄滤浆，这五种滤浆的过滤特性及适用机型分述如下。

① 过滤性良好的滤浆　在数秒钟之内能形成 50mm 以上厚度滤饼的滤浆。滤浆的固体颗粒沉降速度快，依靠转鼓过滤机滤浆槽里的搅拌器也不能使之保持悬浮状态。在大规模处理这类滤浆时，可采用内部给料式或顶部给料式转鼓真空过滤机。对于小规模生产，可采用间歇水平型加压过滤机。

② 过滤性中等的滤浆　在 30s 内能形成 50mm 厚滤饼的滤浆。在大规模过滤这类滤浆时，采用有格式转鼓真空过滤机最经济。如滤饼要洗涤，应用水平移动带式过滤机，不洗涤的，用垂直回转圆盘过滤机。生产规模小的，采用间歇加压过滤机，如板框压滤机等。

③ 过滤性差的滤浆　在真空绝压 35kPa（相当于 500mmHg 真空度）下，5min 之内最多能形成 3mm 厚滤饼的滤浆，固相浓度为 1%～10%（体积分数）。这类滤浆由于沉降速度慢，宜用有格式转鼓真空过滤机、垂直回转圆盘真空过滤机。生产规模小时，用间歇加压过滤机，如板框压滤机等。

④ 稀薄滤浆　固相浓度在 5%（体积分数）以下，虽能形成滤饼，但形成速度非常低，在 1mm/min 以下。大规模生产时，宜采用预涂层过滤机或过滤面较大的间歇加压过滤机。规模小时，可采用叶滤机。

⑤ 极稀薄滤浆　其含固率低于 0.1%（体积分数），一般不能形成滤饼的滤浆，属于澄清范畴。这类滤浆在澄清时，需根据滤液的黏度和颗粒的大小而确定选用何种过滤机。当颗粒尺寸大于 $5\mu m$ 时，可采用水平盘型加压过滤机。滤液黏度低时，可用预涂层过滤机。滤液黏度低，而且颗粒尺寸又小于 $5\mu m$ 时，应采用带有预涂层的间歇加压过滤机。当滤液黏度高，颗粒尺寸小于 $5\mu m$ 时，可采用有预涂层的板框压滤机。

（2）滤浆的物性

滤浆的物性包括黏度、蒸气压、腐蚀性、溶解度和颗粒直径等。

滤浆的黏度高时过滤阻力大，采用加压过滤有利。滤浆温度高时蒸气压高，不宜采用真空过滤机，应采用加压式过滤机。当物料具有易爆性、挥发性和有毒时，宜采用密闭性好的加压式过滤机，以确保安全。

（3）生产规模

大规模生产时应选用连续式过滤机，以节省人力并有效地利用过滤面积。小规模生产时采用间歇式过滤机为宜，价格也较便宜。

4.10.5　离心机选型案例

案例　年产 1 万吨轻质碳酸钙生产装置中离心机的选用

轻质碳酸钙生产过程中，碳化完成后的浆料，要分离掉其中大部分的水，然后再送去干燥。碳酸钙浆料分离设备选用主要依据浆料过滤性能，如生产颗粒细腻的纳米、微米碳酸钙，因其固液难于分离，一般选过滤面积大的带式过滤或压滤机进行分离。普通轻质碳酸钙的生产，因碳化时生成的碳酸钙粒子粗，固液易于分离，一般选用离心机。

本案例为生产普通轻质碳酸钙产品，选用离心机是适宜的，常用的离心机为三足离心机，其优点是结构简单造价低，缺点是卸料费时费力，效率低下，适合处理小批量的物料。本案例拟选用碳酸钙行业推广的上悬离心机，其卸料省时省力。

本案例的分离工艺是，先将碳化完成后的浆料增稠，再采用上悬离心机进行固液分离，选用的离心机型号为：XR1000，其转鼓直径 1000mm，最大装料量 300kg，电机功率 15kW，滤饼水分含量 30%～38%，生产能力以成品计，可达 0.3～0.5t/h。按年产 1 万吨核算，需选用 5 台 XR1000。上悬离心机设备外形图如 4.13 所示。

图 4.13　上悬离心机

4.11　干燥设备的设计与选型

干燥设备也是化工生产中常使用的设备，其主要作用是除去原料、产品中的水分或溶剂，以便于运输、贮存和使用。

由于工业上被干燥物料种类繁多，物性差别也很大，因此干燥设备的类型也是多种多样。干燥设备之间主要不同是：干燥装置的组成单元不同、供热方式不同、干燥器内的空气与物料的运动动方式不同等。由于干燥设备结构差别很大，故至今还没有一个统一的分类，目前对干燥设备大致分类如下。

① 按操作方式分为连续式和间歇式。

② 按热量供给方式分为传导、对流、介电和红外线式。

传导供热的干燥器有箱式真空、搅拌式、带式真空、滚筒式、间歇加热回转式等。

对流供热的干燥器有箱式、穿流循环、流化床、喷雾干燥、气流式、直接加热回转式、穿流循环、通气竖井式移动床等。

介电供热的干燥器有微波、高频干燥器。

红外线供热的干燥器有辐射器。

③ 按湿物料进入干燥器的形状可分为片状、纤维状、结晶颗粒状、硬的糊状物、预成型糊状物、淤泥、悬浮液、溶液等。

④ 按附加特征的适应性分为危险性物料、热敏性物料和特殊形状产品等。

4.11.1 常用干燥器

(1) 箱式（间歇式）干燥器

箱式干燥器是古老的、应用广泛的干燥器，有平行流式箱式干燥器、穿流式箱式干燥器、真空箱式干燥器、热风循环烘箱四种。

① 平行流式箱式干燥器 箱内设有风扇、空气加热器、热风整流板及进出风口。料盘置于小车上，小车可方便地推进推出，盘中物料填装厚度为 20～30mm，平行流风速一般为 0.5～3m/s。蒸发强度一般为 0.12～1.5kgH$_2$O/(h·m^2) 盘表面积。

② 穿流式箱式干燥器 与平行流式不同之处在于料盘底部为金属网（孔板）结构。导风板强制热气流均匀地穿过堆积的料层，其风速在 0.6～1.2m/s，料层高 50～70mm。对于特别疏松的物料，可填装高度达 300～800m，其干燥速度为平行流式的 3～10 倍，蒸发强度为 24kgH$_2$O/(h·m^2) 盘表面积。

③ 真空箱式干燥器 传热方式大多用间接加热、辐射加热、红外加热或感应加热等。间接加热是将热水或蒸汽通入加热夹板，再通过传导加热物料，箱体密闭在减压状态下工作，热源和物料表面之间传热系数 $K = 12～17W/(m^2·K)$。

④ 热风循环烘箱 是一种可装拆的箱体设备，分为 CT 型（离心风机）、CT-C 型（轴流风机）系列。它是利用蒸汽和电为热源，通过加热器加热，使大量热风在箱内进行热风循环，经过不断补充新风进入箱体，然后不断从排湿口排除湿热空气，使箱内物料的水分逐渐减少。图4.14 所示为热风循环烘箱外形。

(2) 带式干燥器

带式干燥器是物料移动型干燥器，可分为平行流和穿气流两类，目前穿气流式使用较多，其干燥速率是平行流式的 2～4 倍，主要用于片状、块状、粒状物料干燥。由于物料不受振动和冲击，故适用于不允许破碎的颗粒状或成形产品。

图 4.14 热风循环烘箱外形

带式干燥器按带的层数分为单层带式、复合型、多层带式（多至 7 层）；按通风方向分为向下通风型、向上通风型、复合型；按排气方式分为逆流排气式、并流排气式、单独排气式。

（3）喷雾干燥器

喷雾干燥是一种使液体物料经过雾化，进入热的干燥介质后转变成粉状或颗粒状固体的工艺过程。在处理液态物料的干燥设备中，喷雾干燥有其特殊的优点。首先，其干燥速度迅速，因被雾化的液滴一般为 $10\sim200\mu m$，其表面积非常大，在高温气流中，瞬间即可完成 95％以上的水分蒸发量，完成全部干燥的时间仅需 $5\sim30s$；其次，在恒速干燥段，液滴的温度接近于使用的高温空气的湿球温度（例如在热空气为 180℃，约为 45℃），物料不会因为高温空气影响其产品质量，故而热敏性物料、生物制品和药物制品，基本上能接近真空下干燥的标准。此外，其生产过程较简单，操作控制方便，容易实现自动化，但由于使用空气量大，干燥容积也必须很大，故其容积传热系数较低，为 $58\sim116W/(m^2\cdot℃)$。图 4.15 所示为喷雾干燥器设备示意图。

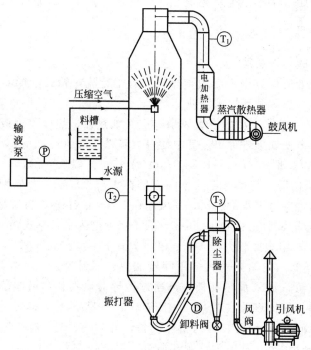

图 4.15　喷雾干燥器设备示意图

根据喷嘴的形式将喷雾干燥分为压力式喷雾干燥、离心式喷雾干燥和气流式喷雾干燥；根据热空气的流向与雾化器喷雾流向的并、逆、混，喷雾干燥又可分为垂直逆流喷嘴雾化、垂直下降并流喷嘴雾化、垂直上喷并流喷嘴雾化、垂直上喷逆流喷嘴雾化、垂直下降并流离心圆盘雾化、水平并流喷嘴雾化。

（4）气流干燥器

气流干燥器主要由空气加热器、加料器、干燥管、旋风分离器、风机等设备组成。气流干燥的特点如下：

① 由于空气的高速搅动，减少了传质阻力，同时干燥时物料颗粒小、比表面积大，因此瞬间即得到干燥的粉末状产品；

② 干燥时间短，为 $0.5s$ 至几秒，适应于热敏性物料的干燥；

③ 设备简单，占地面积小，易于建造和维修；

④ 处理能力大，热效率高，可达 60％；

⑤ 干燥过程易实现自动化和连续生产，操作成本较低；

⑥ 系统阻力大，动力循环大，气速高，设备磨损大；

⑦ 对含结合水的物料效率显著降低。

气流干燥器可根据湿物料加入方式分为直接加入型、带分散器型和带粉碎机型三种；根据气流管型分为直管型、脉冲型、倒锥型、套管型、旋风型。

气流干燥器一般运行参数如下：操作温度 $500\sim600℃$，排风温度 $80\sim120℃$，产品物料温度 $60\sim90℃$，不会造成过热，干燥时间 $0.5\sim2s$，管内气速 $10\sim30m/s$，容积传热膜系数 $2320\sim7000W/(m^2\cdot K)$，全系统气阻压降约 $3.43kPa$。

(5) 流化床干燥器

1）流化床干燥器的特点

① 传热效果好。由于物料的干燥介质接触面积大，同时物料在床内不断地进行激烈搅拌，传热效果良好，热容量系数大，可达 $2320\sim6960W/(m^2\cdot K)$。

② 温度分布均匀。由于流化床内温度分布均匀，避免了产品的任何局部过热，特别适用于某些热敏物料干燥。

③ 操作灵活。在同一设备内可以进行连续操作，也可以进行间歇操作。

④ 停留时间可调节。物料在干燥器内的停留时间，可以按需要进行调整，所以对产品含水量有波动的情况更适宜。

⑤ 投资少。干燥装置本身不包括机械运动部件，装置投资费用低廉，维修工作量小。

2）流化床干燥器类型

按操作条件分为连续式、间歇式；按设备结构可分为一般流化型（包括卧式、立式多层式等）、搅拌流化型、振动流化型、脉冲流化型、媒体流化型（即惰性粒子流化床）等。

3）JZL 型振动流化床干燥（冷却）器

振动流化床是在普通流化床上实施振动而成的，JZL 型振动流化床干燥（冷却）器是目前国内最大系列产品，是由上海化工研究院化学工程装备研究所设计开发的产品。该装置通过振动流态化，使流化比较困难的团状、块状、膏糊状及热塑性物料均可获得满意的产品。它通过调整振动参数（频率、振幅），控制停留时间。由于机械振动的加入，使得流化速度降低，因此动力消耗低，物料表面不易损伤，可用于易碎物料的干燥与冷却。

(6) SK 系列旋转闪蒸干燥器

旋转闪蒸干燥器是一种能将膏糊状、滤饼状物料直接干燥成粉粒状的连续干燥设备。如图 4.16 所示，它能把膏糊状物料在 $10\sim400s$ 内迅速干燥成粉粒产品。它占地小，投资省。干燥强度高达 $400\sim960kgH_2O/(m^2\cdot h\cdot ℃)$，热容量系数可达到 $2300\sim7000W/(m^2\cdot K)$。

旋转闪蒸干燥器是由若干设备组合起来的一套机组，包括混合加料器、干燥室、搅拌器、加热器（或热风炉）、鼓风机、旋风分离器、布袋除尘器、引风机。

(7) 立式通风移动床干燥器

在立式通风移动床干燥器中物料借自重以移动床方式下降，与上升的通过床层热风接触而进行干燥，用于大量地连续干燥、可自由流动而含水分较少的颗粒状物料，其主要干燥物料是 $2mm$ 以上颗粒，例如玉米、麦粒、谷物、尼龙、聚酯切片以及焦炭、煤等的大量干燥。

移动床干燥器的特点是：适合大生产量连续操作，结构简单，操作容易，运转稳定，功耗小，床层压降约为 $98\sim980Pa$，占地面积小，可以很方便地通过调节出料速度来调节物料的停留时间。

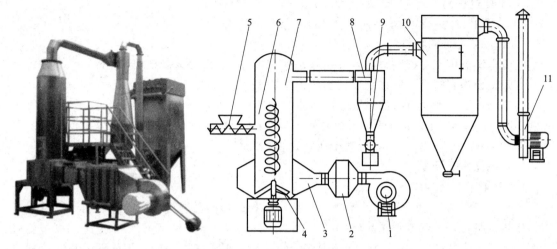

图 4.16　旋转闪蒸干燥器

1—鼓风机；2—加热器；3—空气分配器；4—搅拌机；5—混合加料器；6—干燥室；
7—分级器；8—旋风分离器；9—星形卸料器；10—布袋除尘器；11—引风机

(8) 回转干燥器

这是一种适宜于处理量大、含水分较少的颗粒状物料的干燥器。其主体为略带倾斜，并能回转的圆筒体，湿物料由一端加入，经过圆筒内部，与通过筒内的热风或加热壁面有效地接触而被干燥。

1）直接或间接加热式回转圆筒干燥器

这种回转圆筒干燥器的运转可靠，操作弹性大，适应性强，其技术指标为：直径 $\phi 0.4 \sim 3.0 \mathrm{m}$，最大可达 5m；长度 $2 \sim 30 \mathrm{m}$，最大可达 150m 以上；L/D 为 $6 \sim 10$；处理物料含水量范围 $3\% \sim 50\%$；干品含水量 $< 0.5\%$；停留时间 $5 \sim 1120 \mathrm{min}$；气流速度 $0.3 \sim$

图 4.17　回转圆筒干燥器外形

1.0m/s（颗粒略大的达 2.2m/s）；容积传热系数 $115 \sim 350 \mathrm{W}/(\mathrm{m}^2 \cdot \mathrm{K})$；流向有逆流和并流；进气温度为 300℃时，热效率为 30%，进气温度为 500℃时，热效率为 $50\% \sim 70\%$。回转圆筒干燥器的外形如图 4.17 所示。

2）穿流式回转干燥器

穿流式回转干燥器又称通风回转干燥器，按热风吹入方式分为端面吹入型和侧面吹入型两种。穿流式回转干燥器特点是其容积传热系数为平行流回转干燥器的 $1.5 \sim 5$ 倍，达到 $350 \sim 1750 \mathrm{W}/(\mathrm{m}^2 \cdot \mathrm{K})$；干燥时间较短为 $10 \sim 30 \mathrm{min}$，物料破损较少；物料留存率较大，为 $20\% \sim 25\%$（平行流回转干燥器约 $8\% \sim 13\%$）；操作稳定、可靠、方便。对干品水分要求很低的塑料颗粒干燥至 0.02%，也有实例。它可以通过延长滞留时间来达到，对高含水率（达 $70\% \sim 75\%$）的高分子凝聚剂，同样可以有效地进行干燥。

(9) 真空干燥器

真空干燥器有搅拌型圆筒干燥器、耙式真空干燥器和双锥回转真空干燥器三种形式。

真空干燥器的辅助设备有：真空泵、冷凝器、粉尘捕集器，用热载体加热时应有热载体加热器。这些设备的形式、大小应根据装置的各种条件，即容量、真空度、各种温度、各种时间、速率和有无蒸汽回收等确定。真空干燥器的特点如下：

① 适用热敏性物料的干燥，能以低温干燥对温度不稳定或热敏性的物料；

② 适用在空气中易氧化物料的干燥，尤其适用于易受空气中氧气氧化或有燃烧危险的物料，并可对所含溶剂进行回收；

③ 尤其适宜灭菌、防污染的医药制品的干燥；

图 4.18　双锥回转真空干燥器

④ 热效率高，能以较低的温度，获得较高的干燥速率，具有较高的热效率，并且能将物料干燥到很低水分，所以可用于低含水率物料的第二级干燥器。

双锥回转真空干燥器规格以容积计为 6～5000L，干燥速度快，受热均匀，比传统烘箱可提高干燥速度 3～5 倍，其内部结构简单，故清扫容易，物料充填率高，可达 30%～50%，对于干燥后容积有很大变化的物料，其充填率可达 65%。双锥回转真空干燥器的外形如图 4.18 所示。

(10)　滚筒干燥器

滚筒干燥器的特点如下：

① 热效率 70%～90%；

② 干燥速率大，筒壁上湿料膜的传热与传质过程由里向外，方向一致，温度梯度较大，使料膜表面保持较高的蒸发强度，一般可达 30～70$kgH_2O/(m^2 \cdot h)$；

③ 干燥时间短，故适合热敏性物料；

④ 操作简便，质量稳定，节省劳动力，如果物料量很少，也可以处理。

滚筒干燥器的一般技术参数：

　　传热速度为 520～700$W/(m^2 \cdot K)$；

　　干燥时间 5～60s；

　　筒体转速 $N=4～6r/min$（对稀薄液体 $N=10～20r/min$）；

　　液膜厚度 0.3～5mm；

　　干燥速度 15～30$kgH_2O/(h \cdot m^2)$；

　　温差 $\Delta t=40～50℃$；

　　功率（P/m^2）为 0.44～0.52kW/m^2；

　　热效率 $\eta=70%～90%$。

4.11.2　干燥设备的选型原则

干燥设备的操作性能必须适应被干燥物料的特性，满足干燥产品的质量要求，符合安全、环境和节能要求，因此，干燥器的选型要从被干燥物料的特性、产品质量要求等方面着手。

(1)　与干燥操作有关的物料特性

① 物料形态。被干燥的湿物料除液体状、泥浆状外，尚有卫生瓷器、高压绝缘陶瓷、木材以及粉状、片状、纤维状、长带状等各种形态的物料，物料形态是考虑干燥器类型的一

大前提。

② 物料的物理性能。通常包括密度、堆积密度、含水率、粒度分布状况、熔点、软化点、黏附性、融变性等。

③ 物料的热敏性能。这是考虑干燥过程中物料温度的上限，也是确定热风（热源）温度的先决条件，物料受热后出现的变质、分解、氧化等现象，都是直接影响产品质量的大问题。

④ 物料与水分结合状态。几种形态相同的不同物料，它们的干燥特性却差异很大，这主要是由于物料内部保存的水分的性质有结合水和非结合水之分的缘故，反之，若同一物料，形态改变，则其干燥特性也会有很大变化，从而决定物料在干燥器中的停留时间，这就对选型提出了要求。

(2) 对产品品质的要求

① 产品外观形态，如染料、乳制品及化工中间体，要求产品呈空心颗粒，可以防止粉尘飞扬，改善操作环境，同时在水中可以速溶，分散性好。

② 产品终点水分的含量和干燥均匀性。

③ 产品品质及卫生规格，如用于食品的香味保存和医药产品的灭菌处理等特殊要求。

(3) 使用者所处地理环境及能源状况的考虑

选型时要考虑地理环境、建设场地及环保要求，若干燥产品的排风中含有毒粉尘或恶臭等，从环保出发要考虑到后处理的可能性和必要性。能源状况，这是影响到投资规模及操作成本的首要问题，这也是选型不可忽视的问题。

(4) 其他

物料特殊性，如毒性、流变性、表面易结壳硬化或收缩开裂等性能，必须按实际情况进行特殊处理。还应考虑产品的商品价值状况，被干燥物料预处理，即被干燥物料的机械预脱水的手段及初含水率的波动状况等。

4.11.3 干燥机选型案例

> **案例　年产1万吨轻质碳酸钙生产装置中干燥机的选用**
>
> 目前应用于轻质碳酸钙的干燥装置有火炕干燥、回转滚筒干燥、列管干燥、盘式干燥、链式干燥、空心桨叶干燥、闪蒸干燥以及组合干燥器等。现仅对几种设备作简要分析。
>
> **(1) 火炕干燥**
>
> 火炕干燥是选用耐火砖砌筑的火炕来干燥碳酸钙产品，火炕用煤加热，湿产品在炕面上不断翻动、人工压碎。该种干燥方式具有投资小，供热简单的优点；缺点是干燥占地面积大，工人劳动强度高、工作环境差。该种干燥主要用于产量小、经济相对落后的小型企业。
>
> **(2) 回转干燥**
>
> 湿物料在一个装有加热管，有一定倾斜度的回转圆筒中完成干燥，物料连续进入，随回转圆筒转动连续流出。该类设备在我国碳酸钙行业广泛应用。加热介质主要是煤燃烧产生的烟道气，间接加热物料、现在采用导热油或蒸汽加热也在大范围开始推广。
>
> 回转干燥机的优点是电耗低，生产能力大，连续生产，结构简单，操作方便，操作弹性大，所处理的湿物料的含水量范围为3%～40%。由于是间接加热，故尾气处理设备也简单，因而动力消耗也较少、能耗低，机械化程度较高，产品质量也有保证；加料量在筒

温恒定条件下易于控制，可实现加料自动化。

回转干燥机的缺点是消耗钢材多，占地面积大；热效率还不太高，只达 $30\%\sim50\%$；设备容积利用程度很低，物料填充系数仅 $10\%\sim20\%$；烟道气通过火管时很容易因温度过高以及腐蚀而破损，致使烟道气泄漏到被干燥物料的空间中，对物料造成不良影响。对粒子极微细、含水较多的胶状物料，不易分开的物料的干燥具有局限性。

（3）列管式干燥

列管式干燥器是回转滚筒干燥器中的一种，采用管束传热，增加传热面积，大大减小了设备尺寸，增加了单位体积的传热量，热效率高达 85%，可降低煤耗约 $20\%\sim30\%$。在保留回转滚筒优点的同时，克服了回转滚筒的部分缺点，但是水分控制较难，波动幅度较大，结构较为复杂。在采用导热油加热时，维修困难，又由于导热油积碳，热阻增大，传热系数下降，其干燥速率也将不断下降。

（4）闪蒸干燥

闪蒸干燥法对需要干燥的物料的初含水率没有限制，终含水率可通过调整风量、风温、进料速度等条件来达到所要求的最终含水量。闪蒸干燥器可使物料的最低含水量降到 0.01% 以下。闪蒸干燥器可在数秒钟内完成干燥，物料颗粒受热均匀，含水量一致；能将滤饼直接干燥成粉状，具有一机多能，省去了以前用箱式干燥器、回转式干燥器、履带式干燥机等设备在干燥后还必须破碎、筛分的工序，也不需要像喷雾干燥法那样需将物料加水打浆再干燥，所以减少了设备投资、作业面积和人工费用。这种设备还有能耗低、无粉尘污染等优点。在沉淀碳酸钙的滤饼干燥中是一种较新的、有应用前景的干燥方法。产品的分散性、细度、白度均优于回转圆筒、列管、盘式干燥器。缺点是装机容量大、电耗高、生产成本及投资高于其他类型干燥器。

（5）空心桨叶干燥

空心桨叶干燥机的主要结构是由 W 形槽和装在槽中的两根转动的空心轴组成，轴上排列着中空叶片。物料在干燥过程中，带有中空叶片的空心轴在给物料加热的同时又对物料进行搅拌，从而进行加热面的更新，是一种连续传导加热干燥机。具有设备结构紧凑，装置占地面积小，热量利用率高等优点。干燥所需热量不是靠热气体提供，减少了热气体带走的热损失，热量利用率可达 $80\%\sim90\%$。干燥器内气体流速低，被气体挟带出的粉尘少，干燥后系统的气体粉尘回收方便，可以缩小旋风分离器尺寸，省去或缩小布袋除尘器。气体加热器、鼓风机等规模都可缩小，节省设备投资。

通过以上对各类干燥机的性能、优缺点的分析，如碳酸钙浆液分离过程采用离心设备，由于其产生的湿碳酸钙滤饼含水分低，物料松散，易粉碎，从成熟、可靠、先进、生产能力、节能等方面上综合考虑，选用回转干燥机是比较理想、可靠的。

（6）干燥设备的选型方案

由物料衡算知，进入干燥机物料量为 $4210.32kg/h$，含水量为 35%，干燥后物料蒸发水量为 $1468.14kg/h$，含水量为 0.20%。

干燥蒸发水量为 $1468.14kg/h$

干燥强度取 $25kgH_2O/(m^3 \cdot h)$

干燥炉有效容积 $V_0 = 1468.14/25 = 58.73m^3$

设干燥机内部构件等占机体容积 40%，则干燥机总容积 $V = \dfrac{V_0}{1-0.40} = 97.88m^3$

选取回转干燥机内径为 $2.4m$，则机体长度为：

$$L = V/(0.785 \times D^2) = 97.88/(0.785 \times 2.42) = 21.65\text{m}$$

选用 $\phi 2400 \times 22000$ 回转干燥机，内有中心管及 10 根回火管。

4.12 其他设备和机械的选型

4.12.1 起重机械

许多起重机械，都是间歇使用的，与流程的关系不大，化工生产中经常使用一些简单的手动或电动的起重装置，常见的有手拉葫芦和电动葫芦。在选型时，根据工艺流程安排，根据起重的最大负荷和起重高度来选型。

其他重型起重机械，大体如此。

4.12.2 运输机械

(1) 车式运输机械

运输机械有各种手动、电动机械，型式有叉式车、手推车等。在选型时，要根据工艺要求设计最大起重量（载重量）、起升高度、行驶速度、爬坡度、倾角、转弯半径和它的自重、价格等综合衡量选取。

(2) 各式输送机

化工生产中一些小颗粒粉尘状物料和滤饼、破碎料、废渣的输送，在流程中有时设计一些自动或半自动化的输送机，如提升机，运输机等。

这类机械的选型，应根据物料的粒度、硬度、重量、温度、堆积密度、湿度、含有腐蚀性物料与否，输送的连续性，稳定性要求等工艺参数选择合适的材料（输送带材料，介质材料等）和恰当的型号。

4.12.3 加料和计量设备

在干燥设备、粉碎筛分设备和一些气固相反应的设备上，都需要设计有一定工艺要求的加料和加料计量装置。常见的固相物料加料器有旋转式加料器（星形加料），螺旋给料器，摆动式给料器和电磁控制的给料器。在加料装置选型时要注意物料特性，有时还应当用样品做试验，使得加料设备做到：能定量给料，运行可靠，稳定，不破坏物料的形状和性能，结构简单，外形小，功耗低，不漏料，不漏气，计量较精确，操作方便等。事实上，很多固相物料的加料机械尚不尽如人意。

总之其他设备和机械的选型程序与步骤同设备的工艺设计一样，首先要明确设计任务，了解工艺条件，确定设计参数；其次，要选择一个适用的类型；最要根据工艺条件进行必要的计算，选择一个具体的型号，对于非标设备就是确定具体尺寸。

4.13 汇编设备一览表

当所有设备选型和设计计算结束后，将装置内所有化工工艺设备（机器）和化工工艺有关的辅助设备（机器）汇编在设备一览表中，如表 4.5 所示。对非标设备要绘制工艺条件图，图上要注明主要工艺尺寸、明细栏，管口表、技术特性表、技术要求等。

表 4-5 设备一览表

××化工设计院					设备一览表			工程名称	20kt/a 一氯甲烷工程				图号	
								设计项目	盐酸解析装置					
								设计阶段	施工图				版次:1	
								净重 (kg) 单重	总重 (kg)	绝热及隔声 型式代号 (mm)	主要层厚度 (mm)	设备来源或图纸来源	管口方位图图号	第1页 共1页
序号	设备位号	设备名称	设备技术规格及附件	标准型号或图纸纸号	材料	单位	数量							备注
1	V101	中间罐	$\phi 2000\times 2000, V=6\mathrm{m}^3$		FRP	个	1							
2	V102	浓酸罐	$\phi 4000\times 6200, V=80\mathrm{m}^3$		FRP	个	10							
3	P101	盐酸泵	$Q=25\mathrm{m}^3/\mathrm{h}$ $H=32\mathrm{m}$	IHF65-40-200	钢衬氟	台	2							
4	E101	预热器	$F=110\mathrm{m}^2$		石墨	台	1							
5	T101	解析塔	$\phi 850\times 8000$		CS/PTFE	台	1							
6	E102	再沸器	$F=90\mathrm{m}^2$		石墨	台	1							
7	E103	一冷器	$F=145\mathrm{m}^2$		石墨	台	1							
8	E104	二冷器	$F=115\mathrm{m}^2$		石墨	台	1							

4.14 案例分析

🈂️ **案例　完成 20kt/a 一氯甲烷项目其中盐酸精馏工序的工艺计算**

给定的工艺数据如下：

① 精馏塔操作压力 0.16MPa（绝压，以下同）；

② 原料酸常温进料，进料温度 20℃；

③ 原料酸质量分数 30%，稀盐酸产品质量分数 21%；

④ 年操作时间 8000h。

1　物料衡算及热量衡算

1.1　计算模型

1.1.1　物料衡算

为了合理、有效地进行物料衡算，根据浓盐酸精馏系统的工艺特点，假设除开、停车外，精馏操作连续、稳定，过程无物质损耗，各设备无质量累积。

物料量的基准为 1kg，衡算时间基准为 1h。

根据盐酸精馏系统的工艺流程图，作出盐酸精馏工序的物料衡算图 4.19。

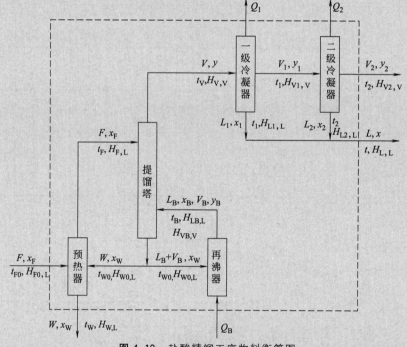

图 4.19　盐酸精馏工序物料衡算图

图中符号说明：

F——原料酸处理量，kg/h；

V——塔顶蒸气量，kg/h；

L_1、L_2——一、二级冷凝器的输出液相量，kg/h；

V_1、V_2——一、二级冷凝器的输出蒸气量，kg/h；

L——总冷凝酸量，kg/h；

L_B——再沸器的输出酸液量，kg/h；

V_B——再沸器的输出蒸气量，kg/h；

W——塔底稀盐酸产量，kg/h；
x_F——原料酸浓度，kg/kg；
y——塔顶气相浓度，kg/kg；
x_1、x_2——一、二级冷凝器的输出液相浓度，kg/kg；
y_1、y_2——一、二级冷凝器的输出气相浓度，kg/kg；
x——冷凝酸浓度，kg/kg；
x_B——再沸器的输出酸液浓度，kg/kg；
y_B——再沸器的输出蒸气浓度，kg/kg；
x_W——塔底稀酸浓度，kg/kg；
t_{F0}、t_F——原料酸预热前、后的温度，℃；
t_V——塔顶气相温度，℃；
t_1、t_2——一、二级冷凝器温度，℃；
t——冷凝酸温度，℃；

t_B——再沸器的输出流体温度，℃；
t_{W0}、t_W——塔底稀酸进、出预热器的温度，℃；
$H_{F0,L}$、$H_{F,L}$——原料酸预热前、后的焓，kcal/(kg·h)；
$H_{V,V}$——塔顶气相焓，kcal/(kg·h)；
$H_{L1,L}$、$H_{L2,L}$——输出一、二级冷凝器液相焓 kcal/(kg·h)；
$H_{V1,V}$、$H_{V2,V}$——输出一、二级冷凝器的气相焓，kcal/(kg·h)；
$H_{L,L}$——冷凝酸焓，kcal/(kg·h)；
$H_{LB,L}$——输出再沸器的酸液焓，kcal/(kg·h)；
$H_{VB,V}$——输出再沸器的蒸气焓，kcal/(kg·h)；
$H_{W0,L}$、$H_{W,L}$——进、出预热器的塔底稀酸焓，kcal/(kg·h)；
Q_1、Q_2——一、二级冷凝器的热负荷，kcal/h；
Q_B——再沸器的热负荷，kcal/h。

(1) 精馏过程总物料衡算

对图中虚框作总物料衡算及氯化氢组分的物料衡算，得：

$$F = V_2 + W + L \tag{1}$$
$$Fx_F = V_2 y_2 + W x_W + L x \tag{2}$$

两式中共有 F、W、L、x 四个未知变量，必须通过热量衡算才能全部解出。式（2）中 $V_2 y_2$ 即为一氯甲烷合成系统所需的纯氯化氢气体量。

(2) 精馏塔物料衡算

作出精馏塔的总物料衡算及氯化氢组分的物料衡算，得：

$$F = V + W \tag{3}$$
$$Fx_F = Vy + W x_W \tag{4}$$

两式中同样也有四个未知变量，即 F、V、W、y，需要结合热量衡算才能全部解出。

(3) 一级冷凝器物料衡算

作出一级冷凝器的总物料衡算及氯化氢组分的物料衡算，得：

$$V = V_1 + L_1 \tag{5}$$
$$Vy = V_1 y_1 + L_1 x_1 \tag{6}$$

(4) 二级冷凝器物料衡算

作出二级冷凝器的总物料衡算及氯化氢组分的物料衡算，得：

$$V_1 = V_2 + L_2 \tag{7}$$
$$V_1 y_1 = V_2 y_2 + L_2 x_2 \tag{8}$$

式（8）中 $V_2 y_2$ 表示精馏过程的纯氯化氢产量，即为一氯甲烷合成系统消耗的氯化氢原料量。

(5) 再沸器物料衡算

作出再沸器的总物料衡算及氯化氢组分的物料衡算，得：

$$V_B = e(V_B + L_B) \tag{9}$$
$$V_B y_B = V_B x_W + L_B(x_W - x_B) \tag{10}$$

式（9）中 e 为再沸器的汽化率，即出再沸器的蒸气量与进再沸器的液体量之比。

由式（9）、式（10）解出：

$$e = (V_W + x_B)/(y_B - x_B) \tag{11}$$

$$L_B = V_B(1-e)/e \tag{12}$$

由式（7）、式（8）解出：

$$V_1 = V_2(y_2 - x_2)/(y_1 - x_2) \tag{13}$$

$$L_2 = V_1 - V_2 \tag{14}$$

由式（5）、式（6）解出：

$$V = V_1(y_1 - x_1)/(y - x_1) \tag{15}$$

$$L_1 = V - V_1 \tag{16}$$

由式（3）、式（4）解出：

$$F = V(y - x_W)/(x_F - x_W) \tag{17}$$

$$W = F - V \tag{18}$$

1.1.2 热量衡算

为了合理、有效地进行热量衡算，根据精馏过程的工艺特点，假设除开、停车外，精馏操作连续、稳定，过程无热量损耗，各设备无热量累积。

热量衡算的时间基准取 1h。

(1) 总热量衡算

对图 4.19 中虚框作总热量衡算，得：

$$FH_{F0,L} + Q_B = V_2 H_{V2,v} + LH_{L,L} + WH_{W,L} + Q_1 + Q_2 \tag{19}$$

(2) 精馏塔热量衡算

对精馏塔作热量衡算，得：

$$FH_{F,L} + L_B H_{LB,L} + V_B H_{VB,v} = VH_{V,v} + (L_B + V_B + W)H_{W0,L} \tag{20}$$

(3) 一级冷凝器热量衡算

对一级冷凝器作热量衡算，得：

$$VH_{V,v} = L_1 H_{L1,L} + V_1 H_{V1,v} + Q_1 \tag{21}$$

(4) 二级冷凝器热量衡算

对二级冷凝器作热量衡算，得：

$$V_1 H_{V1,v} = L_2 H_{L2,L} + V_2 H_{V2,v} + Q_2 \tag{22}$$

(5) 再沸器热量衡算

对再沸器作热量衡算，得：

$$(L_B + V_B)H_{W0,L} + Q_B = L_B H_{LB,L} + V_B H_{VB,v} \tag{23}$$

(6) 预热器热量衡算

对预热器作热量衡算，得：

$$FH_{F0,L} + WH_{W0,L} = FH_{F,L} + WH_{W,L} \tag{24}$$

由上式解出：

$$H_{F,L} = W(H_{W,L} - H_{W0,L})/F + H_{F0,L} \tag{25}$$

以上各式中的热焓根据 HCl-H_2O 二元物系的热焓-浓度关系确定。

1.2 计算过程

根据上述模型对浓盐酸精馏过程进行工艺计算。计算中涉及两类重要的物性数据即 HCl-H_2O 二元物系的气液平衡（T-x-y）数据和焓-浓关系（H-x-y）数据。给定的工艺数据如下：

① 精馏塔操作压力 0.16MPa（绝压，下同）；

② 原料酸常温进料，进料温度20℃；

③ 原料酸质量分数 30%，稀盐酸产品质量分数 21%；

④ 年操作时间 8000h。

浓盐酸精馏过程的工艺计算步骤为：

① 离开二级冷凝器的气液相平衡温度由精馏产品的纯度要求决定。当平衡温度为 $20℃$ 时，氯化氢气体产品的质量分数大于 99.5%。根据 $t_2＝20℃$ 这一条件，从 HCl-H_2O 二元物系的 T-x-y 相图得到气液相平衡组成为 y_2 和 x_2。

② 综合资料数据确定离开一级冷凝器的气相质量分数。现选定 $y_1＝97\%$。根据一氯甲烷合成系统所需的纯氯化氢气量，由式（7）和式（8）计算出 V_1 和 L_2。

③ 由 y_1 确定离开一级冷凝器的气液相平衡温度 t_1 及液相组成 x_1。

④ 对于立式热虹吸再沸器，资料推荐再沸水或水溶液的汽化率范围 $0.02\sim0.1$。选取 $e＝0.8$，通过 T-x-y 相图和式（11）得到再沸器的气液相组成 y_B 和 x_B 及平衡温度 t_B。

⑤ 已知 $x_W＝0.21$，由 T-x-y 相图确定精馏塔塔底出酸的温度 t_{W0}。根据 x_W 和 t_{W0}，再由 HCl-H_2O 二元物系的焓-浓图确定塔底出酸的焓 $H_{W0,L}$。

⑥ 从能量利用的角度分析，离开预热器的稀酸温度越低越好。但是 t_W 受冷进料温度的制约。根据低温端冷热温差的一般要求，再考虑冷进料的年最高温度，取 $t_W＝45℃$。根据 x_W 和 t_W，由焓-浓图确定稀酸的焓 $H_{W,L}$。

⑦ 已知 $t_{F0}＝20℃$，$x_F＝0.30$，由焓-浓图确定原料酸的焓 $H_{F0,L}$。

⑧ 由式（15）知，精馏塔塔顶蒸气量 V 随蒸气浓度 y' 而变。V 和 y 中只有 1 个独立变量。由于塔顶蒸气的浓度比较容易预测，即它不会超过塔顶进料酸的平衡气相浓度，故选 y 为独立变量。由 T-x-y 相图确定原料酸的泡点温度及平衡气相组成。在此平衡组成附近取 y 的初值 y_0，即 $y＝y_0$。

⑨ 由式（15）和式（16）求出 V 和 L_1。

⑩ 由式（17）和式（18）求出 F 和 W。

⑪ 由式（25）求出塔顶热进料的焓 x_F。由 x_F 和 $H_{F,L}$ 从焓-浓图确定热进料温度 t_F。

⑫ 由 y 从 T-x-y 相图确定塔顶气相温度 t_V。由 t_V 从焓-浓图确定塔顶气相的焓 $H_{V,V}$。

⑬ 在焓-浓图上连接塔顶气相点 $V'(y，H_{V,V})$ 和进料点 $F'(x_F，H_{F,L})$ 得一直线，此直线和垂线 $x＝x_W$ 相交得精馏段极点 $W'(x_W，H_{W,L})$。

⑭ 自点 $B'(x_B，H_{B,L})$ 起，在焓-浓图上交替作平衡线和操作线，直至 y_N 大于塔顶进料酸的平衡气相浓度。此时的 N 即为精馏所需的理论板数。

⑮ 若 y_N 和 y_0 之差落在规定的偏差范围，结束计算过程；否则，根据 y_N 对原初值 y_0 作出调整，得到新的初值，$y＝y_0$，转步骤⑨重新计算。

1.3 计算结果

盐酸精馏系统的重要物流数据列于此。其他工艺数据在相关设备设计中列出。

(1) 原料酸处理量

原料酸处理量：$F＝20710.2kg/h$

原料酸年处理量：$20710.2×8000/1000＝165681.9t/a$

(2) 氯化氢气体产量

输出二级冷凝器的气体即质量分数大于 99.5% 的氯化氢气体产品。

氯化氢气体产量：$V_2＝2207.6kg/h$

氯化氢气体年产量：$2207.6×8000/1000＝17660.7t/a$

（3）恒沸酸产量

输出精馏塔的恒沸酸产量：$W=17698.3kg/h$

恒沸酸年产量：$17698.3×8000/1000=141586.6t/a$

（4）冷凝酸产量

精馏塔塔顶蒸气经过两级冷凝得到的冷凝酸量：$L=804.3kg/h$

冷凝酸年产量：$804.3×8000/1000=6434.6t/a$

冷凝酸温度为 55.8℃，冷凝酸质量分数为 36.1％。

2 精馏系统主要设备设计计算

这部分内容涉及的精馏系统主要设备有 5 个，它们是：填料精馏塔、一级冷凝器、二级冷凝器、塔底再沸器、浓酸预热器。

2.1 填料精馏塔

2.1.1 精馏设备及材质选择

（1）选型

盐酸精馏塔通常可选用填料塔或筛板塔。要达到同等效果填料塔的高度较筛板塔高，投资也较大；筛板塔要求负荷比较稳定，操作弹性较小，但能耗相近。

（2）材质

盐酸（尤其是高温浓盐酸）腐蚀性极强，绝大多数金属材料都不耐盐酸腐蚀（包括各种不锈钢材料），含钼高硅铁也仅可用于 50℃，质量分数 30％以下的盐酸，只有金属钽等少数材料可耐高温盐酸腐蚀。和金属材料相反，绝大多数非金属材料对盐酸都有良好的耐腐蚀性，如有机高分子材料、陶瓷、石英材料、石墨、珐琅和玻璃都能耐高温盐酸的腐蚀。

目前在盐酸生产中的管路、容器及设备材料选择上，常温常压贮槽通常采用玻璃钢；管道可以采用玻璃钢、石墨和碳钢衬塑管道（如聚丙烯、聚四氟乙烯等），比较常用的是碳钢衬塑（胶）管道，孔网钢带复合塑料管等新材料也是不错的选择。精馏塔材料使用较多的为碳钢衬塑、钢衬瓷砖、石墨、搪玻璃和玻璃等。玻璃一般应用在试剂盐酸等小量生产中，金属钽等因价格昂贵使用不多，目前越来越多的企业采用石墨材质。盐酸泵一般采用金属衬塑，再沸器目前大多采用石墨或钽材料，以满足耐腐蚀及传热这两方面的要求。

2.1.2 工艺计算

（1）工艺任务

精馏质量分数 30％的浓盐酸，塔顶得高浓氯化氢气体，塔底得恒沸盐酸。

（2）设计操作条件

压力 0.16MPa。

（3）进料

浓盐酸，温度 81.0℃，压力 0.16MPa，流量 20710.2kg/h，质量分数：氯化氢 0.30，水 0.70。

再沸蒸气，温度 108.4℃，压力 0.16MPa，流量 3024.3kg/h，质量分数：氯化氢 0.246，水 0.754。

再沸液体，温度 108.4℃，压力 0.16MPa，流量 34780.0kg/h，质量分数：氯化氢 0.207，水 0.793。

（4）出料

塔顶蒸气，温度 91.80℃，压力 0.16MPa，流量 3011.9kg/h，质量分数：氯化氢 0.829，水 0.171。

塔底液体，温度 108.3℃，压力 0.16MPa，流量 55502.7kg/h，质量分数：氯化氢 0.210，水 0.790。

（5）理论板数

在 HCl-H_2O 二元物系的焓-浓图上作出精馏所需的理论板数。盐酸精馏塔理论板数为 8 块。此值随原料酸的进料温度而变。

（6）填料型号

选择耐高温、耐强酸腐蚀的 470 型轻质陶瓷波纹板规整填料。此填料壁厚 1.2mm，比表面积 470m^2/m^3，空隙率 71.5%，密度 711kg/m^3。

（7）动能因子 F

气体动能因子计算式：

$$F = u\sqrt{\rho} \tag{26}$$

470 型陶瓷波纹板填料的工作负荷范围 $F = 1.2 \sim 1.8$ (m/s)/(kg/m^3)，设计动能因子取：

$$F = 1.6 \ (m/s)/(kg/m^3)$$

（8）塔径 d 和空塔气速 u

塔径计算式：

$$d = \sqrt{\frac{4V}{3600\pi\rho u}} \tag{27}$$

式中，V 为精馏塔最大气体体积流量处的气体质量流量，kg/h；ρ 为气体密度，kg/m^3；d 为塔径，m。

精馏塔塔底的气体体积流量最大。根据前面的物料衡算计算出 $V = 3024.35$kg/h，$\rho = 1.038$kg/m^3。代入式（27）算出塔径：

$$d = 0.81m$$

塔径圆整后，取：

$$d = 0.85m$$

空塔气速计算式：

$$u = \frac{4V}{3600\pi\rho d^2} \tag{28}$$

精馏塔实际空塔气速：$u = 1.43$m/s。

（9）填料层高度

470 型陶瓷波纹板填料具有较高的分离效率。对于有机物系，实验验证每米填料的理论板数高达 5～6 块。对于含水量高的水溶液，它与填料之间的润湿性能明显下降，导致分离效率降低。本设计的精馏物系正属于含水量高的水溶液。精馏塔塔顶浓酸的进料温度低于泡点温度，需要一定高度的填料层作为预热段。精馏塔进液、进气结构对流体分布性能的限制，也需要一定高度的填料层作为初始分布段。考虑上述这些因素，精馏塔填料层高度取 5m，分成两段。

（10）填料层压力降

由于 470 型陶瓷波纹板填料的板壁较厚，填料空隙率较低，填料压降较大。按每米填料压降 1000Pa 计算，精馏塔填料层压降约 5000Pa，即 0.005MPa。

(11) 塔主体高度

1) 顶部空间高度

塔的顶部空间高度是指塔顶封头切线至填料顶层的距离。为了减少塔顶出口气体中夹带的液体量，此空间高度一般取 1.2～1.5m。由于离塔气体要经过二级冷凝，所以雾沫夹带对氯化氢产品的纯度影响不大；再考虑到本设计填料塔的造价较高，应尽可能降低塔高。选取顶部空间高度 $H_a=1.0$m。

顶部空间高度 H_a 的分配原则：尽量加大塔顶进料管离塔顶封头的距离，有利于气、液分离；尽量缩短分布器底面离填料层顶部的距离，有利于减少雾沫夹带。

选取：进料管离塔顶封头距离 0.6m 进料管离填料层顶部距离 0.4m。要求：液体分布器的安装高度（分布器底面到填料层顶部的距离）0.15m。

2) 底部空间高度

塔的底部空间高度是指填料层底部离塔底封头切线的距离。此高度尚无统一的选取标准。底部空间高度主要由塔底储液高度决定。塔底储液高度根据液体的停留时间确定。对于釜液流量大的塔，釜液的停留时间一般取 3～5min。取釜液停留时间 $t_1=3\times60=180$s。

釜液流量按塔底恒沸酸产量计算，恒沸酸体积流量 4.653×10^{-3}m³/s，储液高度 H_1 由下式计算：

$$H_1=L_W t_1/\left(\frac{\pi}{4}D_T^2\right)=4.653\times10^{-3}\times180/\left(\frac{3.1416}{4}\times0.85^2\right)=1.48m$$

为保证立式热虹吸再沸器的稳定操作，底部空间不宜取得太小。取 H_b 为 2m 左右。

底部空间高度 H_b 的分配原则：进气管离填料底层的距离应满足塔底液位、进气管尺寸和填料支承板尺寸的要求，同时还应考虑气、液分离的需要，因为离开再沸器的蒸气中不可避免地夹带有一部分液体。此距离不宜太小，也不必过大。出料管（装配在塔节上，避免陶瓷填料碎片阻塞管口，可省去装设结构较为复杂的防碎填料挡板）宜靠近塔底封头切线。选取：进气管离填料底层距离 350mm，出料管离塔底封头切线 150mm。

由上述两项高度加上填料层高度得塔顶封头切线至塔底封头间的高度，即

$$H_Z=H_P+H_a+H_b=5.0+1.0+2.0=8.0mm$$

2.2 一级冷凝器

(1) 工艺任务

用冷却水冷凝出精馏塔塔顶的氯化氢水蒸气。

(2) 设计操作条件

压力 0.16MPa。

(3) 进料

精馏塔顶出氯化氢水蒸气，流量 3011.9199kg/h，其中氯化氢质量分数 0.8288；温度 91.76℃，压力 0.16MPa。

冷却水流量为 L_{WC}，温度为 t_{w1}。

(4) 出料

氯化氢水蒸气，流量 2326.2142kg/h，其中氯化氢质量分数 0.97；温度 63.00℃，压力 0.16MPa。

氯化氢溶液，流量 685.7057kg/h，其中氯化氢质量分数 0.35；温度 63.00℃，压力 0.16MPa。

冷却水，流量 L_{WC}，温度 t_{W2}。

（5）冷凝器热负荷

一级冷凝器热负荷：

$$Q_{1cal} = 364461.34 \text{kcal/h}$$

考虑到计算误差及过热器实际操作时的热量损失，取15%的热负荷裕度，则设计热负荷：

$$Q_{1des} = 419130.55 \text{kcal/h}$$

（6）选型

选用块孔式石墨换热器。

（7）冷却水用量

冷却水进出口温度为：

$$t_{W1} = 30.0℃，\quad t_{W2} = 35.0℃$$

冷却水用量：

$$L_{WC} = 84078.3444 \text{kg/h}$$

（8）传热面积

一级冷凝器的总传热系数取 $80 \text{kcal/(m}^2 \cdot \text{h} \cdot ℃)$，则一级冷凝器的传热面积为：

$$A_{1cal} = 119.58 \text{m}^2$$

考虑20%的传热面积裕度，则一级冷凝器的设计传热面积为：

$$A_{1des} = 1.2 \times 119.58 = 143.50 \text{m}^2$$

2.3 二级冷凝器

（1）工艺任务

用冷冻 $CaCl_2$ 溶液冷凝出一级冷凝器的氯化氢水蒸气。

（2）设计操作条件

压力 0.16MPa。

（3）进料

一级冷凝器出氯化氢水蒸气，流量 2326.2142kg/h，其中氯化氢质量分数0.97；温度63.00℃，压力 0.16MPa。

冷却 $CaCl_2$ 溶液，流量 L_{WC}，温度 t_{W1}。

（4）出料

氯化氢水蒸气，流量 2207.5913kg/h，其中氯化氢质量分数0.9995；温度 20.00℃，压力 0.16MPa。

氯化氢溶液，流量 118.6229kg/h，其中氯化氢质量分数 0.35；温度 20.00℃，压力 0.16MPa。

冷却 $CaCl_2$ 溶液，流量 L_{WC}，温度 t_{W2}。

（5）冷凝器热负荷

二级冷凝器热负荷：

$$Q_{2cal} = 77082.33 \text{kcal/h}$$

考虑到计算误差及过热器实际操作时的热量损失，取15%的热负荷裕度，设计热负荷：

$$Q_{2des} = 88644.68 \text{kcal/h}$$

（6）选型

选用块孔式石墨换热器。

（7）冷却 $CaCl_2$ 溶液

冷却水进出口温度为：

$$t_{w1} = -15.00℃, t_{w2} = -10.00℃。$$

冷却水用量：

$$L_{wc} = 26194.2701kg/h$$

（8）传热面积

二级冷凝器的总传热系数取 $18kcal/(m^2 \cdot h \cdot ℃)$。二级冷凝器的传热面积为：

$$A_{2cal} = 95.27m^2$$

考虑20%的传热面积裕度，二级冷凝器的设计传热面积为：

$$A_{2des} = 1.2 \times 95.27 = 114.2m^2$$

2.4 塔底再沸器

（1）工艺任务

用水蒸气使塔底稀酸再沸。

（2）设计操作条件

压力 0.16MPa。

（3）进料

出塔底的盐酸，流量 37804.3515 kg/h，其中氯化氢质量分数 0.21；温度 120.27℃（考虑了压力对泡点的影响），压力 0.16MPa。

水蒸气，流量 V_{1s}，温度 t_{1s}，压力 p_{1s}。

（4）出料

氯化氢水蒸气，流量 3024.3481kg/h，其中氯化氢质量分数 0.2458；温度 120.40℃，压力 0.16MPa。

氯化氢溶液，流量 34780.0034kg/h，其中氯化氢质量分数 0.2069；温度 120.40℃，压力 0.16MPa。

冷凝水，流量 V_{1s}，温度 t_{1s}，压力 p_{1s}。

（5）再沸器热负荷

再沸器的热负荷：

$$Q_{3cal} = 1567773.44kcal/h$$

考虑到计算误差及再沸器实际操作时的热量损失，取15%的热负荷裕度，则设计热负荷为：

$$Q_{3des} = 1.15 \times 1567773.44 = 1802939.45kcal/h$$

（6）选型

根据工艺条件，建议选用立式热虹吸型再沸器。

（7）加热蒸汽用量

本设计选择145℃，0.14MPa的饱和水蒸气作为加热介质以保证再沸器的操作温差基本上处于临界温度差附近，即 $t_{1s} = 145℃$，$p_{1s} = 0.14MPa$。

饱和水蒸气用量为：

$$V_{1s} = 3545.781kg/h$$

（8）传热面积

据《石墨制化工设备设计》介绍，21％盐酸再沸器的传热系数范围是1000～3000kcal/（m²·h·℃）。考虑到本设计采用立式热虹吸型再沸器，汽化率不高。作为稳妥设计，再沸器总传热系数取1000 kcal/（m²·h·℃）。再沸器的传热面积为：

$$A_{3cal} = 73.1 m^2$$

考虑20％的传热面积裕度，甲醇汽化器的设计传热面积为：

$$A_{3des} = 1.2 \times 73.1 = 87.7 m^2$$

2.5 浓酸预热器

（1）工艺任务

用塔底出稀酸给进料浓酸预热。

（2）设计操作条件

压力0.16MPa。

（3）进料

原料浓盐酸，流量20710.2399kg/h，其中氯化氢质量分数0.30；温度20.00℃，压力0.16MPa。

出塔底稀盐酸，流量17698.3200kg/h，其中氯化氢质量分数0.21；温度108.27℃，压力0.16MPa。

（4）出料

浓盐酸，流量20710.2399kg/h，其中氯化氢质量分数0.30；温度81.02℃，压力0.16MPa。

稀盐酸，流量17698.3200kg/h，其中氯化氢质量分数0.21；温度45.00℃，压力0.16MPa。

（5）预热器热负荷

预热器的热负荷：

$$Q_{4cal} = 821308.7507 kcal/h$$

考虑到计算误差及再沸器实际操作时的热量损失，取15％的热负荷裕度，设计热负荷：

$$Q_{4des} = 1.15 \times 821308.7507 = 944505.06 kcal/h$$

（6）预热器选型

选用块孔式石墨换热器。

（7）传热面积

预热器的总传热系数取400kcal/（m²·h·℃），预热器的传热面积为：

$$A_{4cal} = 90.42 m^2$$

考虑20％的传热面积裕度，则预热器的设计传热面积为：

$$A_{4des} = 1.2 \times 90.42 = 108.51 m^2$$

第5章

车间布置设计

车间布置设计是设计工作的重中之重,布置的好坏直接关系到车间建成后是否符合工艺要求,能否有良好的操作条件,生产能否正常、安全的运行,设备的检修维护是否方便可行,以及对建设投资、经济效益等都有着重大的影响。所以,车间布置设计以工艺专业为主导,在其他相关专业的密切配合下,按照相关标准、规范并结合当地的地形、气象条件,同时征求建设单位和相关职能部门的建议,经过深思熟虑、仔细推敲、多方案比较,确定最佳布置。

5.1 车间布置设计基础

5.1.1 车间布置设计的依据

5.1.1.1 标准、规范和规定
本节仅简单列出设计应遵循的主要标准、规范和规定的名称。

《建筑设计防火规范》	GB 50016—2014
《石油化工企业设计防火规范》	GB 50160—2008
《化工装置设备布置设计规定》	HG 20546—2009
《石油化工工艺装置布置设计规范》	SH 3011—2011
《爆炸危险环境电力装置设计规范》	GB 50058—2014
《工业企业卫生设计标准》	GB Z1—2010

5.1.1.2 基础资料
① 工艺管道及仪表流程图(P&ID)。

② 物料衡算数据及物料性质(包括原料、中间体、副产品、成品的数量及性质,三废的数量及处理方法等)。

③ 设备一览表(包括设备外形尺寸、重量、支撑形式及保温情况)。

④ 公用系统情况(包括供排水、供电、供热、压缩空气及外管资料等)。

⑤ 车间定员表(除技术人员、管理人员、车间化验人员、岗位操作人员外,还要掌握最大班人数和男女比例情况)。

⑥ 厂区总平面布置图（包括车间之间、辅助部门、生活部门的相互联系，场内人流、物流的情况和数量）。

⑦ 厂区地形和气象资料等。

5.1.2 车间布置设计的内容

车间布置设计的内容主要包括车间厂房的整体布置设计和车间设备的布置设计两部分内容。

(1) 车间厂房的整体布置设计

在进行车间厂房的整体布置设计时，首先要确定车间设施的基本组成，车间组成包括生产、辅助、生活三部分，设计时应根据生产流程、原料、中间体、产品的物化性质，以及它们之间的关系，确定应该设几个生产工段，需要哪些辅助、生活部门。

生产、辅助、生活三部分常见的划分如下。

① 生产部门：包括原料工段、生产工段、成品工段、回收工段（包括三废处理）、控制室等。

② 辅助部门：压缩空气，真空泵房，水处理系统，变电配电室，通风空调室，机修、仪修、电修室，车间化验室，仓库等。

③ 生活部门：包括车间办公室、更衣室、浴室、休息室、厕所等。

(2) 车间设备的布置设计

车间设备的布置设计就是确定各个设备在车间范围内平面与车间立面上的准确的、具体的位置，同时确定场地与建、构筑物的尺寸；安排工艺管道、电气仪表管线、采暖通风管线的位置。

5.1.3 车间布置设计的原则

① 从经济和压降观点出发，设备布置应顺从工艺流程，但若与安全、维修和施工有矛盾时，允许有所调整。

② 根据地形、主导风向等条件进行设备布置，有效地利用车间建筑面积（包括空间）和土地（尽量采用露天布置及构筑物能合并者尽量合并）。

③ 明火设备必须布置在处理可燃液体或气体设备的主导风向的上风地带，并集中布置在装置车间的边缘。

④ 控制室和配电室应布置在生产区域的中心部位，并在危险区之外，控制室还应远离震动设备。

⑤ 充分考虑本车间和其他部门在总平面布置图上的位置，力求紧凑、联系方便、缩短输送管道，节省管材费用及运行费用。

⑥ 留有发展余地。设计中留有余地，以便将来扩建或补救设计中可能出现的不足，如当生产规模不够时，有增加设备的空间。

⑦ 所采取的劳动保护、防火要求、防腐蚀措施要符合有关标准、规范的要求。

⑧ 有毒、有腐蚀性介质的设备应分别集中布置，并设置围堰，以便集中处理。围堰内容积可满足最大单罐容积。

⑨ 设置安全通道，人流、物流方向应错开。

⑩ 设备布置应整齐，尽量使主管架布置与管道走向一致。

⑪ 综合考虑工艺管道、公用工程总管、仪表、电气电缆桥架、消防水管、排液管、污

水管、管沟、阴井等设置位置及其要求。

5.1.4 车间布置设计的方法和步骤

① 工艺设计人员根据生产流程、生产性质、各专业要求、有关标准规范的规定及车间在总平面图上的位置，初步划分生产、辅助生产和生活区的分隔及位置，确定厂房的柱距和宽度。

② 车间布置图常用比例为 1 : 100，也可用 1 : 200 或 1 : 50，视设备布置密集程度而定。

③ 绘制厂房建筑平、立面轮廓草图。

④ 根据工艺流程划分工段，把同一工段的设备尽量布置在同一幢厂房中。

⑤ 将设备按一定比例布置在厂房建筑平、立面图上，制成车间平、立面草图。

⑥ 辅助及生活设施在设备布置时应该统筹考虑，一般将这些房间集中布置在规定的区域，不能在车间内任意放置，防止厂房凌乱不齐，影响厂房通风条件。

⑦ 车间平、立面草图布置完成后，要广泛征求有关专业的意见，一般至少考虑两个方案，从各方面比较其优缺点，经集思广益后，选择一个较为理想的方案，根据讨论意见做必要的调整，修正后提交建筑设计人员设计建筑图。

⑧ 工艺设计人员在取得建筑设计图后，根据布置的草图绘制正式的车间平、立面图。

5.2 车间布置的技术要素

5.2.1 车间内各工段的安排

① 车间内各工段的安排主要根据生产规模、生产特点、厂区面积、厂区地形以及地质等条件而定。

② 生产规模较小，车间中各工段联系频繁，生产特点无显著差异时，在符合建筑设计防火规范及工业企业设计卫生标准的前提下，结合建厂地点的具体情况，可将车间的生产辅助生活部门集中布置在一幢厂房内。医药、农药、一般化工生产车间都是这样布置的。

③ 生产规模较大的车间内各工段生产特点有显著差异，需要严格分开，或者厂区平坦地形的地面较少时，厂房多采用单体式。大型化工厂（石油化工）一般生产规模较大，生产特点是易燃易爆或有明火设备，这时厂房的安排采用单体式，即把原料、成品包装、生产工段、回收工段、控制室以及特殊设备，采取独立设置，分散为许多单体。

5.2.2 车间平面布置

厂房的平面布置，按其外形一般有长方形、L形、T形和Ⅱ形等。长方形便于总平面图的布置，节约用地，有利于设备的布置，缩短管线，易于安排交通出入口，有较多可供自然采光和通风的墙面；但有时由于厂房总长度较长，在总图布置时有困难，为了适应地形要求或者生产的需要，也有采用L形、T形或Ⅱ形的，而此时应充分考虑采光、通风和立面等各方面的因素。

(1) 直通管廊长方形布置

该布置适用于小型车间。外部管道可由管廊的一端或两端进出，贮罐区与工艺区用管廊连接起来，流程通畅。在管廊两侧布置贮罐与设备，较单面布置占地面积小，管廊长度短，流体输送动力省。该布置示意图如 5.1 所示。

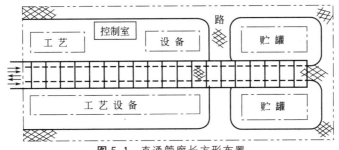

图 5.1　直通管廊长方形布置

（2）L 形、T 形布置

L 形、T 形的布置（见图 5.2）适合于较复杂车间，管道可由两个或三个方向进出车间。

中间贮罐布置在设备或厂房附近，原料、成品贮罐分类集中在贮罐区。易燃物料贮罐外设围堤以防止液体泄漏蔓延，为操作安全，泵布置在围堤外。槽车卸料泵靠近道路布置，贮罐的出料泵靠近管廊既方便又节约管道。

厂房与各分区的周围都有通行道路，道路布置成环网状，除方便检修外也利于消防安全。管廊与道路重叠，在架空管廊下（或边）布置道路既节约用地又方便安装维修。

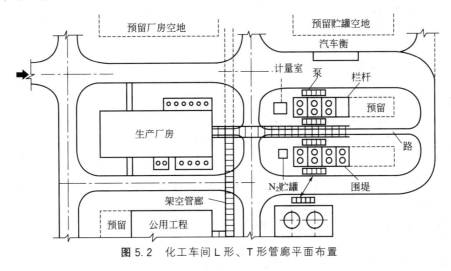

图 5.2　化工车间 L 形、T 形管廊平面布置

总之，车间的平面布置，必须根据车间外部和车间内部条件，全面考虑车间各厂房、露天场地和各建筑物的相对位置和布局，综合各种设计条件，不断进行讨论，完善设计，才能得到一个比较理想的布置方案。

厂房的柱网布置，要根据厂房结构而定，生产类别为甲、乙类生产及大型石化装置，宜采用框架结构，采用的柱网间距一般为 6m，也可采用 9m、12m；丙、丁、戊类生产可采用混合结构或框架结构，间距采用 4m、5m 或 6m。但不论框架结构还是混合结构，在一幢厂房中不宜有多种柱距。柱距要尽可能符合建筑模数的要求，这样可以充分利用建筑结构上的标准预制构件，节约设计及施工力量，加快基建进度。多层厂房的柱网布置如图 5.3 所示。

厂房的宽度确定，生产厂房为了尽可能利用自然采光和通风以及建筑经济上的要求，一

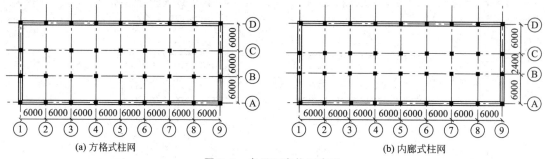

图 5.3 多层厂房柱网布置

般单层厂房宽度不宜超过 30m，多层厂房宽度不宜超过 24m，厂房常用宽度有 9m、12m、15m、18m、21m，也有用 24m 的。厂房中柱子布置既要便于设备排列和工人操作，又要便于交通运输，因此单层厂房常为单跨，即跨度等于厂房宽度，厂房内没有柱子。多层厂房若跨度为 9m，厂房中间如不立柱子，所用的梁就要很大，因而不经济。一般较经济厂房的常用跨度为 6m 左右，例如 12m、15m、18m、21m 宽度的厂房，常分别布置成 6-6、6-2.4-6、6-3-6、6-6-6 形式。其中 6-2.4-6 表示三跨，跨度分别为 6m、2.4m、6m，中间的 2.4m 是内走廊的宽度，如图 5.3（b）所示。

一般车间的短边（即宽度）常为 2~3 跨，长边（即长度）则根据生产规模及工艺要求决定。

在进行车间布置时，要考虑厂房的安全出入口，一般不应少于 2 个，如车间面积小，生产人数少，可设 1 个，但应慎重考虑防火安全问题（具体数量详见建筑设计防火规范）。

5.2.3 车间立面布置

化工厂房可根据工艺流程的需要设计成单层、多层或单层与多层相结合的方式。一般来说单层厂房建设费用较低，因此除了由于工艺流程的需要必须设计成多层外，工程设计中一般多采用单层。有时因受建设场地的限制或者为了节约用地，也有设计成多层的。对于为新工艺产品工业化生产而设计的厂房，由于在生产过程中对于工艺路线还需不断地改造、完善，所以一般设计成一个高单层厂房，利用便于移动、拆除、改建的钢操作台代替钢筋混凝土操作台或多层厂房的楼板，以适应工艺流程变化的需要。

厂房层数的设计要根据工艺流程的需要、投资、用地的条件等各种因素，进行综合的比较后才能最后决定。

厂房的高度和层数主要由工艺设备布置要求决定。厂房的垂直布置要充分利用空间，每层高度取决于设备的高低、安装的位置、检修要求及安全卫生等条件。一般框架或混合结构的多层厂房，层高多采用 5m、6m，最低不得低于 4.5m；每层高度尽量相同，不宜变化过多。装配式厂房层高采用 300mm 的模数。在有高温及有毒害性气体的厂房中，要适当加高建筑物的层高或设置拔风式气楼（即天窗），以利于自然通风、采光散热。

有爆炸危险的车间宜采用单层，厂房内设置多层操作台以满足工艺设备位差的要求。如必须设在多层厂房内，则应布置在厂房顶层。如整个厂房均有爆炸危险，则在每层楼板上设置一定面积的泄爆孔。这类厂房还应设置必要的轻质屋面或增加外墙以及门窗的泄压面积，泄压面积与厂房体积的比值应符合建筑设计防火规范的要求。泄压面积应布置合理，并应靠近爆炸部位，不应面对人员集中的地方和主要交通道路。车间内防爆区与非防爆区（生活、辅助及控制室等）间应设防火墙分隔。如两个区域需要互通时，中间应设双门斗，即设二道弹簧门隔开。上下层防火墙应设在同一轴线处。防爆区上层不应设置非防爆区。有爆炸危险车间的楼梯间宜采用封闭式楼梯间。

5.2.4 设备布置

化工厂的设备布置，在气温较低的地区或有特殊要求者，均将设备布置在室内，一般可采用室内与露天联合布置，在条件允许的情况下，采用有效措施，最大限度地实现化工厂的联合露天化布置。

设备露天布置有下列优点：可以节约建筑面积，节省基建投资；可节约土建施工工程量，加快基建进度；有火灾及爆炸危险性的设备，露天布置，可降低厂房耐火极限，降低厂房造价；有利于化工生产的防火、防爆和防毒（对毒性较大或剧毒的化工生产除外）；对厂房的扩建、改建具有较大的灵活性。

生产中一般不需要经常操作的或可用自动化仪表控制的设备，如塔、换热器、液体原料贮罐、成品贮罐、气柜等都可布置在室外。需要大气调节温度的设备，如凉水塔、空气冷却器等也都露天布置或半露天布置。

不允许有显著温度变化，不能受大气影响的一些设备，如反应罐、各种机械传动设备、装有精密仪表的设备及其他应该布置室内的设备，则应布置在室内。

(1) 生产工艺对设备布置的要求

① 在布置设备时一定要满足工艺流程顺序，要保证水平方向和垂直方向的连续性。对于有压差的设备，应充分利用高低位差布置，以节省动力设备及费用。在不影响流程顺序的原则下，将各层设备尽量集中布置，充分利用空间，简化厂房体形。通常把计量槽、高位槽布置在最高层，主要设备如反应器等布置在中层，贮槽布置在底层。这样既可利用位差进出物料，又可减少各层楼面的荷重，降低造价。但在保证垂直方向连续性的同时，应注意在多层厂房中要避免操作人员在生产过程中过多地往返于楼层之间。

② 凡属相同的几套设备或同类型的设备或操作性质相似的有关设备，应尽可能布置在一起，这样可以统一管理，集中操作，还可减少备用设备，即互为备用。如成排布置的塔，如有可能时设置联合平台；换热器并排布置时，推荐靠管廊侧管程接管中心线取齐；离心泵的排列应以泵的出口管中心线取齐；卧式容器推荐以靠近管廊侧封头切线取齐；加热设备、反应器等推荐以中心线取齐。

③ 布置设备时，除要考虑设备本身所占的位置外，还需有足够的操作、通行及检修需要的位置。

④ 要考虑相同设备或相似设备互换使用的可能性，设备排列要整齐，避免过松过紧。

⑤ 除热膨胀有要求的管道外，要尽可能地缩短设备间的管线。

⑥ 车间内要留有堆放原料、成品和包装材料的空地（能堆放一批或一天的量），以及必要的运输通道及起吊位置，且尽可能地避免固体物料的交叉运输。

⑦ 传动设备要有安装安全防护设施的位置。

⑧ 要考虑物料特性对防火、防爆、防毒及控制噪声的要求，譬如对噪声大的设备，宜采用封闭式间隔；生产剧毒物及处理剧毒物料的场所，要和其他部分完全隔开，并单独设置自己的生活辅助用室；对于可燃液体及气体场所应集中布置，便于处理；操作压力超过3.5MPa的反应设备宜集中布置在车间的一端。

⑨ 根据生产发展的需要和可能，适当预留扩建余地。

⑩ 设备之间或设备与墙之间的净间距大小，虽无统一规定，但设计者应结合上述布置要求及设备的大小、设备上连接管线的多少、管径的粗细、检修的频繁程度等各种因素，再根据生产经验，决定安全距离。中小型生产的设备安全距离见表 5.1，可供一般设备布置时参考。图 5.4 所示为工人操作设备所需的最小间距示例。

表 5.1 车间布置设计的有关尺寸和设备之间的安全距离

序号	项　目	尺寸/m
1	泵与泵的间距	不小于 0.7
2	泵列与泵列间的距离	不小于 2.0
3	泵与墙之间的净距	不小于 1.2
4	回转机械离墙距离	不小于 0.8~1.0
5	回转机械彼此间的距离	不小于 0.8~1.2
6	往复运动机械的运动部分与墙面的距离	不小于 1.5
7	被吊车吊动的物件与设备最高点的距离	不小于 0.4
8	贮槽与贮槽间的距离	不小于 0.4~0.6
9	计量槽与计量槽间的距离	不小于 0.4~0.6
10	换热器与换热器间的距离	不小于 1.0
11	塔与塔间的距离	1.0~2.0
12	反应罐盖上传动装置离天花板距离(如搅拌轴拆装有困难时,距离还须加大)	不小于 0.8
13	通道、操作台通行部分的最小净空	不小于 2.0~2.5
14	操作台梯子的坡度(特殊时可作成 60°)	一般不超过 45°
15	一人操作时设备与墙面的距离	不小于 1.0
16	一人操作并有人通过时两设备间的净距	不小于 1.2
17	一人操作并有小车通过时两设备间的距离	不小于 1.9
18	工艺设备与道路间的距离	不小于 1.0
19	平台到水平人孔的高度	0.6~1.5
20	人行道、狭通道、楼梯、人孔周围的操作台宽	0.75
21	换热器管箱与封盖端间的距离,室外/室内	1.2/0.6
22	管束抽出的最小距离(室外)	管束长+0.6
23	离心机周围通道	不小于 1.5
24	过滤机周围通道	1.0~1.8
25	反应罐底部与人行通道距离	不小于 1.8~2.0
26	反应罐卸料口至离心机的距离	不小于 1.0~1.5
27	控制室、开关室与炉子之间距离	15
28	产生可燃性气体的设备和炉子间距离	不小于 8.0
29	工艺设备和道路间距离	不小于 1.0
30	不常通行的地方,净高不小于	1.9

(2) 设备安装对设备布置的要求

① 要根据设备大小及结构，考虑设备安装、检修及拆卸所需要的空间和面积。

② 要考虑设备能顺利进出车间，经常搬动的设备应在设备附近设置大门或安装孔，大门宽度比最大设备宽 0.5m，不经常检修的设备，可在墙上设置安装孔。

③ 通过楼层的设备，楼面上要设置吊装孔。厂房比较短时，吊装孔设在靠山墙的一端，厂房长度超过 36m 时，则吊装孔应设在厂房中央。多层楼面的吊装孔应在同一平面位置。在底层吊装孔附近要有大门，使需要吊装的设备由此进出。吊装孔不宜开得过大（一般控制在 2.7m 以内，对于外形尺寸特别大的设备的吊装，可采用安装墙或安装门）。

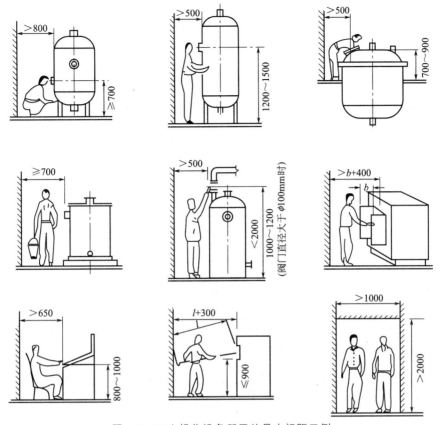

图 5.4 工人操作设备所需的最小间距示例

ζ表示墙壁或邻近设备的最外缘表面，图中单位为 mm

④ 必须考虑设备检修、拆卸以及运送物料所需要的起重运输设备。起重设备的形式可根据使用要求而定。如不设永久性起重设备，则应考虑有安装临时起重设备的场地及预埋吊钩，以便悬挂起重葫芦。如在厂房内设置永久性起重设备，则要考虑起重设备本身的高度，并使设备起吊运输高度大于运输途中最高设备的高度。

⑤ 大型设备（如塔、贮罐、反应器等）应布置在车间的一侧，并靠近通道，周围无障碍物，以便起重设备的进出及设备的吊装，通道宽度大于最大起吊设备的宽度。

（3）厂房建筑对设备布置的要求

① 凡是笨重设备或运转时会产生很大振动的设备，如压缩机、离心机、真空泵、粉碎机等应该尽可能布置在厂房的底层，并和其他生产部分分开，以减少厂房楼面的荷载和振动。由于工艺要求或者其他原因不能布置在底层时，应由土建专业在结构设计上采取有效的防震措施。

② 有剧烈振动的设备，其操作台和基础不得与建筑物的柱、墙连在一起，以免影响建筑物的安全。

③ 布置设备时，要避开建筑物的柱子及主梁。如设备支撑在柱子或梁上，其荷载及吊装方式需事先告知土建人员，并与其商议。

④ 厂房中操作台必须统一考虑，防止平台支柱林立重复，既有碍于整齐美观又影响生产操作及检修。

⑤ 设备不应布置在建筑物的沉降缝或伸缩缝处。

⑥ 在厂房的大门或楼梯旁布置设备时，要求不影响开门和妨碍行人出入通畅。

⑦ 设备应尽可能避免布置在窗前，以免影响采光和开窗；如必需布置在窗前时，设备与墙间的净距应大于 600mm。

⑧ 设备布置时应考虑设备的运输线路，安装、检修方式，以决定安装孔、吊钩及设备间距等。

⑨ 凡有腐蚀介质的设备，通常集中布置并设置围堰，以便其地面做耐腐蚀铺砌处理和设酸性下水系统。

⑩ 可燃易爆设备应与其他工艺设备分开布置，并集中布置在车间一处，以便土建设置隔爆墙等有关措施。

5.2.5 罐区布置

① 甲、乙、丙类液体储罐区，液化石油气储罐区，可燃、助燃气体储罐区，可燃材料堆场等，应设置在城市（区域）的边缘或相对独立的安全地带，并宜布置在城市（区域）全年最小频率风向的上风侧。甲、乙、丙类液体储罐（区）宜布置在地势较低的地带，液化石油气储罐（区）宜布置在地势平坦、开阔等不宜积存液化石油气的地带。

② 桶装、瓶装甲类液体不应露天存放。

③ 甲、乙、丙类液体储罐区，液化石油气储罐区，可燃、助燃气体储罐区，可燃材料堆场，应与装卸区辅助生产区以及办公区分开布置。

④ 甲、乙、丙类液体储罐区，液化石油气储罐区，可燃、助燃气体储罐区，可燃材料堆场的防火间距详见《建筑设计防火规范》GB 50016—2014 和《石油化工企业设计防火规范》GB 50160—2008。

5.2.6 外管架的设置

当一个车间分别布置有多幢厂房，且又来往管线密切时，或车间与车间之间输送物料的管线相互往来，且间距又较大时，则应设置外管架。

① 外管架的布置要力求经济合理，管线长度要尽可能短，走向合理，避免造成不必要的浪费。

② 外管架布置应尽量避免对车间形成环状布置。

③ 布置外管架时应考虑扩建区的运输、预留出足够的空间及通道，留有余地以利发展。管架宽度上也应考虑扩建需要留有一定余量。

④ 外管架的形式，一般分为单柱（T 形）和双柱（Π 形）式。

⑤ 管架净空高度如下：

高管架	净空高度 ≥4.5m
中管架	净空高度 2.5～3.5m
低管架	净空高度 1.5m
管墩或管枕等	净空高度 300～500mm

⑥ 管架断面宽度如下：

小型管架	管家宽度 <3m
大型管架	管家宽度 ≥3m

⑦ 小型管架与建构筑物之间的最小水平净距，应符合《化工企业总图运输设计规范》HG/T 50489—2009。

⑧ 一般管架的坡度为 0.2%～0.5%。

⑨ 多种物性管道在同一管架多层敷设时，宜将介质温度高者布置在上层，腐蚀性介质及液化烃管道布置在下层。在同一层布置时，热管道及需要经常检修的管道布置在外侧，但液化烃管道应避开热管道。

5.2.7 辅助和生活设施的布置

① 生产规模较小的车间，多数是将辅助室、生活室集中布置在车间中的一个区域内，如图 5.5 所示。

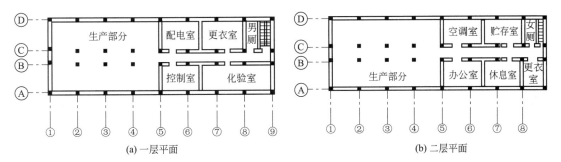

(a) 一层平面　　　　　　　　　　　　　　(b) 二层平面

图 5.5　辅助室和生活室布置

一般情况下，将辅助设施布置在其中间，如配电室布置在电负荷中心，控制室设置在靠近生产区域，空调机房布置在需要空调的附近等。这些房间一般布置在车间的北面。

② 生活室中的办公室、化验室、休息室等宜布置在南面，以充分利用太阳能采暖，更衣室、厕所、浴室等可布置在厂房北面房间。

③ 生产规模较大时，辅助室和生活室可根据需要布置在有关的单体建筑物内或单独设立。

④ 有毒的或者对卫生方面有特殊要求的工段必须设置专用的浴室。

5.2.8 安全和卫生

① 要为工人操作创造良好的采光条件。布置设备时尽可能做到工人背光操作，高大设备避免靠窗布置。

② 要最有效地利用自然对流通风，车间南北向不宜隔断。放热量大、有毒害性气体或粉尘的工段，如不能露天布置时，需要有机械送排风装置或采取其他措施，以满足卫生标准的要求。

③ 凡火灾危险性为甲乙类生产的厂房，除上面已提到的一些注意事项外，还需要考虑如下几点：

Ⅰ 在通风上必须保证厂房内易燃气体或粉尘的浓度不超过允许极限，送排风设备不应布置在同一个送风机室内，且排风设备不应和其他房间的送排风设备布置在一起。

Ⅱ 必须采取必要的措施，防止产生静电、放电及着火的可能性。

Ⅲ 凡产生腐蚀性介质的设备，其基础、设备周围地面、墙、梁、柱都需要采取防护措施。

④ 任何烟囱或连续排放的放空管，其高度及周围设置物的要求详见《化工装置设备布置设计规定》HG 20546—2009。

5.3 医药工业洁净车间布置设计简述

5.3.1 常用设计规范和标准

医药工业洁净厂房设计除应遵循一般车间常用的设计规范和规定外，还应遵循下列规范和标准。

《医药工业洁净厂房设计规范》GB 50457—2008

《洁净厂房设计规范》GB 50073—2013

《药品生产质量管理规范》2010 修订版

5.3.2 洁净车间组成

医药工业洁净车间通常由生产区域、辅助生产区域、仓储区域、公用工程区域和生活区域组成。

(1) 生产区域

按照工艺流程各生产工序所需要的洁净区/洁净室及普通生产用房。

(2) 辅助生产区

① 物料净化室，原辅料、包装材料等外包装清洁室，气闸室，半成品、成品、废弃物出入口。

② 设备容器、工器具清洗、存放用室，清洁工具洗涤、存放室。

③ 清洁工作服洗涤、干燥和灭菌室。

④ 中间分析控制室。

(3) 仓储区域

原料、辅料、包装材料、成品中转库。

(4) 公用工程区域

空调机房、空压冷冻机房、真空泵房、气体处理室、变配电室、维修保养室、工艺用水制备室。

(5) 生活区域

① 人员净化室　雨具存放间、管理间、换鞋间、更衣室、洗手间等。

② 生活用室　办公室、休息室、淋浴室等。

5.3.3 洁净车间布置原则

① 根据生产工艺流程对生产工序合理布局，以减少净化面积。

② 按工艺流程单元操作集中成区，减少生产流程的迂回往返，便于生产管理。

③ 人、物流合理安排，以避免交叉污染和混杂。

④ 合理安排生产区和仓储区，缩短原辅料与成品的输送距离，减少混杂及污染机会。

⑤ 合理安排生产区和公用工程区，缩短通风和公用工程管线输送距离，以降低能耗。

⑥ 按 GMP 要求来确定生产区域的空气洁净度级别。

5.3.4 主要生产区域布置要点

① 按照生产流程及所要求的空气洁净度等级，紧凑的布置生产区域，确定生产区域中

的一般生产区及洁净生产区。

② 分别设置人员和物料进出对生产区域的出入口。对生产过程中易造成污染的物料应设置专用出入口，洁净厂房的物料传递路线尽量要短。

③ 输送人员和物料的电梯宜分开，且不宜设在洁净区。

④ 洁净厂房应按洁净厂房设计规范设置安全出口，满足规定的数量及疏散距离的要求。

⑤ 洁净区内通道应有适当宽度，以利于运输、设备安装、检修，并在物料主要输送的通道边上安装防撞低栏杆。

⑥ 洁净厂房应有防止昆虫和其他动物进入的措施。

5.3.5　生产辅助用室布置要点

(1) 取样室

取样室宜设置在仓储区，取样环境的空气洁净度等级应与使用被取样物料的医药洁净室相同。

(2) 称量室

称量室宜设置在生产区内，称量环境的空气洁净度等级应与使用被称量物料的医药洁净室相同。应有捕尘和防止交叉污染的措施。

(3) 设备及容器具清洗室

需在医药洁净区域内清洗的设备容器及工器具，其清洗室的空气洁净度等级应与医药洁净区域相同。

(4) 清洁工具洗涤、存放室

洁净区的清洁工具的洗涤室和存放室宜设置在洁净区外。如设置在洁净区内，其空气洁净度等级应与使用洁净工具的区域相同。

(5) 洁净工作服的洗涤、干燥室

不同洁净等级下使用的工作服应分别清洗、干燥、整理。无菌工作服的洗涤和干燥设备宜专用。

5.3.6　设备布置及安装

① 洁净室内只设置必要的工艺设备。易造成污染的工艺设备应布置在靠近风口的位置。粉尘大、噪声大的生产工序宜设置独立的操作间或设置机械室，并采取消声隔音措施。

② 洁净区内设备周围布置时应考虑必要的操作空间和物料输送通道及中间品存放。

③ 合理考虑设备起吊、搬运安装路线。

④ 洁净区内设备，除特殊要求外，一般不宜设置地脚螺栓。

⑤ 当设备安装在跨越不同洁净等级的房间或墙面时，应采取密封的隔断措施，以保证达到不同洁净等级的要求。

5.4　设备布置图的绘制

表示一个车间（装置）或一个工段（工序）的生产和辅助设备在厂房内外安装位置的图样称为设备布置图。设备布置图是在简化了的厂房建筑图上增加了设备布置内容，用来表示设备与建筑物、设备与设备之间的相对位置，并能直接指导设备的安装。设备布置图是化工设计、施工、设备安装、绘制管道布置图的重要技术文件。图 5.6 为设备布置图的示例。

5.4.1 设备布置图的内容

① 一组视图　表达厂房建筑的基本结构和设备在厂房内的布置情况。

② 尺寸及标注　在图形中注写设备布置有关的定位尺寸和厂房的轴线编号、设备位号及说明等。

③ 安装方位标　指示厂房和设备安装方向基准的图标。

④ 附注说明　即对设备安装有关的特殊要求的说明（图示清楚的情况下，可以省略）。

⑤ 修改栏及标题栏　注明图名、图号、比例、修改说明等。

有时还有设备一览表，表中写有设备位号、名称、规格等。

设备布置图与建筑图存在着相互依赖的关系，工艺人员首先根据生产过程绘制设备布置图初稿，对厂房建筑大小、内部分隔、跨度、层数、门窗位置大小以及设备安装有关的操作平台、预留孔洞等方面，向土建部门提出工艺要求，作为土建设计的依据。待厂房建筑设计完成后，工艺人员再根据厂房建筑图对设备布置图进行修改和补充，使其更为合理，这样定稿的设备布置图，可作为设备安装和管道布置施工设计的依据。

5.4.2 设备布置图的绘制方法

(1) 视图的一般要求

① 图幅　一般采用 A1 图幅，不宜加长加宽，特殊情况也可采用其他图幅。一组图形尽可能绘于同一张图纸上，也可分开绘在几张图纸上，但要求采用相同的幅面，以求整齐，利于装订及保存。

② 比例　绘图比例通常采用 1:100，根据设备布置的疏密情况，也可采用 1:50 或 1:200。当对于大的装置需分段绘制设备布置图时，必须采用同一比例，比例大小均应在标题栏中注明。

③ 尺寸单位　设备布置图中标注的标高、坐标均以米为单位，且需精确到小数点后三位，至毫米为止。其余尺寸一律以毫米为单位，只注数字，不注单位。若采用其他单位标注尺寸时，应注明单位。

④ 图名　标题栏中的图名一般分成两行，上行写 "××××设备布置图"，下行写 "EL×××.×××平面" 或 "×—×剖视" 等。

⑤ 编号　每张设备布置图均应单独编号。同一主项的设备布置图不得采用一个号，应加上 "第×张，共×张" 的编号方法。在标题栏中应注明本类图纸的总张数。

⑥ 标高的表示　标高的表示方法宜用 "EL−××.×××"、"EL±0.000"、"EL+×
×.×××"，对于 "EL+××.×××" 可将 "+" 省略表示为 "EL××.×××"。

(2) 图面安排及视图要求

设备布置图中视图的表达内容主要是两部分：一是建筑物及其构件；二是设备。一般要求如下。

① 设备布置图绘制平面图和剖视图。剖视图中应有一张表示装置整体的剖视图。对于较复杂的装置或有多层建筑、构筑物的装置，当用平面图表达不清楚时，可加绘多张剖视图或局部剖视图。剖视图符号规定采用 "A—A"、"B—B" 等大写英文字母表示。

② 设备布置图一般以联合布置的装置或独立的主项为单元绘制，界区以粗双点划线表示，在界区外侧标注坐标，以界区左下角为基准点。基准点坐标为 N、E（或 N、W），同时注出其相当于在总图上的坐标 X、Y 数值。

③ 对于有多层建筑物、构筑物的装置，应依次分层绘制各层的设备布置平面图，各层平面图均是以上一层的楼板底面水平剖切所得的俯视图。如在同一张图纸上绘制若干层平面图时，应从最底层平面开始，在图中由下至上或由左至右按层次顺序排列，并应在相应图形下注明"EL×××.×××平面"或"×—×剖视"等字样。

④ 一般情况下，每层只需画一张平面图。当有局部操作平台时，主平面图可只画操作平台以下的设备，而操作平台和在操作平台上面的设备应另画局部平面图。如果操作平台下面的设备很少，在不影响图面清晰的情况下，也可两者重叠绘制，将操作平台下面的设备画为虚线。

⑤ 当一台设备穿越多层建筑物、构筑物时，在每层平面图上均需画出设备的平面位置，并标注设备位号。

(3) 建筑物及构件的表示方法

在设备布置图中，建筑物及其构件均用实线画出，画法见附录 6。常用的建筑结构构件的图例，如图 5.7 所示。

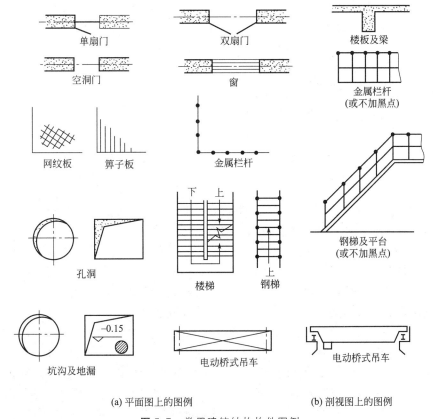

(a) 平面图上的图例　　　　　　　　　　(b) 剖视图上的图例

图 5.7　常用建筑结构构件图例

① 在设备布置图上需按相应建筑图纸所示的位置，在平面图和剖视图上按比例和规定的图例画出门、窗、墙、柱、楼梯、操作台（应注平台的顶面标高）、下水算子、吊轨、栏杆、安装孔、管廊架、管沟（应注沟底的标高）、明沟（应注沟底的标高）、散水坡、围堰、道路、通道以及设备基础等。

② 在设备布置图上还需按相应建筑图纸，对承重墙、柱子等结构，按建筑图要求用细点划线画出其相同的建筑定位轴线。标注室内外的地坪标高。

③ 与设备安装定位关系不大的门、窗等构件，一般在平面图上画出它们的位置、门的开启方向等，在其他视图上则可不予表示。

④ 在装置所在的建筑物内如有控制室、配电室、操作室、分析室、生活及辅助间，均应标注各自的名称。

(4) 设备的表示方法

① 定型设备一般用粗实线按比例画出其外形轮廓，被遮盖的设备轮廓一般不予画出。设备的中心线用细点画线画出。当同一位号的设备多于 3 台时，在平面图上可以表示首尾两台设备的外形，中间的用粗实线画出其基础的矩形轮廓，或用双点划线的方框表示。在平面布置图上，动设备（如泵、压缩机、风机、过滤机等）可适当简化，只画出其基础所在位置，标注特征管口和驱动机的位置，如图 5.8（a）所示，并在设备中心线的上方标注设备位号，下方标注支撑点的标高"POS EL＋××.×××"或主轴中心线的标高如"$\mathcal{L}$ EL＋××.×××"。

② 非定型设备一般用粗实线，按比例采用简化画法画出其外形轮廓（根据设备总装图），包括操作台、梯子和支架（应注出支架图号）。非定型设备若没有绘管口方位图的设备，应用中实线画出其特征管口（如人孔、手孔、主要接管等），详细注明其相应的方位角，如图 5.8（b）所示。卧式设备则应画出其特征管口或标注固定端支座。

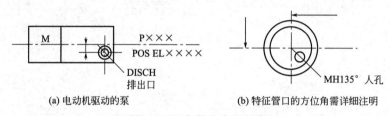

(a) 电动机驱动的泵　　　　　　　　(b) 特征管口的方位角需详细注明

图 5.8　设备简化表示方法

③ 设备布置图中的图例，均应符合 HG 20519—2009 的规定。无图例的设备可按实际外形简略画出。图 5.9 是常见静动设备画法图例。

④ 当设备穿过楼板被剖切时，每层平面图上均需画出设备的平面位置，在相应的平面图中设备的剖视图可按图 5.10 表示，图中楼板孔洞不必画阴影部分。在剖视图中设备的钢筋混凝土基础与设备的外形轮廓组合在一起时，可将其与设备一起画成粗实线。位于室外而又与厂房不连接的设备和支架、平台等，一般只需在底层平面图上予以表示。

⑤ 在设备平面布置图上，还应根据检修需要，用虚线表示预留的检修场地（如换热器管束用地），按比例画出，不标尺寸，如图 5.11 所示。

⑥ 剖视图中如沿剖视方向有几排设备，为使设备表示清楚可按需要不画后排设备。图样绘有两个以上剖视时，设备在各剖视图上一般只应出现一次，无特殊必要不予重复画出。

⑦ 在设备布置图中还需要表示出管廊、埋地管道、埋地电缆、排水沟和进出界区管线等。

⑧ 预留位置或第二期工程安装的设备，可在图中用细双点划线绘制。

(5) 设备布置图的标注

1）厂房建筑物及构件的标注

标注内容：厂房建筑的长度、宽度总尺寸；柱、墙定位轴线的间距尺寸；为设备安装预留的孔、洞及沟、坑等定位尺寸；地面、楼板、平台、屋面的主要高度尺寸及设备安装定位的建筑物构件的高度尺寸。

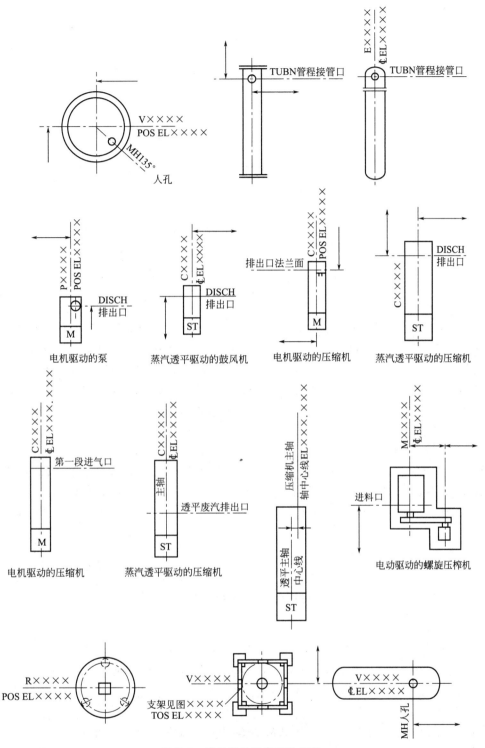

图 5.9 常见静动设备画法图例

标注方法：①厂房建筑物、构筑物的尺寸标注与建筑制图的要求相同，应以相应的定位轴线为基准，平面尺寸以毫米为单位，高度尺寸以米为单位，用标高表示；②一般采用建筑

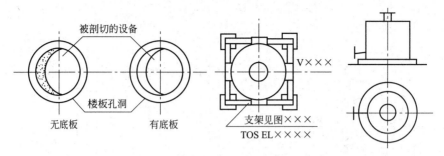

图 5.10　设备布置图中设备剖视图、俯视图的简化画法

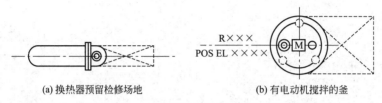

(a) 换热器预留检修场地　　　　(b) 有电动机搅拌的釜

图 5.11　用虚线表示预留的检修场地

物的定位轴线和设备中心线的延长线作为尺寸界线；③尺寸线的起止点用箭头或 45°的倾斜短线表示，在尺寸链最外侧的尺寸线需延长至相应尺寸界线外 3～5mm，如图 5.12 所示；④尺寸数字一般应尽量标注在尺寸线上方的中间位置，当尺寸界线之间的距离较窄，无法在相应位置注写数字时，可将数字标注在相应尺寸界线的外侧，尺寸线的下方或采用引出方式标注在附近适当位置，如图 5.12 所示；⑤定位轴线的标注，建筑物、构筑物的轴线和柱网要按整个装置统一编号，在建筑物轴线一端画出直径 8～10mm（视图纸比例而定）的细线圆，在水平方向上从左至右依次编号以 1、2、3、4…表示，纵向用大写英文字母 A、B、C…标注，自下而上顺序编号（其中 I、O、Z 三个字母不用）；⑥标高注法，标高一般以厂房内地面为基准，作为零点进行标注，零点标高标成"EL±0.000"，单位用米（不注）取小数点后三位数字，厂房内外地面及框架、平台的平面和管沟底、水池底应注明标高。

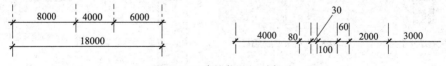

图 5.12　建筑物的尺寸标注

2）设备的标注

① 平面布置图的尺寸标注　布置图中不注设备的定形尺寸，只注安装定位尺寸。平面图中应标出设备与建筑物及构件、设备与设备之间的定位尺寸，通常以建筑物定位轴线为基准，注出与设备中心线或设备支座中心线的距离，当某一设备定位后，可依此设备中心线为基准来标注邻近设备的定位尺寸。

卧式容器和换热器以设备中心线和靠近柱轴线一端的支座为基准；立式反应器、塔、槽、罐和换热器以设备中心线为基准；离心式泵、压缩机、鼓风机、蒸汽透平以中心线和出口管中心线为基准，往复式泵、活塞式压缩机以缸中心线和曲轴（或电动机轴）中心线为基准；板式换热器以中心线和某一出口法兰端面为基准；直接与主要设备有密切关系的附属设备，如再沸器、喷射器、冷凝器等，应以主要设备的中心线为基准进行标注。

对于没有中心线或不宜用中心线表示位置的设备。例如箱式加热炉、水箱冷却器及其他长方形容器等，可由其外形边线引出一条尺寸线，并注明尺寸。当设备中心线与基础中心线不一致时，布置图中应注明设备中心线与基础中心线的距离。

② 设备的标高　标高基准一般选择首层室内地面，基准标高为 EL±0.000。卧式换热器、槽、罐一般以中心线标高表示（$\mathcal{C}$EL＋××.×××，$\mathcal{C}$符号是 center line 的缩写，有的书写成 C.L，还有的书写成 Φ）。立式、板式换热器以支承点标高表示（POS EL＋××.×××）；反应器、塔和立式槽、罐一般以支承点标高表示（POS EL＋××.×××）。泵、压缩机以主轴中心线标高（$\mathcal{C}$EL＋××.×××）或以底盘面标高（即基础顶面标高）表示（POS EL＋××.×××）。

③ 位号的标注　在设备中心线的上方标注设备位号，该位号与管道及仪表流程图的应一致，下方标注支撑点的标高（POS EL＋××.×××）或主轴中心线标高（$\mathcal{C}$EL＋××.×××）。

④ 其他标注　对于管廊、进出界区管线、埋地管道、埋地电缆、排水沟在图示处标注出来。对管廊、管架应注出架顶的标高（TOS EL＋××.×××）。

(6) 安装方位标

方位标亦称方向针，如图 5.13 所示图例，绘制在布置图的右上方，是表示设备安装方位基准的符号。方位标为细实线圆，直径 20mm，北向作为方位基准，符号 PN，注以 0°、90°、180°、270°等字样。通常在图上方位标应向上或向左。该方位标应与总图的设计方向一致。

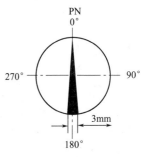

图 5.13　方位标图例

(7) 图中附注

布置图上的说明与附注，一般包括下列内容。

① 剖视图见图号××××。

② 地面设计标高为 EL±0.000。

③ 本图尺寸除标高、坐标以米（m）计外，其余以毫米（mm）计。

附注写在标题栏正上方。

(8) 绘制填写标题栏、修改栏

绘制标题栏、修改栏，填写工程名称、比例、图号、版次、修改说明等项目，有关设计人员签字。

5.4.3　设备布置图的绘图步骤

化工设备布置图的绘制，当项目的主项设计界区范围较大，或工艺流程太长，设备较多时，往往需要分区绘制设备布置图，以便更详细、清楚地表达界区内设备的布置情况。化工设备布置图的绘图步骤如下。

① 选择用 CAD 软件进行绘制，首先选择或自己建立一个规范的车间布置图模板，最好拷贝一个正规设计院所做的电子图纸。设置好图层、线形、线宽，这样可以大大提高设计效率，同时绘制的图纸规范。

② 先绘制平面图。按总图要求，大致按建筑模数要求绘制厂房的建筑轮廓，然后按照前面所讲解的车间布置原则、要求及典型设备布置案例，按流程要求及各种因素将主要设备按 1∶1 比例，初步进行布置。

③ 对初步的设备布置进行修改完善。

④ 绘制其他所有设备，并对平面布置进行细致修改。

⑤ 根据平面图，绘制主剖视图，表达不清的，加绘其他剖视图。

⑥ 按计划的打印图号，将相应的标准图纸按出图比例放大，装入上述图形。

⑦ 按放大比例，设置标注比例及文字大小，完成所有的图形标注及文字标注。

⑧ 检查、校核，最后完成图样，示例如图 5.6 所示。

5.5 案例分析

案例1 年产1万吨轻质沉淀碳酸钙的车间布置设计

进行车间布置时的注意事项：① 在进行车间布置之前，要熟悉生产原理、生产流程、主要设备的工作原理、结构，了解厂区布置情况；② 对于初学者来说，为保证设计质量，最好到相关的工厂进行实地调研观摩学习，对于第一次接触的设备要深入细致地了解其结构、外形尺寸、管口方位、如何支撑、怎样吊装、检修空间大小、操作空间、观察检修平台等技术要求，涉及未知的设备要多与制造厂家沟通、请教；③ 必须充分掌握有关生产操作、设备安装、维修、清洁生产、环境保护、劳动安全卫生、消防等有关法规、条例规程、技术资料；④ 在进行车间整体布置时，一定按建筑防火间距进行厂房之间的布置；⑤ 按总图规划的道路考虑进出车间物流，人流的方位；⑥ 按厂区管廊位置考虑接管位置及排液点；⑦ 按建筑模数设计厂房长宽高尺寸，在适当位置设计合理的厂房大门；⑧ 设备布置尽可能地按流程顺序进行布置，力求使管道走向合理，外观整洁；⑨ 设备布置按本章所讲的车间布置原则及要求进行，绘制时执行 HG/T 20519—2009 标准；⑩ 在设计绘制每张图纸过程中要做到规范、严谨、科学，特别是施工图更要做到精心设计，严格审查，避免设计失误。

由于篇幅限制，我们以"年产1万吨轻质沉淀碳酸钙的车间布置设计"中煅烧车间和化灰车间为例，介绍一下车间布置过程。

车间整体布置要与厂区的总平面布置协调统一，一般先进行车间整体布置设计，然后综合各个车间整体布置及占地面积再综合规划进行厂区的总平面布置。在进行总平面布置时，难免对车间布置进行调整，所以要求车间布置在保证生产工艺要求情况下，要与总图协调统一。

车间一般布置厂区总图规划的道路或管廊两侧，车间的布置要考虑前后工序的衔接问题。该案例的车间整体布置参见图7.1。

车间厂房的尺寸由设备布置需要及建筑规范决定，在确定厂房大小时，需要首先进行车间的设备布置。在进行车间设备布置时，首先要抓主要设备，确定其布置方案后，其他设备围绕主要设备进行布置。

（1）煅烧车间的布置

在煅烧车间石灰窑为主要设备，所以首先要确定石灰窑的位置，在山区建厂，可将石灰窑布置在山角脚，便于借助地形向石灰窑顶加石料；考虑石灰窑原材料运输量大，一般要将石灰窑布置在厂区的后面，且周围要有足够的煤、石、渣堆场和石灰库。其他窑气净化、压缩等设备围绕石灰窑进行布置。石灰窑产生的窑气主要成分为空气、CO_2 并伴有大量的粉尘，窑气净化系统要布置在附近，采用室外布置。本案例的窑气压缩机，因体积不大，采用一层厂房室内布置。在布置时，因压缩机需频繁保养、维修，要考虑足够的维修空间，及必要的吊装设备，尽量减少噪声对外围的影响，缩短窑气输送管线长度，降低动力消耗。具体布置图见5.14。

（2）化灰车间的布置

该案例化灰机为化灰车间的主要设备，所以首先确定化灰机的位置，通过到碳酸钙生产厂家调研及与化灰机设备制造厂家沟通，了解化灰机的布置。有的厂家将其布置在室内，有的厂家将其布置在室外，两种方案均可。布置在室内，操作人员环境好，生产受外界环境干扰小；布置在室外，可以节约建筑费用，同时减轻粉尘对室内空间的污染。本案例将化灰机布置在室外。为减轻下雨对其操作的影响，在车间布置时，在化灰机顶部要有遮雨棚，避免雨水对设备的冲刷，保证操作人员的正常操作。化灰机的布置高度应尽量低，以便降低原料石灰的提升高度，一般能满足接灰渣小车顺畅进入即可。按流程顺序围绕化灰机布置粗浆池及渣浆分离器及泵。考虑到粗浆池和精浆池贮存的料液为石灰浆，若布置在室外，风吹雨淋，操作人员环境恶劣，且易造成料浆污染，所以在室内布置。为降低化灰机的高度，粗浆池布置在地下。粗浆泵布置在池附近，尽量缩短泵的吸入管道的阻力，同时考虑轴封泄漏的浆液要流回到粗浆池。渣浆分离器为非常小的设备，可以布置在精浆池上部，分离浆液可以直接顺畅的流入精浆池中；因分离器进口物料经泵加压，进口管可以适当加长；分离器出口要顺畅，以利于分离。将精浆池布置在地面，其好处是：① 精浆液不需再加压，直接靠位差放入到上碳化塔的计量槽；② 布置在地面节省了施工费用。精浆池为地面高大设备，考虑协调美观，布置在厂房的北面一排。

在车间的设备初步布置后，大致可以确定厂房的大小及高度。在确定厂房的大小及高度时一定考虑操作、检修方便，原材料堆存和成品包装，以及布置电气设施等的所需要的空间。厂房的规格要符合建筑模数，尽量减少建筑费用，与总图布置一致。厂房门要开在与外界道路连通顺畅，厂房内人员或物料进出量大的部位，如包装产品出口、原材料进口、操作人员经常进出的部位；门的大小要考虑大型设备的进出、安装、检修及运输工具的进出。为安全起见门要向外开，一般情况下厂房要布置2个门。

厂房高度主要考虑设备进出及检修高度，操作人员平台高度等。多余的高度将增加建筑费用，高度过低将影响设备安装、检修，人员通行。具体布置见图5.15。

案例2　年产2万吨一氯甲烷工程中盐酸精馏工序设备布置设计

盐酸精馏工序，主要设备为盐酸精馏塔。塔一般为比较高大的设备，不怕风吹雨淋，首选布置在室外。精馏装置的主要设备除精馏塔以外，还有塔顶的冷凝器、塔釜的再沸器、贮罐、泵等。塔顶的冷凝器，理论上讲布置在塔顶比较理想，但在实际生产过程中，由于工业化生产，生产规模大，冷凝器体积大，设备重，另外塔比较高，所以大型工业化生产一般将冷凝器布置在位置较低的平台上，如图5.16所示。

第6章

管道设计与布置

管道是化工生产过程中不可缺少的组成部分，其主要作用是输送各种流体，如水、蒸汽及其他各种气体、液体物料都要通过管道输送。管道设计与管道布置设计（又称配管设计）是化工设计中一项非常重要又相当复杂的工作。正确而合理的管道设计与布置，对减少工程投资，节约钢材，安装、操作、维修方便，保证安全生产及车间整体的整齐美观等方面都起着非常重要的作用。

6.1 管道设计与布置的基础知识

6.1.1 压力管道的定义

中华人民共和国国务院《特种设备安全监察条例》中明确规定：压力管道是指利用一定的压力，用于输送气体或者液体的管状设备，其范围规定为最高工作压力大于或等于0.1MPa（表压）的气体、液化气体、蒸汽介质或者可燃、易燃、有毒、有腐蚀性、最高工作温度高于或等于标准沸点的液体介质，且公称直径大于50mm的管道。公称直径小于150mm，且最高工作压力小于1.6MPa（表压）的输送无毒、不可燃、无腐蚀性气体的管道和设备本体所属管道除外。可见压力管道的分布极为广泛，若管理不善，极易发生事故而造成人身伤亡和经济损失，故压力管道已与锅炉压力容器并列为特种设备，实行国家安全监察。

6.1.2 压力管道的类别、级别

根据国家质量检验检疫总局2008年制定的《压力容器压力管道设计许可规则》（TSG R 1001—2008），将压力管道划分为四类九级。

(1) GA 类（长输管道）

长输（油气）管道是指产地、储存库、使用单位之间的用于输送商品介质的管道，划分为 GA1 级和 GA2 级。

① GA1 级　符合下列条件之一的长输管道为 GA1 级：

输送有毒、可燃、易燃气体介质，最高工作压力大于 4.0MPa 的长输管道；

输送有毒、可燃、易爆液体介质，最高工作压力大于或者等于 6.4MPa，并且输送距离

（指产地、储存库、用户间用于输送商品介质的长度）大于等于200km的长输管道。

② GA2级　GA1级以外的长输（油气）管道为GA2级。

（2）GB类（公用管道）

公用管道是指城市或乡镇范围内的用于公用事业或民用的燃气和热力管道，划分为GB1级和GB2级。

① GB1级　城镇燃气管道。

② GB2级　城镇热力管道。

（3）GC类（工业管道）

工业管道是指企业、事业单位所属的用于输送工艺介质的工艺管道、公用工程管道及其他辅助管道，划分为GC1级、GC2级、GC3级。

① GC1级　符合下列条件之一的工业管道为GC1级：

输送《职业性接触毒物危害程度分级》（GBZ 230—2010）中规定的毒性程度为极度危害的介质、高度危害气体介质和工作温度高于标准沸点的高度危害液体介质的管道；

输送《石油化工企业防火设计规范》（GB 50160—2008）及《建筑设计防火规范》（GB 50016—2014）中规定的火灾危险性为甲、乙类可燃气体或甲类可燃液体（包括液化烃），并且设计压力大于或者等于4.0MPa的管道；

输送流体介质并且设计压力大于或等于10.0MPa，或者设计压力大于或者等于4.0MPa，并且设计温度大于或者等于400℃的管道。

② GC2级　除GC3级管道外，介质毒性危害程度、火灾危险性（可燃性）、设计压力和设计温度低于GC1级的管道。

③ GC3级　输送无毒、非可燃流体介质，设计压力小于或者等于1.0MPa，并且设计温度高于−20℃但是不高于185℃的管道。

（4）GD类（动力管道）

火力发电厂用于输送蒸汽、汽水两相介质的管道，划分为GD1级、GD2级。

① GD1级　设计压力大于等于6.3MPa，或者设计温度大于等于400℃的管道。

② GD2级　设计压力小于6.3MPa，且设计温度小于400℃的管道。

6.1.3　阀门型式选用

阀门是用来控制各种管道及设备内流体的流量、流体的压力及保证生产安全运行的一种化工机械产品。阀门的品种较多，结构相差悬殊，材质各异，使用特性不同，因此需根据阀门在管道中作用及输送介质等条件，选用不同型式的阀门。

（1）阀门选择依据

① 阀门功能　即根据工艺要求来确定阀门的功能。如：是开关用，还是调节流量用？若是开关，是否要求快速开关？

② 阀门尺寸　即根据流体的流量和允许的压力降决定阀门的大小。一般阀门阻力对整个管道系统影响不大时，阀门可取和管道相同的规格，而有的阀门流量和阻力降必须单独考虑，另行计算，如减压阀和安全阀等。

③ 阻力损失　各种阀门的阻力损失有时相差较大，可按工艺允许的压力损失选择。

④ 阀门的材质　主要由介质的温度、压力和特性决定。介质的温度、压力决定着阀门的温度、压力等级，介质的特性则决定着阀门材质的选择，如：是否有腐蚀性？是否含有固

体颗粒？流动时是否会产生相态变化等。即使是同一结构的阀门，其阀体、压盖、阀芯和阀座等也可由不同的材料制造，选择时以经济耐用为原则。

（2）常用阀门的特性和选用条件

1）闸阀

闸阀（图6.1）的密封性能较截止阀好，流体阻力小，具有一定的调节性能，明杆式尚可根据阀杆升降高低调节启闭程度，缺点是结构较截止阀复杂，密封面易磨损，不易修理。闸阀适于制成大口径的阀门，除适用于蒸汽、油品等介质外，还适用于黏度较大的介质，并适用于作放空阀和低真空系统阀门。

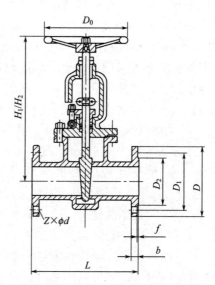

图6.1 闸阀

2）截止阀

截止阀（图6.2）与闸阀相比，其调节性能好，密封性能差，结构简单，制造维修方便，流体阻力较大，价格便宜。适用于蒸汽等介质，不宜用于黏度大、含有颗粒、易沉淀的介质，也不宜作放空阀及低真空系统的阀门。

3）节流阀

节流阀（图6.3）的外形尺寸小，重量轻，调节性能较盘形截止阀和针形阀好，但调节精度不高。由于流速较大，易冲蚀密封面，适用于温度较低、压力较高的介质以及需要调节流量和压力的部位，不适用于黏度大和含有固体颗粒的介质，不宜作隔断阀。

4）止回阀

止回阀（图6.4）的作用是限制介质的流动方向，介质不能倒流，但不能防止渗漏。止回阀按结构可分为升降式和旋启式两种。

升降式止回阀较旋启式止回阀的密封性好，流体阻力大。卧式的宜装在水平管线上，立式的应装在垂直管线上。

旋启式止回阀，不宜制成小口径阀门，它可装在水平、垂直或倾斜的管线上。如装在垂直管线上，介质流向应由下至上。

止回阀一般适用于清净介质，不宜用于含固体颗粒和黏度较大的介质。

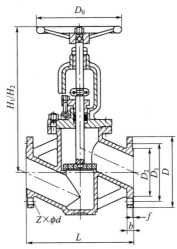

图 6.2 截止阀

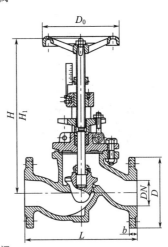

图 6.3 节流阀

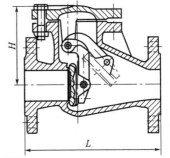

图 6.4 止回阀

5）球阀

球阀（图 6.5）是利用一个中心开孔的球体作阀芯，靠旋转球体控制阀的开启和关闭。球阀的结构简单，开关迅速、操作方便、体积小、重量轻、零部件少，流体阻力小，结构比闸阀、截止阀简单，密封面比旋塞阀易加工且不易擦伤。适用于低温、高压及黏度大的介质，不能作调节流量用。目前在不需要调节流量的场合下被大量选用。因密封材料尚未解决，不能用于温度较高的介质。

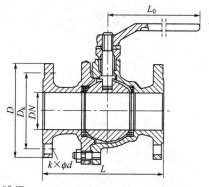

图 6.5　球阀

6）旋塞阀

旋塞阀（图 6.6）结构简单，开关迅速，操作方便，流体阻力小，零部件少，重量轻。适用于温度较低、黏度较大的介质和要求开关迅速的部位，一般不适用于蒸汽和温度较高的介质。

图 6.6　旋塞阀

7）蝶阀

蝶阀（图 6.7）与相同公称压力等级的平行式闸板阀比较，其尺寸小、重量轻、开闭迅速、具有一定的调节性能，适合制成较大口径阀门，它用于温度小于 80℃、压力小于 1.0MPa 的原油、油品及水等介质。

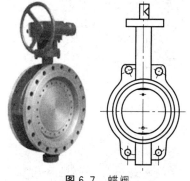

图 6.7　蝶阀

8）减压阀

减压阀（图 6.8）是使流体通过阀瓣时产生阻力，造成压力损耗，来达到减低压力的目的。常用的减压阀有波纹管式、活塞式、先导薄膜式等，活塞式减压阀不能用于液体的减压，而且流体中不能含有固体颗粒，所以减压阀前要装管道过滤器。

9）安全阀

安全阀（图 6.9）在工作压力超过规定值时即自动开启使流体外泄，压力回复后即自动关闭，以保护设备和管道，使生产安全运行。

常用的弹簧式安全阀分为全启式和封闭式两类。介质允许直接排放到大气的可选用全启式；易燃、易爆和有毒的介质则应选用封闭式，将介质排放到总管中去。

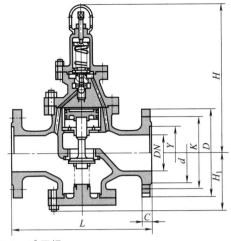

图 6.8　减压阀

10）疏水阀

疏水阀（图 6.10）的作用是自动排除设备或管道中的凝结水、空气及其他不凝性气体，又同时阻止蒸汽的逸出。凡是需要蒸汽加热的设备、蒸汽管道等都应装疏水器，以保证工艺所需的温度和热量，使加热均匀，防止水击，达到节能的作用。

疏水阀的安装：①疏水阀都应带过滤器，如果不带过滤器，应在阀前加装过滤器；②疏水阀前后要有切断阀；③内螺纹连接的疏水阀一定要在其连接管上安装活接头，便于检修、拆卸；④疏水阀组尽量靠近蒸汽加热设备，以提高工作效率、减少热量损失。但热静力型疏水阀应离开用汽设备 1m 远左右，该段管道不要保温。

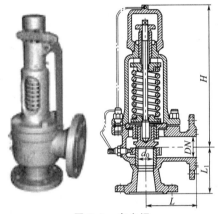

图 6.9　安全阀

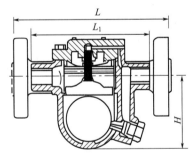

图 6.10　疏水阀

（3）阀门型号和标志

以 Z41T-10P 闸阀为例，说明阀门型号的表示方法。

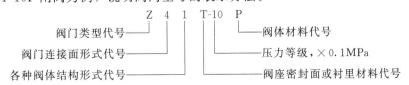

① 阀门类型的表示（见表6.1）。

表6.1 阀门类型代号

阀门类型	代号	阀门类型	代号	阀门类型	代号
闸阀	Z	蝶阀	D	安全阀	A
截止阀	J	隔膜阀	G	减压阀	Y
节流阀	L	旋塞阀	X	疏水阀	S
球阀	Q	止回阀和底阀	H	管夹阀	GJ

② 阀座密封面或衬里材料用字母代号表示（见表6.2）。

表6.2 阀座密封面或衬里材料代号

阀座密封面或衬里材料	代号	阀座密封面或衬里材料	代号
铜合金	T	渗氮钢	D
软橡胶	X	硬质合金	Y
尼龙塑料	N	衬胶	J
氟塑料	F	衬铅	Q
巴氏合金	B	搪玻璃	C
合金钢	H	渗硼钢	P

③ 阀体材料代号用字母表示（见表6.3）。

表6.3 阀体材料代号

阀体材料	代号	阀体材料	代号	阀体材料	代号
HT25-47	Z	H62	T	1Cr18Ni9Ti	P
KT30-6	K	ZG25 II	C	Cr18Ni12Mo2Ti	R
QT40-15	Q	Cr5Mo	I	12Cr1MoV	V

④ 阀门与管道连接形式代号用阿拉伯数字表示（见表6.4）。

表6.4 阀门与管道连接形式代号

连接形式	代号	连接形式	代号	连接形式	代号
内螺纹	1	焊接	6	卡套	9
外螺纹	2	对夹	7	两端不同	3
法兰	4	卡箍	8		

⑤ 阀门结构形式代号用阿拉伯数字表示（见表6.5）。

表6.5 阀门结构（形式）代号

阀门名称	结构形式		代号	阀门名称	结构形式		代号
闸阀	明杆楔式	弹性用板	0	旋塞阀	填料	直通式	3
		刚性 单闸板	1			T形三通式	4
		刚性 双闸板	2			四通式	5
	明杆平行式	刚性 单闸板	3		油封	直通式	7
		刚性 双闸板	4			T形三通式	8
	暗杆楔式	刚性 单闸板	5	疏水阀	浮球式		1
		刚性 双闸板	6		钟形浮子式		5
截止阀和节流阀	直通式	铸造	1		双金属片式		7
	角式		2		脉冲式		8
	直流式	锻造	3		热动力式		9
	角式		4	止回阀和底阀	升降	浮球式	0
	直流式		5			多瓣式	1
	平衡直流式		6			立式	2
	平衡角式		7				

阀门名称	结构形式		代 号	阀门名称	结构形式		代 号
球 阀	浮动式	直通式	1	止回阀和底阀	旋启	单瓣式	4
		L形三通式	4			多瓣式	5
		T形三通式	5			双瓣式	6
	固定	直通式	7	安 全 阀	弹簧封闭	带散热片全启式	0
蝶 阀	杠杆式	（铸造）	0			微启式	1
	垂直板式		1			全启式	2
	斜板式		3			扳手全启式	4
隔 膜 阀	屋脊式	（锻造）	1		弹簧不封闭	扳手双弹簧微启式	3
	截止式		3			扳手微启式	7
	直流式		5			扳手全启式	8
	闸板式		7			扳手微启式	5
					带控制机构全启式		6
					脉冲式		9

6.1.4 法兰型式选用

法兰型式选用见表 6.6。

表 6.6 法兰型式选用（欧洲体系）

介质或用途	管道的公称压力/MPa	法兰的公称压力/MPa	法兰型式	密封面代号	管法兰标准号	法兰盖标准号
水、空气、PN≤0.3MPa 低压蒸汽等公用工程	≤0.6 1.0	0.6 1.0	板式平焊法兰	RF	HG 20593	HG 20601
真空	绝压＞8kPa（＞60mmHg）	1.0	带颈平焊法兰	RF	HG 20594	HG 20601
	绝压 0.1～8kPa（1～60mmHg）	1.6	带颈平焊法兰	RF	HG 20594	HG 20601
工艺介质、蒸汽	≤1.0 1.6 2.5	1.0 1.6 2.5	带颈平焊法兰	RF	HG 20594	HG 20601
	4.0 6.3 10.0	4.0 6.3 10.0	带颈对焊法兰	凹面 FM 凸面 M	HG 20595	HG 20601
一般易燃易爆中毒危害(有毒)介质	≤1.0 1.6 2.5	1.0 1.6 2.5	带颈对焊法兰	RF	HG 20595	HG 20601
	4.0 6.3 10.0	4.0 6.3 10.0	带颈对焊法兰	凹面 FM 凸面 M	HG 20595	HG 20601
极度和高度危害（剧毒）介质	≤1.6 2.5	2.5 4.0	带颈对焊法兰	RF 凹面 FM 凸面 M	HG 20595	HG 20601
不锈钢管道用	≤1.6 1.0 1.6 2.5	0.6 1.0 1.6 2.5	对焊环松套法兰(PJ/SE)	RF	HG 20599	HG 20602（RF）

6.1.5 垫片型式选用

垫片型式选用见表6.7。

表 6.7 垫片型式选用（欧洲体系）

垫片标准号	名称	材料	型式（代号）	用　途
HG 20606	非金属平垫片	橡胶 石棉橡胶 合成纤维橡胶 聚四氟乙烯	FF(全平面法兰用) RF(突面法兰用) MFM(凹凸面法兰用) TG(榫槽面法兰用)	公称压力 $PN \leqslant 4.0$ MPa，温度 $t \leqslant$ 290℃，根据不同介质的要求选用
HG 20608	柔性石墨复合垫	碳素钢管道用 304(不锈钢管道用)	RF(突面法兰用) MFM(凹凸面法兰用) TG(榫槽面法兰用)	公称压力 $PN \leqslant 6.3$ MPa，温度 $t \leqslant$ 450℃(当用于非氧化性介质时，如蒸汽等，温度可达 650℃)。各种腐蚀性介质(不适用于有洁净要求的部位)
HG 20607	聚四氟乙烯包覆垫(只适用于突面法兰)	包覆层:聚四氟乙烯 嵌入层:石棉橡胶板	$DN \leqslant$ 350PMF 及 PMS 型 $DN \geqslant$ 200PFT 型	公称压力 $PN \leqslant 4.0$ MPa，温度 $t \leqslant$ 150℃(具有使用经验时，可使用至 200℃)，各种腐蚀性介质或有洁净要求的介质
HG 20610	缠绕式垫片	见 HG 20610 表 6.2	C型:凸面法兰用(带外环) D型:凸面法兰用(带内外环) B型:凹凸面法兰用(带内环) A型:榫槽面法兰用(不带内外环)	公称压力 PN 1.6～16.0MPa，温度 $t \leqslant$ 450℃(当用于非氧化性介质时，如蒸汽等，温度可达 450℃)，各种介质
HG 20612	金属环垫	10 或 08、0Cr13 304、316	八角垫、椭圆垫	公称压力 PN 6.3～25.0MPa，温度 t 450～600℃
HG 20609	金属包覆垫	见 HG 20609 表 3-1		公称压力 PN 2.5～10.0MPa，温度 t 200～500℃
HG 20611	齿形组合垫	见 HG 20611 表 3-1	RF 型(凸面法兰用) MFM 型(凹凸面法兰用)	公称压力 PN 1.6～25.0MPa，温度 t 200～650℃(用于氧化性介质时 $\leqslant$ 450℃)

6.1.6 紧固件型式选用

紧固体型式选用见表6.8。

表 6.8 紧固件型式选用（欧洲体系）

紧固件型式	材料或性能等级	适 用 范 围	配用螺母
六角螺栓(HG 20613)	8.8 级	$PN \leqslant 1.6$ MPa $t = -20 \sim +250$ ℃ $D \leqslant$ M27 公用工程等非易燃介质，配用垫片为非金属平垫片	8 级(HG 20613)
双头螺柱(HG 20613)	8.8 级	$PN \leqslant 4.0$ MPa $t = -20 \sim +250$ ℃ 配用垫片为非金属平垫片、聚四氟乙烯包覆垫、柔性石墨复合垫	8 级(HG 20613)
双头螺柱(HG 20613)	35CrMoA	$PN \leqslant 10.0$ MPa $t = 100 \sim +500$ ℃ 配用垫片为缠绕垫片	30CrMoA (HG 20613)
全螺纹螺柱(HG 20613)	35CrMoA	$PN \leqslant 25.0$ MPa $t = -100 \sim +500$ ℃ 配用垫片为缠绕垫片	30CrMoA (HG 20613)

6.1.7 常用管道的类型、选材和用途

常用管道的类型、选材的用途见表6.9。

表6.9 常用管道的类型、选材和用途

序号	管道类型		适用材料	一般用途	标准号
1	无缝钢管	中低压用	普通碳素钢、优质碳素钢、低合金钢、合金结构钢	输送对碳钢无腐蚀或腐蚀速率很小的各种流体	GB 8163—2008 GB 3087—2008 GB 9948—2013
		高温高压用	20G、15CrMo、12Cr2Mo 等	合成氨、尿素、甲醇生产中大量使用	GB 5310—2008 GB 6479—2013
		不锈钢	1Cr18Ni9Ti 等	液碱、丁醛、丁醇、液氮、硝酸、硝铵溶液的输送	GB/T 14976—2012
2	焊接钢管	水煤气输送钢管	Q235-A	适用于输送水、压缩空气、煤气、冷凝水和采暖系统的管路	GB 3091—2008
		双面埋弧自动焊大直径焊接钢管			GB 9771.1—2008
		螺旋缝电焊钢管	Q235、16Mn 等		SY 5036—2000
		不锈钢焊接钢管	1Cr18Ni9Ti 等		HG 20537-3.4—1992
3	增强聚丙烯		聚丙烯	具有质量轻、强度高、耐腐蚀性好、致密性好、价格低等特点。使用温度为120℃,使用压力为≤1.0MPa	HG 20539—1992
4	钢衬聚四氟乙烯推压管		钢、聚四氟乙烯	使用压力可大于1.6MPa	HG/T 21562—1994
5	钢衬橡胶管		钢、橡胶	使用压力可大于1.6MPa	HG 21501—1993
6	氟塑料管		聚四氟乙烯	耐腐蚀,且耐负压	

6.1.8 管道连接

(1) 焊接

所有压力管道,如煤气、蒸汽、空气、真空等管道尽量采用焊接。管径大于32mm、厚度在4mm以上者采用电焊;厚度在3.5mm以下者采用气焊。补偿器顶部不能用电焊。

(2) 承插焊

密封性要求高的管子,应尽量采用承插焊代替螺纹连接。该结构可靠,耐高压,施工方便。

(3) 螺纹连接

一般适用于管径≤50mm(室内明敷上水管道可采取≤150mm),工作压力低于1.0MPa,介质温度≤100℃的焊接钢管、镀锌焊接钢管或硬聚氯乙烯塑料管与管或带螺纹的阀门、管件相连接。

(4) 法兰连接

适用于大管径、密封性要求高的管子连接,如真空管等;也适用于玻璃、塑料、阀门与管道或设备的连接。

(5) 承插连接

适用于埋地或沿墙敷设的给排水管,如铸铁管、陶瓷管、石棉水泥管与管或管件、阀门的连接。采用石棉水泥、沥青玛蹄脂、水泥砂浆等作为封口,工作压力≤0.3MPa,介质温度≤60℃。

(6) 承插粘接

适用于各种塑料管(如 ABS 管玻璃钢管等)与管子或阀门、管件的连接。采用胶黏剂

涂覆于插入管的表面，然后插入承口，经固化后即成一体，施工方便，密闭性好。

(7) 卡套连接

适用于管径≤42mm 的金属管与金属管件或与非金属管件、阀门的连接。中间加一垫片，施工方便，拆卸容易，一般适用于仪表、控制系统等处。

(8) 卡箍连接

适用于洁净物料，具有装拆方便，安全可靠，经济耐用等特点。

6.1.9 管道坡度

管道敷设应有坡度，坡度方向一般均沿着介质流动的方向，但亦有与介质流动方向相反者，如氨压缩机的吸入管道应有≥0.005 的逆向坡度，坡向蒸发器；其排气管道应有 0.01～0.02 的顺向坡度，坡向油分离器。坡度一般为 3/1000～1/100。输送黏度大的介质的管道，坡度则要求大些，可达 1/100。埋地管道和敷设在地沟中的管道，如在停止生产时其积存介质不考虑排尽，则不考虑敷设坡度。

管道坡度一般采用如下。

蒸汽	5/1000
蒸汽冷凝水	3/1000
清水	3/1000
冷冻水及冷冻回水	3/1000
生产废水	1/1000
压缩空气、氮气	4/1000
真空	3/1000

6.1.10 管道间距

为便于安装、检修和防止变形后挤压，管道之间、管道与墙壁之间应保持一定的距离，以能容纳管件、阀门及方便维修为原则。平行管道间最突出物间的距离不能小于 50～80mm，管道最突出部分距墙壁、管架边和柱边不能小于 100mm。图 6.11 和表 6.10、表 6.11 分别列出了法兰对齐时和法兰相错时的低压管道间距。

6.1.11 管径和壁厚

(1) 管径

根据介质的流速计算管径。

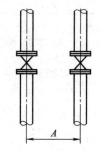

图 6.11 管道间距示意

表 6.10 管道并排且阀的位置对齐时的管道间距　　　　单位：mm

DN	25	40	50	80	100	150	200	250
25	250							
40	270	280						
50	280	290	300					
80	300	320	330	350				
100	320	330	340	360	375			
150	350	370	380	400	410	450		
200	400	420	430	450	460	500	550	
250	430	440	450	480	490	530	580	600

注：适用于 PN≤2.5MPa 的管道。

表6.11 管道并排、法兰错排时的管道间距 单位：mm

DN	|	公称直径 DN 25		40		50		70		80		100		125		150		200		250		300		d	
		A	B	A	B	A	B	A	B	A	B	A	B	A	B	A	B	A	B	A	B	A	B	A	B
25		120	200																					110	130
40		140	216	150	230																			120	140
50		150	220	150	230	160	240																	150	150
70		160	230	160	240	170	250	180	260															140	170
80		170	240	170	250	180	260	190	270	200	280													150	170
100		180	250	180	260	190	270	200	280	210	310	220	300											160	190
125		190	260	200	280	210	290	220	300	230	310	240	320	250	330									170	210
150		210	280	210	300	220	300	230	320	240	320	250	330	260	340	280	360							190	230
200		230	310	240	320	250	330	260	340	270	350	280	360	290	370	300	390	300	420					220	260
250		270	340	270	350	280	360	290	370	300	380	310	390	320	410	340	420	360	450	390	480			250	290
300		290	370	300	380	310	390	320	400	330	410	340	420	350	440	360	450	390	480	410	510	400	540	280	320
350		390	400	330	410	340	420	350	360	360	440	370	450	380	470	390	480	420	510	450	540	470	570	310	350

注：1. 不保温管道和保温管道相邻排列时，间距＝(不保温管间距＋保温管间距)/2；
2. 螺纹连接的管子，间距可按上表减去20mm；
3. 管沟中管壁与管壁之间的净间距为160～180mm，管壁与沟壁之间的距离为200mm左右；
4. 表中 A 为不保温管，B 为保温管，d 为管子轴线离墙面的距离；
5. 本表适用于室内管道安装，不适用于室外长距离管道安装。

表6.12 常用流体流速范围

介质	条件	流速/(m/s)	介质	条件	流速/(m/s)
过热蒸汽	$DN<100$	20～40	水及黏度相似液体	$p_表0.1～0.3MPa$	0.5～2
	$DN=100～200$	30～50		$p_表<1.0MPa$	0.5～3
	$DN>200$	40～60		压力回水	0.5～2
饱和蒸汽	$DN<100$	15～30		无压回水	0.5～1.2
	$DN=100～200$	25～35		往复泵吸入管	0.5～1.5
	$DN>200$	30～40		往复泵排出管	1～2
低压气体 $p_绝<0.1MPa$	$DN\leqslant100$	2～4		离心泵吸入管	1.5～2
	$DN=125～300$	4～6		离心泵排出管	1.5～3
	$DN=350～600$	6～8		油及相似液体	0.5～2
	$DN=700～1200$	8～12	油及黏度大的液体	黏度 0.05Pa·s	
气体	鼓风机吸入管	10～15		$DN\leqslant25$	0.5～0.9
	鼓风机排出管	15～20		$DN=50$	0.7～1.0
	压缩机吸入管	10～15		$DN=100$	1.0～1.6
	压缩机排出管 $p_绝<1.0MPa$	8～10		黏度 0.1Pa·s	
	$p_绝<1.0～10.0MPa$	10～20		$DN\leqslant25$	0.3～0.6
	往复真空泵 吸入管	13～16		$DN=50$	0.5～0.7
	排出管	25～30		$DN=100$	0.7～1.0
苯乙烯、氯乙烯		2		$DN=200$	1.2～1.6
乙醚、苯、二硫化碳	安全许可值	<1		黏度 1.0Pa·s	
				$DN\leqslant25$	0.1～0.2
甲醇、乙醇、汽油	安全许可值	<2～3		$DN=50$	0.16～0.25
				$DN=100$	0.25～0.35
				$DN=200$	0.35～0.55

1）公式法

管径可用下式计算：

$$d = [V_s/(\pi w/4)]^{0.5} \tag{6-1}$$

式中　d——管道直径，m；

　　V_s——通过管道的流体流量，m^3/s；

　　w——流体通过管道的常用速度，m/s。

管内流体的常用流速范围见表 6.12。

2）图表法

根据选定的流速查图 6.12，也可确定管子直径。当直径＞500mm，流量＞60000m^3/h 时，可用其他算图计算，详见有关手册及资料。

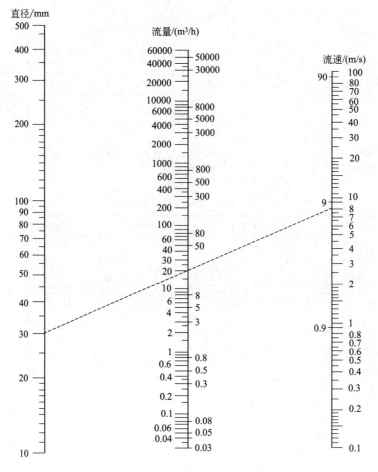

图 6.12　流速、流量、直径计算图

（2）管壁厚度的选取

根据管子的工作压力、公称直径，查《化工工艺设计手册》第一版（修订）书中的常用公称压力下管道壁厚选用表 4-2，表 6.13 为部分材料公称压力下，管道的管壁厚度。

6.1.12　管道补偿

化工管道一般是在常温下安装的，当输送高温或低温流体时，管子就会发生热胀冷缩。

表 6.13　管子壁厚与公称压力对照表

1. 无缝不锈钢管壁厚

材料	PN/MPa	DN/mm																		
		10	15	20	25	32	40	50	65	80	100	125	150	200	250	300	350	400	450	500	600
1Cr18Ni9Ti 含 Mo 不锈钢	≤1.0	2	2	2	2.5	2.5	2.5	2.5	2.5	2.5	3	3	3.5	3.5	3.5	4	4	4.5			
	1.6	2	2.5	2.5	2.5	2.5	2.5	3	3	3	3	3.5	3.5	4	4.5	5	5				
	2.5	2	2.5	2.5	2.5	2.5	2.5	3	3	3	3.5	3.5	4	4.5	5	6	6	7			
	4.0	2	2.5	2.5	2.5	2.5	2.5	3	3	3.5	4	4.5	5	6	7	8	9	10			
	6.4	2.5	2.5	2.5	3	3	3.5	4	4.5	5	6	7	8	10	11	13	14				
	4.0T	3	3.5	3.5	4	4	4	4.5													

2. 无缝碳钢管壁厚

材料	PN/MPa	DN/mm																		
		10	15	20	25	32	40	50	65	80	100	125	150	200	250	300	350	400	450	500	600
20 12CrMo 15CrMo 12Cr1MoV	≤1.6	2.5	3	3	3	3	3.5	3.5	4	4	4	4	4.5	5	6	7	7	8	8	8	9
	2.5	2.5	3	3	2	3.5	3.5	4	4	4	4	4.5	5	6	7	7	8	8	9	10	
	4	2.5	3	3	3	3.5	3.5	4	4	4.5	5	5.5	7	8	9	10	11	12	13	15	
	6.4	3	3	3	3.5	3.5	3.5	4	4.5	5	6	7	8	9	11	12	14	16	17	19	22
	10	3	3.5	3.5	4	4.5	4.5	5	6	7	8	9	10	13	15	18	20	22			
	16	4	4.5	5	5	6	6	7	8	9	11	13	15	19	24	26	30	34			
	20	4	4.5	5	6	6	7	8	9	11	13	15	18	22	28	32	36				
	4.0T	3.5	4	4	4.5	5	5.5														
10Cr5Mo	≤1.6	2.5	3	3	3	3	3.5	3.5	4	4.5	4	4	4.5	5.5	7	7	8	8	8	9	
	2.5	2.5	3	3	3	3	3.5	3.5	4	4.5	4	4	4.5	5.5	7	7	8	9	10	12	
	4	2.5	3	3	3	3.5	3.5	4	4.5	5	5.5	6	8	9	10	11	12	14	15	18	
	6.4	3	3	3	3.5	4	4.5	5	5.5	7	8	9	11	13	14	16	18	20	22	26	
	10	3	3.5	4	4	4.5	5	5.5	7	8	9	10	12	15	18	22	24	26			
	16	4	4.5	5	5	6	7	8	9	10	12	15	18	22	28	32	36	40			
	20	4	4.5	5	6	7	8	9	11	12	15	18	22	26	34	38					
	4.0T	3.5	4	4	4.5	5	5.5														
16Mn 15MnV	≤1.6	2.5	2.5	2.5	3	3	3	3	3.5	3.5	3.5	3.5	4	4.5	5	5.5	6	6	6	6	7
	2.5	2.5	2.5	2.5	3	3	3	3.5	3.5	3.5	3.5	4	4.5	5	5.5	6	7	7	8	9	
	4	2.5	2.5	2.5	3	3	3	3.5	3.5	4	4.5	5	6	7	8	9	10	11	12		
	6.4	2.5	3	3	3.5	3.5	3.5	4	4.5	5	6	7	8	9	11	12	13	14	16	18	
	10	3	3	3.5	3.5	4	4	4.5	5	6	7	8	9	11	13	15	17	19			
	16	3.5	3.5	4	4.5	5	5	6	7	8	9	11	12	16	19	22	25	28			
	20	3.5	4	4.5	5	5.5	6	7	9	11	13	15	19	24	26	30					

3. 焊接钢管壁厚

材料	PN/MPa	DN/mm														
		200	250	300	350	400	450	500	600	700	800	900	1000	1100	1200	1400	1600
焊接碳钢管 （Q235A20）	0.25	5	5	5	5	5	5	5	6	6	6	6	6	6	7	7	7
	0.6	5	5	6	6	6	6	6	7	7	7	7	8	8	8	9	10
	1	5	5	6	6	6	7	7	8	8	9	9	10	11	11	12	
	1.6	6	6	7	7	8	8	9	10	11	12	13	14	15	16		
	2.5	7	8	9	9	10	11	12	13	15	16						
焊接不锈钢管	0.25	3	3	3	3	3.5	3.5	3.5	4	4	4	4.5	4.5				
	0.6	3	3	3.5	3.5	3.5	4	4	4.5	5	5	6	6				
	1	3.5	3.5	4	4.5	4.5	5	5.5	6	7	7	8					
	1.6	4	4.5	5	6	6	7	7	8	9	10						
	2.5	5	6	7	8	9	9	10	12	13	15						

(1) 管道的热变形与热应力计算

一根自由放置的长度为 l 的管子，因温度变化 Δt 而引起的伸长 ΔL 为：

$$\Delta L = l\alpha \Delta t \tag{6-2}$$

式中 α——管材的线膨胀系数，钢为 12×10^{-6}。

若管道两端固定，管道受到拉伸或压缩时，由温度变化而引起热应力，热应力 σ 产生的轴向推力 P 为：

$$P = \sigma A = E\alpha \Delta t A \tag{6-3}$$

式中 E——材料的弹性模数，钢为 $2.1 \times 10^{11}\,\text{Pa}$；

A——管子截面积，m^2。

由上述公式可知，热应力和轴向推力与管道长度无关，所以不能因为管道短而忽视这个问题。

一般使用温度低于 100℃ 和直径小于 $DN50$ 的管道可不进行热应力计算。直径大、直管段长、管壁厚的管道或大量引出支管的管道，要进行热应力计算，并采取相应的措施将其限定在许可值之内。

热力管道（直管道）可不装补偿器的最大尺寸，见表 6.14。

表 6.14 热力管道可不装补偿器的最大尺寸

热水/℃	60	70	80	90	95	100	110	120	130	140	143	151	158	164	170	175	179	183
蒸汽/kPa							50	100	180	270	300	400	500	600	700	800	900	1000
管长/m	65	57	50	45	42	40	37	32	30	27	27	27	25	25	24	24	24	24

(2) 管道热补偿设计

1) 自然补偿

利用管道敷设时自然形成的转弯吸收热伸长量的称自然补偿，这个弯管段就称自然补偿器。在管道设计中，尽量利用这种最经济的自然补偿方式，仅当其不足以补偿热膨胀时，才采用其他补偿器。

① L 形补偿 当管道有 90° 转弯时，称 L 形补偿，见图 6.13（a）。使用的计算公式为：

$$L_1 = 1.1\sqrt{\frac{\Delta L_2 D_w}{300}} \tag{6-4}$$

式中 L_1——短臂长度，m；

ΔL_2——长臂（L_2）的膨胀长度，mm；

D_w——管子外径，mm。

在 L 形补偿器中，短臂固定支架的应力最大，长臂与短臂的长度越接近，其弹性越差，补偿能力也越差。

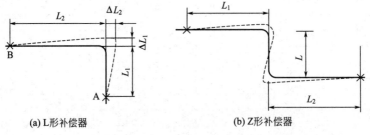

(a) L形补偿器　　　　(b) Z形补偿器

图 6.13 自然补偿器

② Z 形补偿 Z 形补偿见图 6.13（b），Z 形补偿器有两个基本计算公式：

$$\sigma = \frac{6\Delta L E D_w}{L^2(1+12K)} \tag{6-5}$$

式中 σ——管子弯曲许用应力，一般取 $700 \times 10^5 \mathrm{Pa}$；

ΔL——热膨胀长率，$\Delta L = \Delta L_1 + \Delta L_2$；

E——材料的弹性模数，钢材 $E = 2.1 \times 10^{11} \mathrm{Pa}$；

D_w——管子外径，cm；

L——垂直臂长度，cm；

K——短臂与垂直臂之比，$K = L_1/L$。

根据上式，可导出垂直臂长的计算公式：

$$L = \sqrt{\frac{6\Delta LED_\mathrm{w}}{\sigma(1+12K)}} \tag{6-6}$$

在实际施工过程中，Z 形弯管的垂直臂长 L，往往根据实际情况确定，很少根据管道自然补偿的需要设计。因此当 L 值一定时，计算 K 值的公式为：

$$K = \frac{\Delta LED_\mathrm{w}}{2\sigma L^2} - \frac{1}{12} \tag{6-7}$$

计算过程中，先假设 L_1 和 L_2 之和，以便计算出膨胀量 ΔL。当得出 K 值后，再计算短臂长度，即 $L_1 = KL$。从假设的 L_1 与 L_2 之和中减去 L_1，便得出 L_2。

L 形与 Z 形补偿的设计也可以查有关算图。

2）补偿器补偿

当自然补偿还达不到要求时，可采用补偿器补偿。常用的补偿器有 π 型补偿器、Ω 型补偿器、波纹型补偿器和填函式补偿器。

如图 6.14 所示，由于 π 型和 Ω 型补偿器最为常用，制造方便，补偿能力大，所以在化工管道中使用较多，特别是在蒸汽管道中，采用更为普遍。波型补偿器一般用于管径大于 100mm，管长度不大于 20m 的气体或蒸汽管道。波形补偿器补偿能力小，一般为 3～6 个波节，每个波节只能补偿 10～15mm，适用于低压（$0～2 \times 10^5 \mathrm{Pa}$）。波形补偿器体积小，安装方便，但补偿能力远不如 π 型补偿器，耐压低。填函式补偿器则主要用于铸铁管等脆性材质的管道，其主要缺点是填函处易损坏而泄漏，或者在管道弯曲时，会卡住而失去作用，故一般管道上很少使用。填函式补偿器可用于公称直径 80～300mm 的管道，补偿量为 50～300mm，其优点是结构简单，补偿量大。

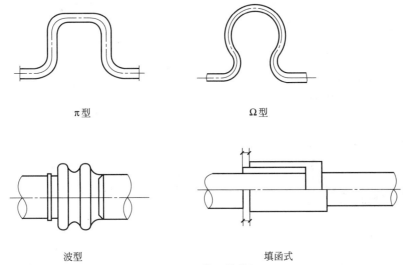

π型　　　　　　　　　Ω型

波型　　　　　　　　　填函式

图 6.14　常用补偿器

6.1.13　管道绝热

绝热是保温与保冷的统称，为了防止生产过程中设备和管道向周围环境散发或吸收热量而进行的绝热工程，已成为生产和建设过程中不可缺少的一项工程，有着重要的意义。

① 用绝热减少设备、管道及其附件的热（冷）量损失。

② 保证操作人员安全，改善劳动条件，防止烫伤和减少热量散发到操作区。

③ 在长距离输送介质时，用绝热来控制热量损失，以满足生产上所需要的温度。

④ 冬季，用保温来延缓或防止设备、管道内液体的冻结。

⑤ 当设备、管道内的介质温度低于周围空气露点温度时，采用绝热可防止设备、管道的表面结露。

⑥ 用耐火材料绝热可提高设备的防火等级。

⑦ 对工艺设备或炉窑采取绝热措施，不但可减少热量损失，而且可以提高生产能力。

(1) 绝热范围

1) 具有下列情况之一的设备、管道及组成件（以下简称管道）应予以绝热

① 外表面温度大于50℃，以及外表面温度小于或等于50℃，但工艺需要保温的设备和管道。例如日光照射下的泵入口的液化石油气管道，精馏塔顶馏出线（塔至冷凝器的管道），塔顶回流管道以及经分液后的燃料气管道等宜保温。

② 介质凝固点或冰点高于环境温度（系指年平均温度）的设备和管道。例如凝固点约30℃的原油，在年平均温度低于30℃的地区的设备和管道；在寒冷或严寒地区，介质凝固点虽然不高，但介质内含水的设备和管道；在寒冷地区，可能不经常流动的水管道等。

③ 制冷系统中的冷设备、冷管道及其附件，需要减少冷介质及载冷介质的冷损失，以及需防止低温管道外壁表面结露者。

④ 因外界温度影响而产生冷凝液使管道腐蚀者。

2) 具有下列情况之一的设备和管道可不保温

要求散热或必须裸露的设备和管道，要求及时发现泄漏的设备和管道法兰，内部有隔热、耐磨衬里的设备和管道，须经常监视或测量以防止发生损坏的部位，工艺生产中的排气、放空等不需要保温的设备和管道。

(2) 绝热结构

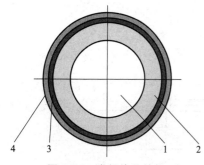

图6.15　常规绝热结构
1—被绝热体；2—绝热层；
3—防潮层；4—保护层

绝热结构是保温结构和保冷结构的统称，为减少散热损失，在设备或管道表面上覆盖的绝热材料，以绝热层和保护层为主体及其支承、固定的附件构成统一体，称为绝热结构。常规绝热结构如图6.15所示。

1) 绝热层

绝热层是利用保温材料的优良绝热性能，增加热阻，从而达到减少散热的目的，是绝热结构的主要组成部分。

2) 防潮层

防潮层的作用是抗蒸汽渗透性好，防潮、防水力强。

3）保护层

保护层是利用保护层材料的强度、韧性和致密性等以保护保温层免受外力和雨水的侵袭，从而达到延长保温层的使用年限的目的，并使保温结构外形整洁、美观。

(3) 管道热力计算的基本任务

工程设计中管道热力计算的基本任务如下：

① 已知热力设备或管道保温结构的保温层厚度，计算其热损失；

② 根据允许的热损失，计算热力设备或管道的保温层厚度；

③ 已知保温结构的保温层厚度及热损失，计算保温层的表面温度；

④ 根据规定的保温结构的表面温度，计算保温结构的保温层厚度。

(4) 管道绝热计算

管道绝热保温的计算方法有多种，根据不同的要求有：经济厚度计算法，允许热损失下的保温厚度计算法，防结露、防烫伤保温厚度计算法，延迟介质冷冻保温厚度计算法，在液体允许的温度降下保温厚度计算法等，详见有关参考文献。下面仅介绍经济厚度计算法。

保温层经济厚度是指设备、管道采用保温结构后，年热损失值与保温工程投资费的年分摊率价值之和为最小值时的保温厚度。

外径 $D_0 \leqslant 1\text{m}$ 的管道、圆筒形设备的绝热层厚度计算公式：

$$D_1 \ln \frac{D_1}{D_0} = 3.795 \times 10^{-3} \sqrt{\frac{P_R \lambda t (T_0 - T_a)}{P_T S}} - \frac{2\lambda}{\alpha_s} \tag{6-8}$$

$$\delta = \frac{1}{2}(D_1 - D_0) \tag{6-9}$$

式中　D_0——管道或设备外径，m；

　　　D_1——绝热层外径，m；

　　　P_R——能价，元/10^6kJ，保温中，$P_R = P_H$，P_H 称"热价"；

　　　P_T——绝热材料造价，元/m^3；

　　　λ——绝热材料在平均温度下的热导率，W/(m·℃)；

　　　α_s——绝热层（最）外表面向周围空气的放热系数，W/(m^2·℃)；

　　　t——年运行时间，h(常年运行的按 8000h 计)；

　　　T_0——管道或设备的外表面温度，℃；

　　　δ——管道保温的经济厚度，mm；

　　　T_a——环境温度，运行期间平均气温，℃；

　　　S——绝热投资年分摊率，%。

$$S = [i(1+i)^n]/[(1+i)^n - 1]$$

式中　i——年利率（复利率），%；

　　　n——计息年数，年。

【例 6.1】　设一架空蒸汽管道，外径 $D_0 = 108\text{mm}$，蒸汽温度 $T_0 = 200℃$，当地环境温度 $T_a = 20℃$，室外风速 $u = 3\text{m/s}$，能价 $P_R = 3.6$ 元/10^6kJ，投资计息年限数 $n = 5$ 年，年利息 $i = 10\%$（复利率），绝热材料造价 $P_T = 640$ 元/m^3，选用岩棉管壳为保温材料。试计算管道需要的保温层厚度、热损失以及表面温度。

解：(1) 热导率 λ

$$T_m = (200 + 20)/2 = 110℃$$

岩棉管壳密度<200kg/m³，故

$$\lambda = 0.044 + 0.00018(T_m - 70) = 0.0512 W/(m \cdot ℃)$$

（2）总的表面传热膜系数 α_s

取 $\alpha_0 = 7$

$$\alpha_s = (\alpha_0 + 6u^{0.5}) \times 1.163 = 20.23 W/(m \cdot ℃)$$

（3）保温工程投资偿还年分摊率

$$S = \frac{i(1+i)^n}{(1+i)^n - 1} = \frac{0.1 \times (1+0.1)^5}{(1+0.1)^5 - 1} = 0.264$$

（4）保温层厚度

$$D_1 \ln \frac{D_1}{D_0} = 3.795 \times 10^{-3} \sqrt{\frac{P_R \lambda t (T_0 - T_a)}{P_T S}} - \frac{2\lambda}{\alpha_s}$$

$$= 3.795 \times 10^{-3} \times \sqrt{\frac{3.6 \times 0.0512 \times 8000 \times (200-20)}{640 \times 0.264}} - \frac{2 \times 0.0512}{20.23} = 0.1454$$

$$\delta = \frac{1}{2}(D_1 - D_0)$$

由此得到 $D_1 = 214mm$，$D_0 = 108mm$，保温层厚度为 53mm，取 60mm。

6.1.14 管道敷设方式

管道敷设方式可以分为架空敷设和地下敷设两大类。

（1）架空敷设

架空敷设是化工装置管道敷设的主要方式，它具有便于施工、操作、检查、维修以及较为经济的特点。

（2）地下敷设

地下敷设可以分为埋地敷设和管沟敷设两种。

埋地敷设布置设计的原则是：

① 水管必须埋在当地的冰冻线以下，以免冻裂管道；当埋设陶瓷管时，因其性脆，应埋在地面 0.5m 以下；

② 埋地管道不得在厂房下面通过，以便日后检修，确实无法避免时，应设法敷设在暗沟里；

③ 在埋地管道上需要安装阀门、管件、仪表时，应设窨井或放置于适宜的小屋内，便于日后的操作、维护和检修；

④ 埋地管道靠近或跨越埋地动力电缆时，要敷设在电缆的下面，输送热流体的管道，离电缆越远越好；

⑤ 供消火栓用的埋地水管，总管应环状敷设，以使总管各处的压力均匀；

⑥ 埋地管道应根据当地土壤的腐蚀情况，采用相应的防腐措施。

管沟敷设布置设计的原则是：

① 管沟应尽量沿通道布置，以便管沟能在道路以下通过，而不改变标高；

② 管沟敷设的管道应支撑在管架上，管道应采用相应的防腐措施；

③ 管沟的坡度应不小于 2/1000，特殊情况下可为 1/1000，在管沟的低处应设排水口，以免管沟积水；

④ 同时有多条管道需布置在同一管沟时，最好采用单层平面布置，需采用多层布置时，

应把经常拆卸和清理的管道布置在顶层；

⑤ 管沟的最小宽度为 600mm，管道伸出物与沟壁间的最小净距为 100mm，与沟底最高点的最小净距为 0.050m；

⑥ 管沟敷设热力管道时，应考虑管道热补偿设计。

6.2 管道设计

6.2.1 设计依据

在下列图表提供后可以开展配管设计。

① 管道及仪表流程图（即 P&ID）和公用工程系统流程图
② 工程设计规范、规定及管路等级表
③ 设备平、立面布置图，设备基础图和支架图
④ 设备简图、询价图及定型设备样本或详细安装图
⑤ 仪表变送器位置图及电气、仪表的电缆桥架条件
⑥ 设备一览表
⑦ 建（构）筑物平、立面（条件版）
⑧ 仪表条件图（或数据表）
⑨ 相关专业条件
⑩ 管道界区条件图

6.2.2 基本要求

（1）符合 P&ID 以及工艺对配管的要求。

（2）进出装置的管道应与外管道连接相吻合。

（3）孔板、流量计、压力表、温度计及变送器等仪表在管道上安装位置应符合工艺要求，并注上具体位置尺寸。

（4）管道与装置内的电缆、照明灯分区行走。

（5）管道不挡吊车轨及不穿吊装孔，不穿防爆墙。

（6）管道应沿墙、柱、梁敷设，并应避开门、窗。

（7）管道布置应保证安全生产和满足操作、维修、方便及人货道路畅通。

（8）操作阀高度以 800～1500mm 为妥。

（9）取样阀的设置高度应在 1000mm 左右，压力表、温度计设置在 1600mm 左右为妥。

（10）管道布置应整齐美观，横平竖直，纵横错开，成组成排布置。

6.2.3 管道布置设计的一般原则

① 管道应成列平行敷设，尽量走直线少拐弯（因作自然补偿、方便安装、检修、操作除外），少交叉以减少管架的数量，节省管架材料并做到整齐美观便于施工。

整个装置（车间）的管道，纵向与横向的标高应错开，一般情况下改变方向同时改变标高。

② 设备间的管道连接，应尽可能的短而直，尤其用合金钢的管道和工艺要求压降小的

管道，如泵的进口管道。加热炉的出口管道、真空管道等，又要有一定的柔性，以减少人工补偿和由热胀位移所产生的力和力矩。

③ 当管道改变标高或走向时，尽量做到"步步高"或"步步低"，避免管道形成积聚气体的"气袋"或积聚液体的"液袋"和"盲肠"，如不可避免时应于高点设放空（气）阀，低点设放净（液）阀，如图6.16所示。

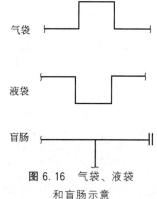

图6.16 气袋、液袋和盲肠示意

④ 不得在人行通道和机泵上方设置法兰，以免法兰渗漏时介质落于人身上而发生工伤事故。输送腐蚀介质的管道上的法兰应设安全防护罩。

⑤ 易燃易爆介质的管道，不得敷设在生活间、楼梯间和走廊等处。

⑥ 管道布置不应挡门、窗，应避免通过电动机、配电盘、仪表盘的上空，在有吊车的情况下，管道布置应不妨碍吊车工作。

⑦ 气体或蒸汽管道应从主管上部引出支管，以减少冷凝液的携带，管道要有坡向、以免管内或设备内积液。

⑧ 由于管法兰处易泄漏，故管道除与法兰连接的设备、阀门、特殊管件连接处必须采用法兰连接外，其他均应采用对焊连接（$DN \leqslant 40mm$ 用承插焊连接或卡套连接）。

公用系统管道 $PN \leqslant 0.8MPa$，$DN \geqslant 50mm$ 的管道除法兰连接阀门和设备接口处采用法兰连接外，其他均采用对焊连接（包括焊接钢管）。但对镀锌焊接管除特别要求外，不允许用焊接；$DN < 50mm$ 允许用螺纹连接（若阀门为法兰时除外），但在阀与设备连接之间，必须要加活接头以便检修。

⑨ 不保温、不保冷的常温管道除有坡度要求外，一般不设管托；金属或非金属衬管道，一般不用焊接管托而用卡箍型管托。对较长的直管要使用导向支架，以控制热胀时可能发生的横向位移。为避免管托与管子焊接处的应力集中，大口径和薄壁管常用鞍座，以利管壁上应力分布均匀，鞍座也可用于管道移动时可能发生旋转之处，以阻管道旋转。

管托高度应能满足保温、保冷后，有50mm外露的要求。

⑩ 采用成型无缝管件（弯头、异径管、三通）时，不宜直接与平焊法兰焊接（可与对焊法兰直接焊接），其间要加一段直管，直管长度一般不小于其公称直径，最小不得低于100mm。

⑪ 除满足正常生产要求外，管道布置应能适应开停车和事故处理的需要，要设有为开工送料、循环和停工时卸料、抽空、扫线、放空以及不合格产品的运输线路，管道应能适应操作变化，避免繁琐，防止浪费。

⑫ 在蒸汽主管和长距离管线的适当地点应分别设置带疏水器的放水口及膨胀器。

为了安全起见，尽量不要把高压蒸汽直接引入低压蒸汽系统，如果必要，应装减压阀并在低压系统上装安全阀。长距离输送蒸汽或其他热物料的管道，应考虑热补偿，防止因产生热应力，造成事故。

⑬ 真空管线应尽量缩短，避免过多的曲折，使阻力小，达到更大的真空度，还应避免用截止阀，因其阻力大，影响系统的真空度。

⑭ 流量元件（孔板、喷嘴及文氏管）所在的管道后要有足够长的直管段，以保证准确测量。液面计要装在液面波动小的地方，并要装在操作控制阀时能看得见的地方。温度元件在设备与管道上的安装位置，要与流程一致，并保证一定的插入深度和外部安装检修空间。

⑮ 不锈钢管不得与普通碳钢制的管架直接接触，要采用胶垫隔离等措施，以免产生因电位差造成腐蚀核心。

⑯ 在人员通行处，管道底部的净高不宜小于2.2m；通行大型检修机械或车辆时，管道底部净高不应小于4.5m，跨越铁路上方的管道，其距轨顶的净高不应小于5.5m。

⑰ 埋地管道应在冻土层以下，穿越道路或受荷地区要采取保护措施，输送易燃易爆介质的埋地管道不宜穿越电缆沟。

⑱ 距离较近的两设备间，管道一般不应直连接，因垫片不易配准，故难以紧密连接。设备之一未与建筑物固定或有波纹伸缩器的情况除外，一般采用45°或90°弯接，如图6.17所示。

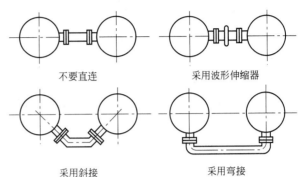

不要直连　　　　采用波形伸缩器

采用斜接　　　　采用弯接

图6.17　距离较近两设备的管道连接

⑲ 为防止管道在工作中产生振动、变形及损坏，必须根据管道的具体特点，合理确定其支承与固定结构。管道与阀门的重量，不要考虑支撑在设备上（尤其是铝制设备、非金属材料设备、硅铁泵等）。

⑳ 管道布置时应考虑电缆、照明、仪表、采暖通风等非工艺管道。

㉑ 阀门要布置在便于操作的部位，操作频繁的阀门应按操作顺序排列。容易开错且会引起重大事故的阀门，相互间距要拉开，并涂刷不同颜色。

㉒ 管道在穿墙和楼板时，应在墙面和楼板上预埋一个直径大的套管，让管道从套管中穿过，防止管道移动或振动时对墙面或楼板造成损坏。套管应高出楼板、平台表面50mm。

㉓ 为了防止介质在管内流动产生静电聚集而发生危险，易燃、易爆介质的管道应采取接地措施，以保证安全生产。

㉔ 玻璃管等脆性材料管道的外面最好用塑料薄膜包裹，避免管道破裂时溅出液体，发生意外。

6.3　管道布置图的绘制

管道布置图系根据管道及仪表流程图、设备平立面布置图、机泵设备图纸及有关管线安装设计规定进行设计。管道布置图主要用于表达车间或装置内管道的空间位置、尺寸规格，以及与机器、设备的连接关系。管道布置图也称配管图，是管道布置设计的主要文件，也是管道施工安装的依据。

管道布置图应完整地表达车间（装置）的全部管道、阀门、管线上的仪表控制点、部分管件、设备的简单形状和建构筑物轮廓等内容；应绘制出管道平面布置图及必要的立面视图和向视图，其数量以能满足施工要求，不致发生误解为限；画出全部管子、支架、吊架并进行编号；图上应注明全部阀门及特殊管件的型号、规格等。管道布置图的示例见图6.34。

6.3.1　管道布置图的内容

① 一组视图。按正投影法绘制，包括平面图和剖视图，用以表达整个车间（装置）的

设备、建筑物的简单轮廓以及管道、管件、阀门、仪表控制点等的布置安装情况。

② 尺寸和标注。注出管道及有关管件、阀门、仪表控制点等的平面位置尺寸和标高，并标注建筑轴线编号、设备位号、管段序号、控制点代号等相关文字。

③ 管口表。

④ 安装方位标。表示管道安装的方位基准。

⑤ 标题栏及修改栏。

6.3.2 管道布置图的绘制要求

6.3.2.1 一般规定

① 图幅：尽量采用 A1，较简单的也可采用 A2，较复杂的可采用 A0，同区的图宜采用同一种图幅，图幅不宜加长加宽。

② 比例：常用比例为 1∶50，也可以用 1∶25 或 1∶30，但同区或各分层的平面图，应采用同一比例。

③ 尺寸单位管道布置图中标注的标高、坐标以 m 为单位，小数点后取三位数，至 mm 为止；其余尺寸一律以 mm 为单位，只注数字，不注单位。管子公称通径一律用 mm 表示。

④ 地面设计标高为 EL±0.000。

⑤ 图名：标题栏中的图名一般分成两行书写，上行写"管道布置图"，下行写"EL××.×××平面"或"A—A、B—B……剖视等"。

⑥ 尺寸线始末应标绘箭头或打杠。不按比例画图的尺寸应在其下面画一道横线（轴侧图除外）。

⑦ 尺寸应写在尺寸线的上方中间，并且平行于尺寸线。

6.3.2.2 图面安排及视图要求

① 管道布置图应按设备布置图或按分区索引图所划分的区域（以小区为基本单位）绘制。区域分界线用粗双点划线表示，在区域分界线的外侧标注分界线的代号、坐标和与此图标高相同的相邻部分的管道布置图图号，如图 6.18 所示。

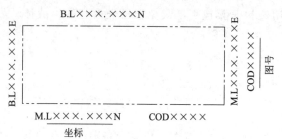

图 6.18 区域分界线的表示方法
B.L—装置边界；M.L—接续线；
COD—接续图

② 管道布置图以平面图为主，当平面图中局部表示不够清楚时，可绘制剖视图或轴测图来表达。剖视图和轴测图可画在管道平面布置图边界线以外的空白处（不允许在平面布置图边界线以内空白处再绘制小的剖视图或轴测图），也可绘制在单独的图纸上。绘制剖视图时要按比例画，可根据需要标注尺寸。轴测图可不按比例，但应标注尺寸，且相对尺寸正确。剖视符号规定用"A—A、B—B……"等编号表示，在同一小区内编号不应重复。平面图上要表示出所剖截面的剖切位置、方向及编号，必要时标注网格号。

③ 对于多层建筑物、构筑物的管道布置平面图，应按层次绘制，若在同一张图纸上绘制多层平面图，应从最低层起，在图纸上由下至上或由左至右的顺序排列，并在图下标注"EL±0.000平面"或"EL××.×××平面"。

6.3.2.3 图示方法

管道布置图中视图表达内容主要是三部分：一是建筑物及其构件；二是设备；三是管道，现分别讨论如下。

(1) 建（构）筑物的图示

① 其表达要求和画法基本上与设备布置图相同。建（构）筑物应按比例，根据设备布置图用细点划线、细实线画出厂房的定位轴线和柱、梁、楼板、门、窗、楼梯、平台、安装孔、管沟、算子板、散水坡、管廊架、围堰、通道、栏杆、梯子和安全护圈等。与管道安装布置无关的内容，可适当简化。应表达的内容与要求如下。

② 按比例用细点划线表示就地仪表盘、电气盘的外轮廓及电气、仪表电缆槽或托架、电缆沟，但不必标注尺寸，避免与管道相碰。

③ 标注各生产车间（分区）、生活间、辅助间的名称等。

(2) 设备的图示

设备在管道布置图中不是主要表达内容，只需以细实线绘制。对设备的图示具体要求如下。

① 按比例以设备布置图所确定的位置和大致相同的图形，用细点划线画出设备的中心线，以细实线画出设备的简略外形和基础。对于简单的定型设备可画其简单外形。泵、鼓风机等，有时可只画出设备基础和电动机位置。

② 用细实线表示吊车梁、吊杆、吊钩和起重机操作室。

③ 按比例画出卧式设备的支撑底座，并标注固定支座的位置，支座下如为混凝土基础时，应按比例画出基础的大小，不需标注尺寸。

④ 对于立式容器还应表示出裙座人孔的位置及标记符号。

⑤ 对于工业炉，凡是与炉子和其平台有关的柱子及炉子外壳和总管联箱的外形、风道、烟道等均应表示出。

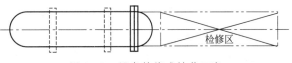

图 6.19　设备检修或抽芯示意

⑥ 用双点划线按比例表示出重型或超限设备的"吊装区"或"检修区"和换热器抽芯的预留空地。但不标注尺寸，如图 6.19 所示。

⑦ 对于设备自带的液位计、液面报警器、排气、排液、取样点、测温点、测压点等按管道及仪表流程图中给定的符号画出，其中某项有管道及阀门应画出，不必标注尺寸。

(3) 管道的图示

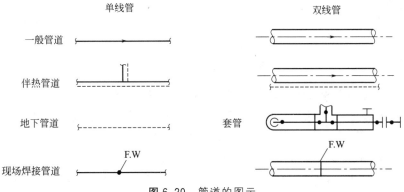

图 6.20　管道的图示

在管道布置图中，公称直径（*DN*）大于和等于 400mm 或 16in 的管道，采用双线表示；公称直径小于和等于 350mm 或 14in 的管道，采用单线表示。如果图中大口径的管道不多时，则公称直径大于和等于 250mm 或 10in 的管道采用双线表示；小于和等于 200mm 或 8in 者用单线表示。单线用粗实线（或粗虚线），双线用中粗实线（或中粗虚线）。管道的图示如图 6.20，图示要求如下。

① 应根据工艺流程图，在适当的位置用箭头表示出相应的物流方向，双线管道箭头画在管道的中心轴线上。

② 用细实线按 HG/T 20519—2009 规定的图例（见附录 5），按比例画出双线管道及管道上的阀门、管件（包括弯头、三通、法兰、异径管、软管接头等管道连接件）、管道附件和特殊管件等。管件及阀门等的主要结构参数见附录 8。

③ 管道公称直径≤200mm 或 8in 的弯头，可用直角表示，双线管用圆弧弯头表示。

④ 管道连接方式的图示如图 6.21。由于化工生产企业的管道连接方式较为固定，一般工艺管道大都属法兰连接，高压管线采用焊接，陶瓷管、铸铁管、水泥管采用承插连接，上下水管采用螺纹连接，所以无特殊必要时管道连接方式往往在图上不表示，而用文字在有关资料中加以说明。

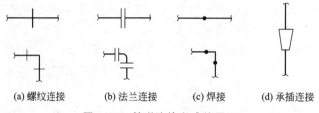

(a) 螺纹连接　　(b) 法兰连接　　(c) 焊接　　(d) 承插连接

图 6.21　管道连接方式的图示

⑤ 管道转折的画法。向下 90°弯折的管道，画法如图 6.22（a）所示；向上弯折 90°的管道，画法如图 6.22（b）所示；大于 90°角的弯折管道，画法如图 6.22（c）所示。

⑥ 当管道投影重叠时，应将上面（或前面）管道的投影断裂表示，下面（或后面）管道的投影则画至重影处稍留间隙断开，也可在管道投影断开处注上 a、a 和 b、b 等小写字母或管道代号，以便区别，如图 6.23（a）所示。如管道转折后投影发生重叠，则下面管子画至重影处稍留间隙断开，如图 6.23（b）所示。

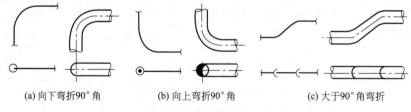

(a) 向下弯折90°角　　　　(b) 向上弯折90°角　　　　(c) 大于90°角弯折

图 6.22　管道转折的画法

⑦ 当管道交叉与投影重合时，其画法可以把下面被遮盖部分的投影断开，也可以把上面管道的投影断裂表示，如图 6.23（c）所示。若遇到管道需要分出支路，一般采用三通等管件连接。垂直管道在上时，管口用一带月牙形剖面符号的细线圆表示；垂直管道在下时，用一细线圆表示即可。其简化画法，如图 6.23（d）所示。

⑧ 对工艺上要求安装的分析取样接口，需画至根部阀（位置最低的阀门），并标注相应符号，如图 6.24（a）所示，图中长方框尺寸为 18mm×5mm。放空管、排液管的图示如图

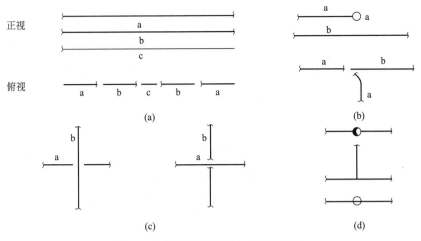

图 6.23　管道投影重叠与交叉的图示

6.24（b）、（c）所示。所有管道的最高点应设放空，最低点应设排液管。对于液体高点的放空、排液应装阀门及螺纹管帽，而气体管道的排液也应装阀门及螺纹管帽。用于压力试验的放空管仅装螺纹管帽。排液阀门的尺寸应不小于以下值：公称直径 $DN \leqslant 40mm$ 的管道，排液阀门 $DN \geqslant 15mm$；公称直径 $DN \geqslant 50mm$ 的管道，排液阀门 $DN \geqslant 20mm$；公称直径 $DN \geqslant 250mm$ 的管道，排液阀门 $DN \geqslant 25mm$。但易燃、易爆、有毒的气体放空前，必须先经安全处理后，方可实施放空。

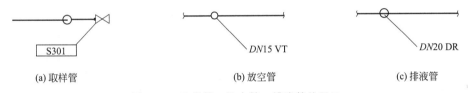

图 6.24　取样管、放空管、排液管的图示

⑨ 管件、阀门的图示。管道上的管件、阀门以正投影原理大致按比例用细实线画出，对于常用的管件、阀门，通常不按真实投影画出，而按 HG/T 20549—2009 规定的图例绘制，见附录 5，无标准图例时可采用简单图形画出外形轮廓。同心异径管接头和偏心异径管接头的画法如图 6.25（a）所示。阀门画法，如图 6.25（b）所示。

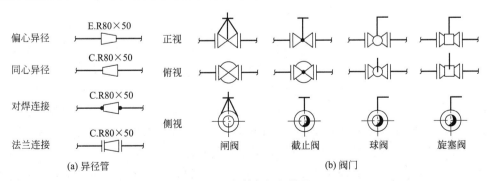

图 6.25　异径管与阀门的图示

⑩ 在管道布置图上仪表与检测元件用细实线画 $\phi10mm$ 的小圆圈表示，圈内按仪表管道流程图中检测元件的符号和编号填写，并在检测元件的平面位置用细实线和小圆圈连接。

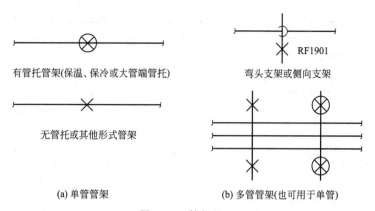

有管托管架(保温、保冷或大管端管托)

无管托或其他形式管架

(a) 单管管架

弯头支架或侧向支架

(b) 多管管架(也可用于单管)

图 6.26　管架图示

⑪ 管道常用各种形式的标准管架安装并固定在建筑物（或特定支架）上，管架的位置只需在平面图上用符号表示出来，其画法如图 6.26 所示，图中圆直径为 5mm。对于非标准的特殊管架应另行提供管架图。

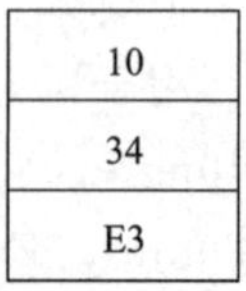

| 10 |
| 34 |
| E3 |

图 6.27　详图标识

10—详图编号；34—详图所在图的图纸尾号；E3—详图所在图的网格号

方框尺寸为 12mm×5mm；字高 3mm

⑫ 在管道布置平面图中表示不清楚的管道，可采用局部详图的方式表示。该详图可以是局部放大的剖视图（按比例），也可以是局部轴测图（不按比例）。局部详图可绘制在图边界线外的空白处，也可画在另一张图上。局部剖视图用剖视符号表示，局部轴测图用标识符号表示，如图 6.27 所示。

6.3.2.4　管道布置图的标注

(1) 建（构）筑物的标注

建筑物在管道布置图中常被用作管道布置的定位基准，因此，在各视图中均应注出建筑物定位轴线的编号及各定位轴线的间距尺寸，标注方式与设备布置图相同。

标注建（构）筑物地面、楼面、平台面，以及吊车的标高。

标注电缆托架，电缆沟，仪表电缆槽、架的宽度和底面标高以及就地电气、仪表控制盘的定位尺寸。

标注吊车梁定位尺寸、梁底标高、荷载或起重能力。

对管廊应标注柱距尺寸及各层顶面标高。

(2) 设备的标注

① 按设备布置图，标注所有设备的定位尺寸、基础面标高；对于卧式设备还需注出设备支架位置尺寸；对泵、压缩机、透平机及其他机械设备应按产品样本提供的图纸标注管口定位尺寸（或角度）、底盘底面标高或中心线标高。

② 按设备图用 5mm×5mm 的小方形框，标注与设备图相同的管口（包括需要标示的仪表接口和备用管口）符号、管口方位（或角度）、底部或顶部管口法兰标高、侧面管口的中心线标高和斜接管口的工作点标高等，如图 6.28 所示。

③ 在设备中心线的上方标注与工艺流程图一致的设备位号，下方标注设备支撑点的标高（如 POS EL××.×××）或设备主轴中心线的标高（如 ¢EL××.×××）或支架架顶标高（如 TOS EL××.×××）。剖视图上的设备位号可注在设备近侧或设备内。

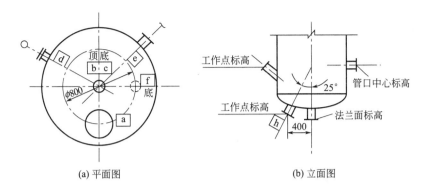

| (a) 平面图 | (b) 立面图 |

图 6.28 管口方位标注示意

(3) 管道的标注

在管道布置图中应注出所有管道的定位尺寸、标高及管段编号，并以平面布置图为主，标注所有管道的定位尺寸。管道的标注应符合下述要求。

① 标注管道定位尺寸，均以建筑物或构筑物的定位轴线、设备中心线、设备支撑点、设备管口中心线、区域界线作为基准进行标注。平面布置图定位尺寸一律以毫米为单位，剖面图中的标高则以米为单位。

② 应按管道及仪表流程图相同的标注代号，在图中所有管道的上方标注介质代号、管道编号、公称直径、管道等级和绝热方式（有关规定见管道及仪表流程图的画法）、流向，在管道下方标注管道标高，以管道中心线为基准时，只需标注"EL×.×××"字样，如图 6.29（a）所示；若以管底为基准时，则应在标注的管道标高前加注管底标高的代号"BOP"，如图 6.29（b）所示。

$$\underset{\text{EL}\times\times.\times\times\times}{\overset{\text{SL1305-100-BIA(H)}}{\longrightarrow}}$$
(a) 以管道中心线为基准标高

$$\overset{\text{SL1305-100-BIA(H)}}{\text{BOP EL}\times\times.\times\times\times}$$
(b) 以管底为基准标高

图 6.29 管道的标注

③ 对安装坡度有严格要求的管道，应在管道上方画出细线箭头指出坡向，并写上坡度数字和代号"i"。当管道倾斜时，应标注工作点的标高字样"WP EL×××.×××"，并把尺寸线指向可以定位的地方，如图 6.30 所示。

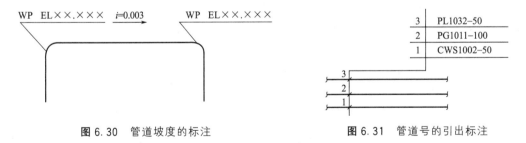

		3	PL1032–50
		2	PG1011–100
		1	CWS1002–50

图 6.30 管道坡度的标注   **图 6.31 管道号的引出标注**

④ 异径管应标注前后端管子的公称直径，如"$DN80/50$"或"$DN80×50$"。水平管道的异径管应以大端定位，螺纹管件或承插焊管件可以任一端定位。

⑤ 非 90°的弯管和非 90°的支管连接，应标注角度。

⑥ 在管道布置图上，一般不标注管段的长度尺寸，只标注管子、管件、阀门、过滤器、限流孔板等元件的中心定位或以一端法兰面定位。

⑦ 在同一区域内，管道的方向有改变时，支管和在管道上的管件位置尺寸应按设备管

口或邻近管道的中心线来标注。

当有管道跨区域通过接续管线连接到另一张管道布置图时，还需要从接续线上定位，只有在这一情况下，才发现尺寸的重复。

⑧ 为了避免在间隔很小的管道之间标注管道号和标高而缩小字样的书写尺寸，允许用附加线在图纸空白处标注管道号和标高，此线可穿越各管道并指向被标注的管道，也可以几条管道一起引出进行标注，此时管道与相应标注都要用数字分别进行编号，必要时指引线还可以转折，如图 6.31 所示。

⑨ 带有角度的偏置管和支管，只在水平方向标注线性尺寸，不标注角度尺寸。

⑩ 有特殊要求的管道定位尺寸及标高，如液封高度、不得有袋形弯的管道标高等应标注相应尺寸、文字或符号。

⑪ 标注仪表控制点的符号及定位尺寸。对于安全阀、疏水阀、分析取样点、特殊管件有标记时，应在 $\phi10mm$ 圆内标注它们的符号。

⑫ 按比例画出人孔、楼面开孔、吊柱（其中用双细实线表示吊柱的长度，用点划线表示吊柱活动范围），不需标注定位尺寸。

⑬ 当管道材料与等级有变化时，均应按管道及仪表流程图的标示在图中逐一标注。

（4）管架的标注

在管道布置图中，需标注管架号及定位尺寸，水平向管道的支架标注定位尺寸，垂直向管道的支架标注支架顶面或支承面（如平台面、楼板面、梁顶面）的标高。管架编号标注在图中管架符号的附近，或引出标注。

每个管架都有一个独立的管架号。管架的编号由五个部分组成，管架的区号，通常用一位数字表示，管道布置图的尾号也以一位数字表示，而管架序号的编写从"01"号开始，以两位数字表示。管架的编号应按管架类别与生根部位的结构分别编排，如图6.32 所示。

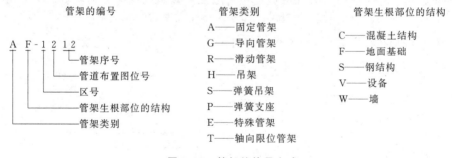

图 6.32　管架的编号方式

管廊及外管上的通用型托架，仅标注导向管架和固定管架的编号，凡未注编号，仅绘制了管架图例者均为滑动管托。管廊及外管上的通用型托架编号均省去区号和布置图尾号，余下两位数字的序号表示的是：GS-01 在钢结构上的无管托导向管架；GS-11 在钢结构上的有管托导向管架；AS-01 在钢结构上的无管托固定管架；AS-11 在钢结构上的有管托固定管架。

非通用型支架或托架类以外的标准管架，或加高、加长的管托仍需标注区号和布置图尾号。在管道布置图中标注管架编号时，应注意与管架表中填写的编号保持一致。

6.3.2.5 其他

(1) 管口表

管口表在管道布置图的右上角，填写该管道布置图中设备管口。管口表的格式见表 6.15。

管口符号应与本布置图中设备上标注的符号一致。密封面型式同垫片密封代号；RF—突面；MF—凹凸面；TG—榫槽面；FF—全平面。法兰标准号中可不写年号。长度一般为设备的轴向中心线至管口端面的距离，如图 6.33 中的"L"所示。管口的水平角度按方位标为基准标注，管口垂直角度最大为 180°，即向上规定为 0°，向下为 180°，水平管口为 90°，凡是在管口表中能注明管口方位的，平面图上可不标注管口方位。各管口的坐标指管口端面的坐标，均以该图的基准点为基准标注。

表 6.15 管口表

设备位号	管口符号	公称直径 DN/mm	公称压力 PN/MPa	密封面形式	连接法兰标准号	长度/mm	标高/m	方位水平角/(°)
T1304	a	65	1.0	RF	HG20592		4.100	
	b	100	1.0	RF	HG20592	400	3.800	180
	c	50	1.0	RF	HG20592	400	1.700	
V1301	a	50	1.0	RF	HG20592		1.700	180
	b	65	1.0	RF	HG20592	800	0.400	135
	c	65	1.0	RF	HG20592		1.700	120
	d	50	1.0	RF	HG20592		1.700	270

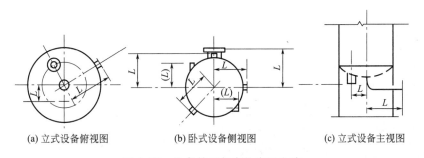

(a) 立式设备俯视图　　(b) 卧式设备侧视图　　(c) 立式设备主视图

图 6.33 设备管口长度的表示方法

(2) 安装方位标

在底层平面所在图纸右上角，应画出与设备布置图方位基准一致的方位标，以用作管道布置安装时定位的基准。

(3) 标题栏和修改栏

注写图名、图号、比例、设计阶段等。

6.3.3 管道布置图的绘制

管道布置图的绘制是以管道及仪表流程图、设备布置图、化工设备图，以及土建、自动控制、电气仪表等相关专业图样和技术资料作为依据，对所需管道做出适合工艺操作要求的合理布置与设计后所绘制的，在施工图设计阶段进行。其绘制步骤与设备布置图大体相似。

(1) 概括了解

① 了解厂房大小、层次高低与建筑物、构筑物的结构。

② 了解设备名称、数量与管口方位以及在厂房内的布置情况。

③ 了解管道与管道以及管道与设备之间的连接关系和物流走向。

④ 了解车间内与管道布置相关的自动控制、电气仪表等的分布情况。

(2) 管道平面布置图的绘制

① 用 CAD 软件进行绘制，首先选择或建立一个规范的管道布置图模板，最好拷贝一个正规设计院所做的电子图纸，设置好图层、线形、线宽，这样可以大大提高设计效率，同时绘制的图纸更规范。

② 确定管道布置图的分区范围与边界位置，将界区内的车间设备布置平面图（按 1 ∶ 1 绘制），全部拷贝过来，文字及标注要根据出图比例进行调整，设备轮廓线重新设置为细实线。

③ 在管道层，用粗实线按流程循序，先绘制主要管道。绘制时主要考虑生产工艺需要，符合前述讲的管道布置要求及原则，流程顺畅，操作方便，管道支承点等。在主要管道布置满意后，再逐步绘制辅助管道。

④ 绘制阀门、法兰、管件、仪表、管架。

⑤ 按出图比例放大所需的图框，将所绘制的图形装入大小合适的图框中，绘制管口表及标题栏。

⑥ 设置标注比例及文字字号，完成尺寸标注及文字标注。

⑦ 绘制方位标，注写必要的说明，填写标题栏。

⑧ 绘制剖视图。

⑨ 根据平面图绘制主剖视图，表达不清的，加绘其他剖视图。

⑩ 检查、校核，最后完成图样，示例如图 6.34 所示，据此二维图，用 AutoCAD Plant 3D 软件制作的三维图如图 6.35 所示。

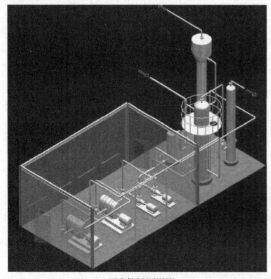
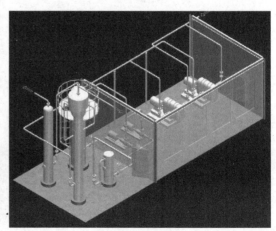

(a) 西南等轴测视图　　　　　　　　　　(b) 东北等轴测视图

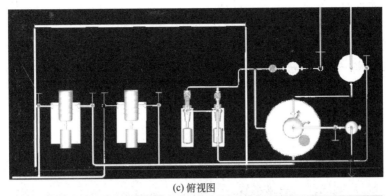

(c) 俯视图

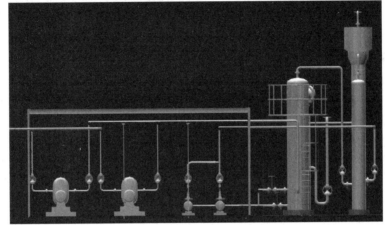

(d) 前视图

图 6.35　三维效果图示例

6.4　公用工程管道设计

6.4.1　蒸汽管道

① 一般从车间外部架空引进，经过或不经过减压计量后分送至各用户。

② 管道应该根据热伸长量和具体外置选择补偿形式和固定点，首先考虑自然补偿，然后考虑各种类型的补偿器。

③ 从总管接出支管时，应该选择总管热伸长的位移量小的地方，且支管应从总管的上面或侧面接出。

④ 蒸汽管道要适当设置疏水点。

⑤ 蒸汽冷凝水的支管与主管的连接，应倾斜接入主管的上侧或旁侧，且不要将不同压力的冷凝水接入同一主管。

6.4.2　上下水管道

① 生产用的上下水管道进入车间后，为防止停止供水或压力不足时倒流至全厂管网中，应先装止回阀，再装水表。

② 不允许断水的供水管道至少应设两个系统，从室外环形管网的不同侧引入。不得把上下水管道布置在遇水会燃烧、分解、爆炸等物料存在之处。

③ 反应器冷却盘管的接管和阀门安装，必须不妨碍开启反应器的盖子。

④ 设置直径 50～100mm 的地漏。如排放含腐蚀性介质的下水（如酸性下水），应选用耐腐蚀的地漏，再接至规定的下水系统。

6.4.3 压缩空气管道

① 压缩空气管道上的排水采取人工定期排放。排水管设在容器的底部、管道的末端和停车后能积聚凝结水的部位。车间内用气设备较多时，为彼此不受干扰、又方便集中操作，可设分气罐，分气罐的底部应装排水管。

② 在严寒地区，对于含湿量大的压缩空气管道，应进行保温。

6.5 洁净厂房的管道设计

6.5.1 设计规定

除按化工生产一般规定外，尚需遵守下列规定。

① 有洁净要求的区域，工艺配管中的公用系统主管应敷设在技术夹层、技术夹道或技术竖井中。

② 在满足工艺要求的前提下，工艺管道应尽量缩短。输送无菌介质的管道应设置灭菌措施，管道不得出现无法灭菌的"盲区"。

③ 输送纯水、注射用水的主管应采用环形布置，不应出现"盲管"等死角。

④ 洁净室的管道应排列整齐、管道应少敷设，引入非无菌室的支管可明敷，引入无菌室的管道不可明敷。应尽量减少洁净室内的阀门、管件和管道支架。

⑤ 排水主管不应穿过洁净度要求高的房间，100 级的洁净室内不宜设置地漏，10000 级和 100000 级的洁净室也应根据工艺要求尽量少设或不设地漏。如干剂生产区内不设地漏或水嘴，采用局部吸尘器除尘后用洁净布揩擦地面和墙面（因干剂生产中湿度控制要求较高）。湿剂生产工序如设地漏，必须使用带水封、带格栅和塞子的不锈钢内抛光的洁净室地漏。

⑥ 洁净区的排水总管顶部设置排气罩，设备排水口应设置水封装置，各层地漏均需带水封装置，防止室外窨井污气倒灌至洁净区，影响洁净要求。

6.5.2 管道和管件材料规定

① 管道材料根据输送的物料理化性质和使用工况选用，采用的管材应保证工艺要求，使用可靠、不吸附和污染介质，施工和维护方便，采用的阀门、管件除满足工艺要求外，应选用拆卸、清洗、检修均方便的卡箍连接形式的管配件。

② 输送纯化水和注射用水、无菌介质和半成品、成品的管材宜采用低碳优质不锈钢或其他不污染介质材料，引入洁净室的各支管应采用不锈钢管。

③ 对法兰连接、螺纹连接，其密封用的垫片或垫圈宜采用聚四氟乙烯或聚四氟乙烯包覆垫片或食品橡胶垫片。

④ 穿越洁净室的墙、楼板或硬吊顶的管道，应敷设在预埋的金属套管中，套管内的管

段不应有焊缝、螺纹和法兰。管道和套管之间应有可靠的密封措施。

⑤ 洁净室内的管道应根据其表面温度、发热或吸热量及环境的温度和湿度确定保温形式（保热、保冷、防结露、防烫等形式）。保冷管道的外壁温度不应低于环境露点温度。

⑥ 保温材料应选用整体性能好、不易脱落、不易发散颗粒、保温性能好、易施工的材料，洁净室内的保温层应加金属外壳保护。

6.6 管架图与管件图

6.6.1 管架图

在管道布置图中采用的管架有两类，即标准管架和非标准管架，无论采用哪一种，均需要提供管架的施工图样。标准管架可套用标准管架图，特殊管架可依据 HG 20519.16—92 的要求绘制，其绘制方法与机械制图基本相同。图面上除要求绘制管架的结构总图外，还需

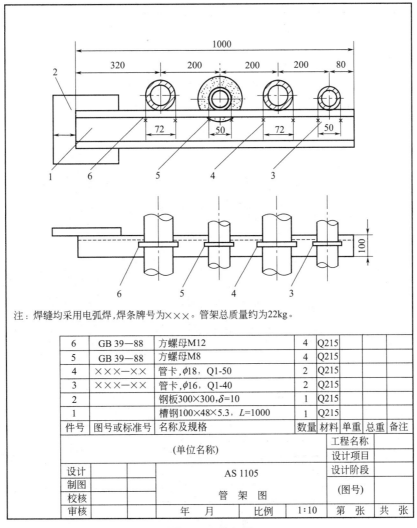

注：焊缝均采用电弧焊，焊条牌号为×××。管架总质量约为22kg。

6	GB 39—88	方螺母M12	4	Q215			
5	GB 39—88	方螺母M8	4	Q215			
4	×××—××	管卡，ϕ18，Q1-50	2	Q215			
3	×××—××	管卡，ϕ16，Q1-40	2	Q215			
2		钢板300×300，δ=10	1	Q215			
1		槽钢100×48×5.3，L=1000	1	Q215			
件号	图号或标准号	名称及规格	数量	材料	单重	总重	备注

			工程名称	
（单位名称）			设计项目	
设计		AS 1105	设计阶段	
制图			（图号）	
校核		管 架 图		
审核		年 月	比例	1:10	第 张 共 张

图 6.36 管架图

编制相应的材料表。

　　管架的结构总图应完整地表达管架的详细结构与尺寸，以供管架的制造和安装使用。每一种管架都应单独绘制图纸，不同结构的管架图不得分区绘制在同一张图纸上，以便施工时分开使用。图面上表达管架结构的轮廓线以粗实线表示，被支撑的管道以细实线表示。管架图一般采用 A3 或 A4 图幅，比例一般采用 1∶10 或 1∶20，图面上常采用主视图和俯视图结合表达其详细结构，编制明细表说明所需的各种配件，在标题栏中还应标注该管架的代号，必要时，应标注技术要求和施工要求以及采用的相关标准与规范，如图 6.36 所示。

6.6.2　管件图

　　标准管件一般不需要单独绘制图纸，在管道布置平面图编制相应材料表加以说明即可。非标准的特殊管件，应单独绘制详细的结构图，并要求一种管件绘制一张图纸以供制造和安装使用，图面要求和管架图基本相同，在附注中应说明管件所需的数量、安装的位置和所在图号，以及加工制作的技术要求和所采用的相关标准与规范，如图 6.37 所示。

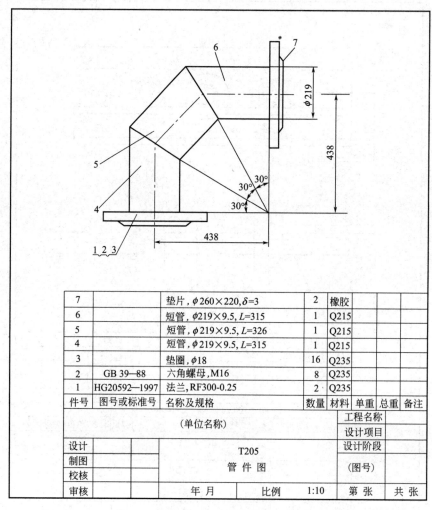

7		垫片，$\phi260\times220$，$\delta=3$	2	橡胶			
6		短管，$\phi219\times9.5$，$L=315$	1	Q215			
5		短管，$\phi219\times9.5$，$L=326$	1	Q215			
4		短管，$\phi219\times9.5$，$L=315$	1	Q215			
3		垫圈，$\phi18$	16	Q235			
2	GB 39—88	六角螺母，M16	8	Q235			
1	HG20592—1997	法兰，RF300-0.25	2	Q235			
件号	图号或标准号	名称及规格	数量	材料	单重	总重	备注

（单位名称）			工程名称	
设计		T205 管件图	设计项目	
制图			设计阶段	
校核			（图号）	
审核	年 月	比例 1:10	第 张	共 张

图 6.37　管件图

6.7 管口方位图

6.7.1 管口方位图的作用与内容

管口方位图是制造设备时确定各管口方位、支座及地脚螺栓等相对位置的图样，也是安装设备时确定安装方位的依据。非定型设备应绘制管口方位图，宜采用 4 号图幅。图 6.38 是一设备的管口方位图，从图中可看出管口方位图应包括以下内容。

① 视图。表示设备上各管口的方位情况。

② 尺寸和标注。标明各管口以及管口的方位情况。

③ 方向标。

④ 管口符号及管口表。

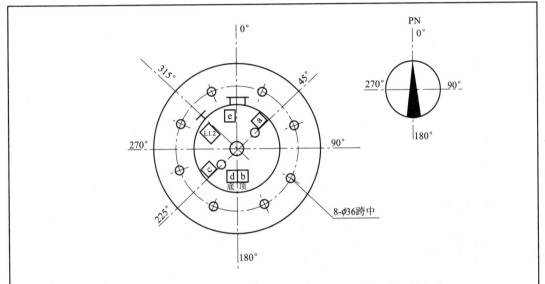

说明：1. 应在裙座或器身上用油漆标明0°的位置，以便现场安装时识别方位用。

　　　2. 铭牌支架的高度应能使铭牌露在保温层之外。

设备装配图图号××××

c	25	GB 9115.10—88,RF PN 2.5	压力计口	L1.2	32	GB 9115.10—88,RF PN 2.5	进料口
b	80	GB 9115.10—88,RF PN 2.5	气体出口	e	500	GB 9115.10—88,RF PN 2.5	人孔
a	25	GB 9115.10—88,RF PN 2.5	温度计口	d	32	GB 9115.10—88,RF PN 2.5	液体出口
管口符号	公称通径	标准及连接形式	用途或名称	管口符号	公称通径	标准及连接形式	用途或名称

		工程名称：			199　年	区号	
		设计项目：			专　业		
编制		T××××　　　××××塔					
校核		管　口　方　位　图					
审核				第页	共页		版

图 6.38　设备管口方位图示例

⑤ 必要的说明。

⑥ 标题栏。

6.7.2　管口方位图的画法

(1) 视图

管口方位图只简单画出一个能反映设备管口方位的视图（立式设备采用俯视图，卧式设备采用左视图或右视图）。每一个非定型设备一般绘制一张管口方位图。对于多层设备且管口较多时，则应分层画出管口方位图。

用细点划线和粗实线画出设备的中心线及设备轮廓外形；用细点划线和粗实线画出各管口、罐耳（吊柱）、支腿（或支耳）、设备铭牌、塔裙座底部加强筋及裙座上人孔、地脚螺栓孔的位置。

(2) 尺寸标注

在图上按顺时针方向标出各管口及相关零部件的安装方位角；各管口用小写英文字母加方框（5mm×5mm）按顺序编写管口符号。

(3) 方向标

在图纸右上角绘制一个方向标，注明北向"PN"，在 PN 向上标出 0°，其他三个方向也标出角度：90°，180°，270°。方向标的北向"PN"应与设备布置图的北向"PN"一致。画法如前。

(4) 管口符号及管口表

在标题栏上方列出与设备图一致的管口表。在管口表右上侧注出设备装配图图号，如"设备装配图图号××××××"。

(5) 必要的说明

在管口方位图上应加两点说明：①应在裙座和器身上用油漆标明 0°的位置，以便现场安装时识别方位用；②铭牌支架的高度应能使铭牌露在保温层之外。

6.8　管段表及综合材料表

施工图管道布置完成后，要进行材料的统计工作。材料统计是工程设计的最后一项工作，这项工作是十分重要的，因为施工单位就是按照设计单位所作的材料统计表去采购、备料的。材料统计的准确与否直接影响到工程施工时材料能否够用、材料是否过于浪费、建设费用是否超资。

工艺专业的材料统计工作主要有：管段表、管道支吊架材料一览表、管道及设备油漆、保温材料一览表、设备地脚螺栓一览表、综合材料一览表。

上述两种表格是在工艺管道特性表的基础上编制的，在该表中包括了管道代号，介质、管段起止点以及物料操作状态等参数，介质的起、终点需填写出相关的设备位号、管道号、装置或主项的中文名称。

(1) 管段表

① 管段表包括每一管段所使用的管子、法兰、垫片、螺栓、管件及阀门等材料的规格及数量。管段表的格式如表 6.16 所示。

② 管段表的编制顺序应按工艺管线一览表的管号顺序，先工艺管线后辅助管线。

表 6.16 管段表

管段号	起止点		管道等级	设计压力/MPa	设计温度/℃	管子			法兰						垫片（PN、DN 同法兰）					螺柱及螺母				
	起点	终点				名称及规格	材料	数量	PN	DN	密封形式	材料	数量	标准号或图号	代号	厚度	密封代号	数量	规格	螺柱材料	螺柱标准号	个数	螺母材料	螺母标准号

管段号	阀门				管件				特殊件					施工技术要求				隔热及防腐		试压	所在管道布置图号
	名称与规格	材料	数量	标准号或图号	名称及规格	材料	数量	标准号或图号	件号	名称及规格	材料	数量	标准号或图号	应力消除	清洗	坡口形式	检验等级	隔热代号	是否防腐	介质	

工程名称：
设计项目：

管 段 表

编制			年	第 页	共 页
校核					
审核			专业		

注：本表实际图幅应为 A3。

③ 蒸汽伴热管及其凝结水支管，吹扫用管等应填写在所属工艺管线后面。

④ 消防、吹扫用胶管可写在辅助管线的后面，依次逐项填写清楚。

⑤ 如管段表中的项目不能满足要求时，则该项可视为特殊件，填在特殊件一栏内。

⑥ 管道上法兰所用的螺柱一律采用双头螺柱，螺母的个数应是螺柱个数的两倍，因此表中没有表示螺母的个数。

⑦ 对于大中型装置可以酌情分区编制管段表，在表中不加备用量，不计单重，仅写出数量。

（2）综合材料表

综合材料表是工艺专业根据管段表归纳整理汇总的一览表，填表内容见表 6.17 所示。综合材料表按三大类编制：①管道材料；②支架及金属结构材料；③隔热、隔声及防腐材料。

管道材料编排顺序：①管子填写顺序——不锈钢、有色金属、合金钢、碳钢、铸铁、非金属等；②阀门填写顺序——闸阀、截止阀、节流阀、旋塞阀、球阀、蝶阀、止回阀、柱塞阀、隔膜阀、角阀、其他阀类；③管件填写顺序——弯头、异径管、三通、四通、接头、支管台、堵头、盲板、其他非标准管件；④法兰填写顺序——平焊、对焊、凹凸面、榫面、焊环、翻边、盲板、孔板法兰等。相同材料的编排：先按公称压力从小到大排列，相同压力等级的则按通径从小到大排列。

综合材料表说明：①材料量应在管段表数量的基础上增加一个系数，一般系数取，管子 3‰～20‰，管件 3‰～15‰，螺栓、螺母 30‰，阀门 0～15‰；②材料数量计量单位，如 m、m^2、或 kg 等，均应采用法定计量单位。

表 6.17　综合材料一览表

序　号	材料名称及规格	材料规格	标准编号或图号	材料（或性能等级）	单位	数量	质量/kg		备注
							单	总	
		编制					工程名称		
		校核		综合材料表			设计项目		
		审核					第　页	共　页	

6.9 案例分析

> **案例　年产1万吨轻质碳酸钙项目的车间管道设计及布置**

由于篇幅限制，我们以"年产1万吨轻质沉淀碳酸钙项目的车间管道设计"中煅烧车间和化灰车间为例，介绍一下管道设计及布置过程。

(1) 煅烧车间的管道布置

为了便于初学者对该管道设计理念的理解，先介绍一下主要物料的性质。石灰窑产生的窑气主要成分为空气、CO_2并伴有大量的粉尘，温度较高，管径选取时要考虑实际温度，不能按常温气体计算管径；在管道布置上尽量短而直，有利于除尘，降低管道阻力。由于窑气即使泄漏对周围也不会造成危害，压缩机前尽量少布置阀门。在主管道上接直管到每台压缩机时，注意直管不能从主管底部接入，这样会造成主管道的积液或颗粒物进入压缩机，造成压缩机气缸损坏。压缩机出口管要设置必要的止回阀和安全阀、压力表等，有的压缩机要配制回路；冷却水要采用明流，便于观察。具体管道布置见图6.39。

(2) 化灰车间的管道布置

化灰车间的主要流体为灰浆，灰浆是由来自石灰窑的石灰用水消化而成，为悬浮液，比重约1.17，其主要成分为氢氧化钙，并含有部分没有化开的灰渣，易在管壁上结垢。从物料性质上看，管道选择碳钢类或砼的沟渠类是非常适宜的。

由化灰机到粗浆槽的管道设计。由于由化灰机排出的粗浆液中含渣量较高，若采用密闭钢制管道输送，当管道沉积大量灰渣时，不易清理，为便于清理，本案例中选用钢制的（也可砼制）明渠将化灰机化出的粗石灰乳导入到粗浆槽中。生产中可在渠中部加装筛网，清除掉大的石灰渣，利于后序的分离。因粗浆槽布置在地下，为方便操作人员通行，将明渠也布置在地面以下。

一级旋液泵的入口及出口管选用碳钢材质，泵吸入口管道的管径与泵一致，泵的排出口管道的管径比泵的排出口管径大一个规格。注意管道布置时应使泵的吸入口尽量短少拐弯，若工艺不必要则尽量不要在泵的吸入管道上加阀。当吸收液在泵以下时，在泵的吸入管底部要加装底阀，也可加自吸罐不用底阀。泵的出口管道要加阀，安装高度一般为1.2m，在阀前要装压力表，因该种物料含有大量颗粒物，选择旋塞阀是比较合适的。渣浆旋液分离器为专用石灰浆分离设备，其分离原理：石灰乳悬浮液，由泵输送，在一定的压力下由切线方向进入旋液分离器圆柱体上部，产生强烈旋流并使液流向下运动，粗粒子受离心力大，向外运动而靠近器壁，随下降流经下部出渣口排出，细粒子灰乳受离心力小而聚于液流内部，形成一个低压区，向下运动至锥体部折流向上，经上部的溢流管排出。从旋液分离器工作原理上看，分离器的进口管尽可能降低管道阻力，保证高流体高压头进入分离器，利于分离掉灰渣；分离器的出液为溢流，所以出口管配制一定要短，将弯头减少到最少，不能缩径，管径要大，保证分离的灰乳通畅的排出。

二级旋液泵至二级分离器的管道设计的理念与一级旋液泵至一级分离器的设计理念相同。

在管道设计中，有些管道需要计算管径，计算管径的一般方法是：

① 确定流体流速　流速的确定参考《化工工艺设计手册》（第四版）下册61页的"常用介质流速的推荐值"；

② 确定流量　根据物料衡算数据可知单位时间的流体流量，注意有些工序为间歇工作，要根据实际工作时间，估算单位时间的处理量；

③ 计算　将质量流量折算为体积流量，根据流速，即可计算出管道的直径；

④ 圆整　计算出的管径市场上可能没有，需要扩大至能够在市场上采购到标准管道。

下面以由二级分离器至精浆液的管道管径计算为例，展示管径计算过程。

① 已知条件　根据物料衡算，碳化需要的精浆流量是 3975.74kg/h，查阅《化工工艺设计手册》（第四版）下册 61 页的"常用介质流速的推荐值"选择流体流速 0.5m/s，精浆液相对密度为 1.162，该数据来自《碳酸钙工业》。根据精浆液相对密度为计算出体积流量：$3975.74/1000/1.162 = 3.42m^3/h$。

② 计算　实际生产中，渣浆分离器不是连续 24h 工作，夜班 8h 不生产，那么要求两个班在 10h 内生产出精浆液量为 82.1m³，折合为 5.1m³/h。

管道截面积：$5.1/3600/0.5 = 0.003m^2$，计算的管道半径为 32mm，考虑该管道较长，为保证分离器出口顺畅，实际设计中所选管径比计算的管径要增大，选 DN80 的管道比较稳妥。

在管道布置时要按本章所讲的管道布置原则及要求进行，严格执行 HG/T 20519—2009 标准或本设计院的制图规范或传统；通盘考虑、精心设计，做到不仅能够满足工艺、生产、操作、维修、安装、安全、卫生的需要，还要做到流程顺畅、经济实用、整齐美观。

在设计绘制每张图纸过程中要做到规范、严谨、科学，特别是施工图的设计更要做到细致、认真，严格审查，避免设计失误。

第7章

厂址选择与总平面布置

7.1 厂址选择

厂址选择是工业基本建设中的一个重要环节，是一项政策性、技术性很强、牵涉面很广、影响面很深的工作。从宏观上说，它是实现国家长远规划、工业布局规划、决定生产力布局的一个具体步骤和基本环节。从微观上讲，厂址选择又是具体的工业企业建设和设计的前提。厂址选择是否得当，关系到工厂企业的投入和建成后的运营成本，对工厂企业的经济效益影响极大。

厂址选择的基本任务就是根据国家（或地方、区域）的经济发展规划、工业布局规划和拟建工程项目的具体情况和要求，经过考察和比较，合理地选定工业企业或工程项目的建设地区（即大区位），确定工业企业或工程项目的具体地点（即小区位）和工业企业或工程项目的具体坐落位置（即具体位置）。在工程设计中，我们最常参与的"选厂"工作多为小区位选择和具体坐落位置的选择。

7.1.1 基本原则

① 厂址位置必须符合国家工业布局，城市或地区的规划要求，尽可能选择开发成熟的工业区入住，以便于生产上的协作，公用工程的供应，生活上的方便。

② 厂址选择在原料、公用工程供应和产品销售便利的地区，并在仓储物流、机修、交通条件和生活设施等方面有良好的基础和协作条件的地区。

③ 厂址应靠近水量充足的、水质良好的水源地，当有城市供水、地下水和地面水三种供水条件时，应该进行经济技术比较后选用。

④ 厂址应尽可能靠近原有交通线（水运、铁路、公路），即应有便利的交通运输条件。以避免为了新建企业需修建过长的专用交通线，增加新企业的建厂费用和运营成本。在有条件的地方，要优先采用水运。对于有超重、超大、超长设备的工厂，还应注意沿途是否具备运输条件。

⑤ 厂址应尽可能靠近热电供应地，一般来讲，厂址应该考虑电源的可靠性（中小型工厂尤其如此），并应尽可能利用热电站的蒸汽供应，以减少新建工厂的热力和供电方面的投资。

⑥ 选厂应十分注意环境保护，并对工厂投产后对于环境可能造成的影响做出评价。工厂及其所属设施的选址，应与周边的城镇及居民点保持足够的卫生距离。

⑦ 散发有害物质的工业企业厂址，应位于城镇相邻工业企业和居住区全年最小频率风向的上风侧，且不应位于窝风地段。

⑧ 厂址附近应有可靠的污水处理设施，如工厂自建污水处理厂，且处理达标后的废水要直接排入厂址附近的自然水体，则其排污点需得到环评报告的论证和相关部门的批准。

⑨ 厂址应具有满足建设工程需要的工程地质条件和水文地质条件。

⑩ 厂址应避免布置在下列地区：

地震断层带和基本烈度为 9 度以上的地震区；

图层厚度较大的Ⅲ级自重湿陷性黄土地区；

易受洪水、泥石流、滑坡、土崩等危害的山区；

有卡斯特、流沙、古河道、地下墓穴、古井等地质不良地区；

有开采价值的矿藏地区；

对机场、电台等使用有影响的地区；

国家规定的历史文物，如古墓、古寺、古建筑等地区；

园林风景和森林自然保护区、风景旅游区；

水土保护禁垦区和生活饮用水源第一卫生防护区；

自然疫源区和地方病流行区。

7.1.2 场地条件

厂址必须有建厂所必需的足够面积和较适宜的平面形状。这是能否满足建厂的基本条件，也是对厂址的最基本要求。工厂所需要的面积与其类别、性质、规模、设备、布置形式、场地的地形及场地外形等多种因素有关，同时也与工厂的生产工艺过程、运输方式、建筑形式、密度、层数及生产过程的机械化、自动化水平等因素有关。不同类型、不同性质、不同规模的工厂对厂址面积要求不一样，在厂址选择中应注意以下问题。

① 场地的有效面积必须使工厂企业在满足生产工艺过程中货物运输和安全卫生的要求下，能够经济合理地布置场内外一切工程设施，并为工厂的发展留有余地和可能。

② 一般来讲，厂区应集中于一处，不要分散成零碎的几块，以利于新建工厂各种设施的合理布置，利于投产后各部分间的相互联系和管理。

③ 在选择的厂区范围内，不应受到铁路干线、山洪沟渠或自然屏障的切割，以保证厂区面积的有效利用和工厂各种设施的合理布置。

④ 厂区平面形状应使其有效利用的区域面积尽可能大，所以选址时除有足够数量的面积外，还应考虑其平面形状之优劣。一般选址中，应尽可能避免选择三角地带、边角地带和不规则地带，因其利用率低，且难以布置。

7.2 工厂总平面布置

化工厂总平面布置设计的基本任务是结合厂区的各种自然条件和外部条件，确定生产过程中各种对象（包括建筑物、构筑物、设备、道路、管线、绿化区域等）的空间位置，以获得最合理的物料和人员等的流动路线，创造协调而又合理的生产和生活环境，组织全厂构成一个能高度发挥效能的生产整体。

7.2.1 基本内容

① 根据工业企业的生产特点、工艺要求、运输及安全卫生要求，结合各种自然条件和当地条件，合理布置全厂建构筑物，各种设施，交通运输路线，确定它们之间的相互位置和具体地点，即工业企业的总平面布置。

② 根据建厂场地的自然地形状况和总平面布置要求，合理地利用和改造厂区的自然地形，协调厂内外的建构筑物及设施，交通路线的高程关系，即进行工厂企业的竖向布置和土方调配规划。

③ 正确选择厂内外各种运输方式，合理地组织运输系统和处理人流、物流。负责设计运输设施或提出方案委托设计。

④ 合理地综合布置厂内室外地上、地下各种工程技术路线，使它们不能相互抵触和冲突，使各种管网的路线径直简捷，与总平面及竖向布置相协调。

⑤ 进行厂区的绿化及美化设计或提出设计要求，委托设计。

7.2.2 一般原则

从工程角度来看，化工厂的总平面布置应该注意以下几点要求。

(1) 满足生产和运输的要求

① 厂区布置应符合生产工艺流程的合理要求，应使工厂各生产环节具有良好的联系，保证它们之间的径直和简捷的生产作业线，避免生产流程的交叉和迂回往复，使物料的输送距离最小。

② 供水、供电、供热、供汽、供冷及其他公用设施，在注意其对环境影响和场外管网联系的情况下，应尽可能靠近负荷中心，以使各种公用工程介质的输送距离最小。

③ 厂区内的道路应径直短捷。不同货流之间都应该尽可能避免交叉和迂回。货运量大，车辆往返频繁的设施（仓库、堆场、车库、运输站场等）宜靠近厂区边缘地段。

④ 当厂区较平坦方整时，一般采用矩形街区布置方式，以使布置紧凑，用地节约，实现运输及管网的短捷，厂容整齐。

(2) 满足安全和卫生要求

① 火灾危险性较大以及散发大量烟尘或有害气体的生产车间、装置和场所，应布置在厂区边缘或其他车间或场所的下风侧。

② 散发可燃气体的场所，应远离各类明火源，并应布置在火源的下风侧或平行风侧和厂区边缘；不散发可燃气体的可燃材料库或堆场则应位于火源上风侧。

③ 储存大量可燃液体或比空气重的可燃气体储罐和使用的车间，一般不宜布置在人多场所及火源的上坡侧。对由于工艺要求而设在上坡地段的可燃液体罐区，应采取有效安全措施，如设置防火墙、导流墙或导流沟，以避免流散的液体威胁坡下的车间。

④ 火灾、爆炸危险性较大和散发有毒有害气体的车间、装置或设备，应尽可能露天或半敞开布置，以相对降低其危险性、毒害性和事故的破坏性，但应该注意生产特点对露天布置的适应性。

⑤ 空压站、空分车间及其吸风口等处理空气介质的设备，应布置在空气较清洁的地段，并应位于散发烟尘或有害气体场所的上风侧，否则应采取有效措施。

⑥ 厂区消防道路布置一般宜使机动消防设备能从两个不同方向迅速到达危险车间、危

险仓库和罐区。

⑦ 厂区建筑物的布置应有利于自然通风和采光。

⑧ 厂区应考虑合理的绿化，以减轻有害烟尘、有害气体和噪声的影响，改善气候和日晒状况，为工厂的生产、生活提供良好的环境。

⑨ 环境洁净要求较高的工厂总平面布置，洁净车间应布置在上风侧或平行风侧，并与污染源保持较大距离。在货物运输组织上尽可能做到黑白分流。

(3) 考虑工厂发展的可能性和妥善处理工厂分期建设的问题

(4) 贯彻节约用地原则

(5) 为施工安装创造有利条件

7.2.3 主要技术经济指标

评价总图设计合理性与否的技术经济指标如下：

① 厂区占地面积（m²）；

② 厂外工程占地面积（m²）；

③ 厂内建构筑物占地面积（m²）；

④ 厂内露天堆场作业场地占地面积（m²）；

⑤ 道路停车场占地面积（m²）；

⑥ 铁路长度及其占地面积（m，m²）；

⑦ 管线管沟管架占地面积（m²）；

⑧ 围墙长度（m）；

⑨ 厂区内建筑总面积（m²）；

⑩ 厂区内绿化占地面积（m²）；

⑪ 建筑系数（%）；

⑫ 利用系数（%）；

⑬ 容积率；

⑭ 绿化系数（%）；

⑮ 土石方工程量（m³）。

7.3 竖向布置

竖向布置的目的是合理利用和改造厂区的自然地形，协调场内外的高程关系，在满足生产工艺、运输、卫生、安全等方面要求的前提下使工厂场地的土方工程量最小，使工厂区的雨水能顺利排出，并不受洪水淹没。

7.3.1 基本任务

① 确定竖向布置方式，选择设计地面的形式；

② 确定全厂建筑物、构筑物、铁路、道路、排水构筑物和露天场地的设计标高，使之相互协调，并合理地与厂外运输线路相互衔接；

③ 确定工程场地的平整方案及场地排水方式，拟定排水措施；

④ 进行工厂的土石方工程规划，计算土石方工程量，拟定土石方调配方案；

⑤ 合理确定必须设置的各种工程构筑物和排水构筑物，如道路、堡坎、护坡、桥梁、隧道、涵洞及排水沟等，并进行设计或提出条件委托设计。

7.3.2 技术要求

① 应满足生产工艺布置和运输、装卸对高程的要求，并为它们创造良好条件；

② 因地制宜，充分考虑地形及地址因素，合理利用和改造地形，使场地的设计标高尽量与自然地形相适应，力求使场地的土石方工程总量最小，并使整个工厂区和各分区填挖方

基本平衡，在土石方调配中应使其运输距离最短；

③ 充分考虑工程地质和水文地质条件，提出合理的对应措施（如防洪、排水、防崩塌和滑坡等）；

④ 适应建、构筑物的基础和管线埋设深度的要求；

⑤ 场地标高和坡度的确定，应保证场地不受洪水威胁，使雨水能迅速、顺利地排除，并不受雨水的冲刷；

⑥ 保证厂内外的出入口、交通线路合理衔接，并使厂区场地高程与周围合理衔接；

⑦ 考虑方便施工问题，分期建设的工厂还应符合分期分区建设的要求，尽量使近期施工工程的土石量最小，远期土石方施工不影响近期安全生产；

⑧ 充分考虑并遵循有关规范的要求。

7.3.3 竖向布置方式

根据工厂场地设计的整平面之间连接或过渡方法的不同，竖向布置的方式可分为平坡式、阶梯式和混合式三种。

① 平坡式 整个厂区没有明显的标高差或台阶，即设计整平面之间的连接处的标高没有急剧变化或者标高变化不大的竖向处理方式称为平坡式竖向布置。这种布置对生产运输和管网敷设的条件较阶梯式好，适应于一般建筑密度较大，铁路、道路和管线较多，自然地形坡度小于 4/1000 的平坦地区或缓坡地带。采用平坡式布置时，平整后的坡度不宜小于 5/1000，以利于场地的排水。

② 阶梯式 整个工程场地划分为若干个台阶，台阶间连接处标高变化大或急剧变化，以陡坡或挡土墙相连接的布置方式称阶梯式布置，这种布置方式排水条件较好，运输和管网敷设条件较差，需设坡或挡土墙，适用于在山区、丘陵地带的布置。

③ 混合式 在厂区竖向设计中，平坡式和阶梯式均兼有的设计方法称之为混合式，这种方式多用于厂区面积比较大或厂区局部地形变化较大的工程场地设计中，在实际工作中多采用这种方法。

7.4 管线综合布置

在化工企业中，除各种公用系统管网外，许多物料原料、半成品和成品也利用管道输送，因而厂区内有庞大复杂的工程技术管网。

工厂管线综合布置的目的是避免各专业管网之间的拥挤和冲突，确定合理的间距和相对位置，使它们与工厂总体布置相协调，并减少生产过程中的动力消耗，节约投资、节约用地，保证安全，方便施工和检修，便于扩建。

7.4.1 基本内容

① 确定各类管网的敷设方式。在确定敷设方式时，除按规定必须埋设地下的管道外，厂区管道应尽可能布置在地上，并按照条件采用集中管架或管墩敷设，以节约投资，减少占地和便于施工、检修。

② 确定各专业管网的走向和具体位置，即确定地下管线、地上管架和架空线等的坐标和相对尺寸。

③ 协调各专业管网，避免它们之间的拥挤和相互冲突。

7.4.2 一般原则和要求

工厂管道布置要尽可能达到技术上和经济上的合理。具体要注意以下几点。

① 管道一般宜平直敷设，与道路、建筑、管线之间互相平行或成直角交叉。

② 管道布置应满足管道最短，直线敷设，减少转弯，减少与道路、铁路的交叉和管线间的交叉。

③ 为了压缩管道占地，应利用各种管道的不同埋设深度，由建筑物基础外缘至道路中心，由浅入深地依次布置。一般情况下，其顺序是，弱电电缆、电力电缆、管沟（架）、给水管、循环水管、雨水管、污水管、照明电杆（缆）。

④ 干管应靠近主要使用单位，并应尽可能布置在连接支管最多的一侧。

⑤ 管道不允许布置于铁路线路下面，并尽可能布置于道路外面，只是在施工顺序许可的条件下或者布置有困难的情况下，可将检修次数较少的雨水管污水管埋设在道路下面。

⑥ 地下管道可布置在绿化带下面，但不允许布置于乔木下面。

⑦ 应考虑企业的发展可能，预留必要的管线位置。

⑧ 管道交叉时的避让原则是：小管让大管；易弯曲的让难弯曲的；压力管让重力管；软管让硬管；临时管让永久管；施工量小让施工量大的管；新管让旧有管。

除此以外，管道敷设还应该满足各有关规范、规程、规定的要求。

7.5 案例分析

案例 年产1万吨轻质沉淀碳酸钙项目的总平面布置设计

（1）厂址概况

该厂区位于魏县县城东部工业区，南临魏大公路，西侧为拟建山梨醇及葡萄糖厂，东侧为魏县城市污水处理厂，北侧为规划中的北环路。厂区现为农田，周围道路四通八达，交通运输极为方便。

（2）地形地貌

该工程厂区地势平坦。

（3）场地占地面积及其他

该厂区南北长200m，东西120m，占地面积24000m²。常年主导风向：SSE，夏季主导风向：SSE，平均风速：2.7m/s，最大风速：18.0m/s。

（4）总平面布置的原则

① 满足工艺流程的要求，尽可能使物料线路短捷、顺畅。

② 合理确定消防通道宽度，在满足卫生、消防等的要求下，尽量紧凑布置，减少占地。

③ 合理组织人流和物流，减少交叉运输，保证安全。

（5）总平面布置初步方案

工厂总图布置按生产安全及发展要求进行整体设计和规划。该厂区为长方形，南北长200m，东西约120m，占地面积24000m²。根据生产功能的不同，本厂区分为主要生产区、辅助生产区和厂前区。依据以上布置原则和当地自然条件，本工程厂区布置如下。

主要生产区布置于厂区西北部，东北部布置成品库。办公区布置于厂区西南部，生活区布置于厂区东南部，包括食堂、倒班宿舍、浴室等。配电室、机修车间布置在厂区中部。石灰窑布置在主生产区的中心位置，距离化灰及碳化车间较近，北部为石场和煤场。污水处理设施因地制宜地布置在场地西北角，位于主导风的下风侧，将其对厂区的污染降到最低程度。

　　厂区内道路为环形，宽度为9.0m、6.0m，转弯半径为12.0m，可满足消防及运输要求；道路为城市型道路，混凝土路面，满足大型运输车通行要求。该厂设两个大门，靠南侧为人流大门，靠东侧为物流出入口，人流、物流基本分开，避免交叉运输，保证生产安全。

　　南侧临路一面围墙可为通透式围墙，其余三面为实体砖围墙。

　　详见总平面布置图7.1。

　　(6) 竖向布置

　　竖向布置应满足工艺生产对高程的要求，尽可能与现有地坪相适应，减少土方量。本工程所占地地势比较平坦，竖向布置采用平坡式布置。土方量主要为建构筑物及道路基槽余土，设计标高在自然地坪基础上适当抬高，作到全厂土方量基本平衡。厂区内排水采用暗管排至厂区南侧道路边沟，进入东侧污水处理厂。

第8章

设计概算与技术经济

8.1 设计概算

概算是整个设计中一项不可缺少的重要组成部分，是国家控制基本建设投资、编制基本建设计划、考核建设成本的依据，是有关部门和金融机构进行拨款、贷款和评价投资效果的依据，也是建设单位签订总承包合同、进行工程造价管理及编制招标标底和招标标价的依据。通过概算可以清晰地看出工厂或车间的设计在经济上是否合理，并便于与同类企业尤其是先进企业进行比较分析，综合评价所设计装置的经济效果和所设计方案的技术经济特点。

工程设计单位在初步设计阶段编制概算，施工阶段由施工单位编制预算，施工结束后由建设单位进行决算。

8.1.1 概算的内容

概算主要包括下列内容。

(1) 单位工程概算

单位工程概算是计算一个独立车间或装置（即单项工程）中每个专业工程所需工程费用的文件。单位工程是单项工程的组成部分，单位工程是指具有单独设计、可以独立组织施工、但不能独立发挥生产能力或使用效益的工程，如某个拟建大型综合化工企业中的一个生产车间（或装置）就包括土建工程、供排水工程、采暖通风工程、工艺设备及安装工程、工艺管道工程、电气设备及安装工程等单位工程。单位工程概算又分为建筑工程概算和设备及安装工程概算两类。

(2) 单项工程综合概算

单项工程是指建成后能独立发挥生产能力和经济效益的工程项目。单项工程综合概算是计算一个单项工程（车间或装置）所需建设费用的综合性文件。单项工程综合概算由单项工程内各个专业的单位工程概算汇总编制而成，是编制总概算工程费用的组成部分和依据。

(3) 总概算

总概算是指一个独立厂（或分厂）从筹建、建设安装、到竣工验收交付使用前所需的全部建设资金。概算内容包括各单项工程概算内容的汇总、其他费用计算等。总概算应编制总概算表和概算说明书，进行投资分析。

8.1.2　概算费用的分类

(1) 设备购置费

包括工艺设备（主要生产、辅助生产及公用工程项目的设备）、电气设备（电动、变电配电、电讯设备）、自控设备（各种计量仪器仪表、控制设备及电子计算机等）、生产工具、器具及家具等的购置费。

(2) 安装工程费

指完成装置的各项安装工程所需的费用，包括主要生产、辅助生产、公用工程项目的工艺设备的安装、各种管道的安装、电动、变电配电、电讯等电气设备安装；计量仪器、仪表等自控设备安装费用。

设备内部填充（不包括催化剂）、内衬、设备保温、防腐以及附属设备的平台、栏杆等工艺金属结构的材料及其安装费也列入安装工程费。

(3) 建筑工程费

建筑工程费包括下列主要内容。

① 一般土建工程　包括生产厂房、辅助厂房、库房、生活福利房屋、设备基础、操作平台、烟囱、各种地沟、栈桥、管架、铁路专用线、码头、道路、围墙、冷却塔、水池以及防洪等的建设费用。

② 大型土石方和场地平整及建筑工程的大型临时设施费。

③ 特殊构筑工程　包括气柜、原料罐、油罐（原料及油罐区或室外大型原料罐及油罐），裂解炉及特殊工业炉工程。

④ 室内供排水及采暖通风工程　包括暖风设备及安装、卫生设施、管道煤气、供排水及暖风管道和保温等建设费用。

⑤ 电气照明及避雷工程　包括生产厂房、辅助厂房、库房、生活福利房的照明和厂区照明，以及建筑物、构筑物的避雷等建设费用。

⑥ 主要生产、辅助生产、公用工程等车间内外部管道、阀门以及管道保温、防腐的材料及安装费。

⑦ 电动、变配电、电讯、自控、输电线路、通讯网路等安装工程的电缆、电线、管线、保温等材料及其安装费。

(4) 其他基本建设费用

除上述费用以外的有关费用，如建设单位管理费、生产工人培训费、基本建设试车费、办公及生活用具购置费、建筑场地准备费（如土地征用及补偿费、居民迁移费、建筑场地清理费等）、大型临时设施费及施工机构转移费、设备间接费等。

概算项目按工程性质也可以分为工程费用、其他费用和预备费三种。

1) 工程费用

① 主要生产项目费用　包括生产车间、原料的贮存、产品的包装和贮存，以及为生产装置服务的工程如空分、冷冻、集中控制室、工艺外管等项目的费用。

② 辅助生产项目费用　包括机修、电修、仪修、中心实验室、空压站、设备材料库等项目的费用。

③ 公用工程费用　包括供排水工程（水站、泵房、冷却塔、水塔、水池等）、供电及电信工程（全厂的变电所、配电所、电话站、广播站、输电和通信线路等）、供汽工程（全厂的锅炉房、供热站、外管等）、总图运输工程（全厂的大门、道路、公路、铁路、码头、围

墙、绿化、运输车辆及船舶等)、厂区外管工程等项目的费用。

④ 服务性工程费用　包括厂部办公室、门卫、食堂、医务室、浴室、汽车库、消防车库、厂内厕所等项目的费用。

⑤ 生活福利工程费用　包括宿舍、住宅、食堂、幼儿园以及相应的公用设施如供电、供排水、厕所、商店等项目的费用。

⑥ 厂外工程费用　包括水源工程、远距离输水管道、热电站、公路、铁路、厂外供电线路等工程的费用。

2) 其他费用

其他费用项目不是固定不变的，可根据建设项目的具体情况增减，一般包括以下项目的费用。

① 施工单位管理费　包括施工管理费、劳保支出、施工单位法定利润、技术装备费、临时设施费、施工机械迁移费、冬雨季施工费、夜间施工增加费。

② 建设单位费用　包括建设单位管理费用、生产工人进厂及培训费、试车费、生产工具、器具及家具的购置费、办公及生活用具购置费、土地征用及迁移补偿费、绿化费、不可预见工程费等。

③ 勘察、设计和试验研究费　包括勘察费、设计前期工作费、设计费；其他费用，如工程可行性研究费、设计模型费、样品、样机购置和科学研究试验费等。

其他费用又可分为固定资产其他费用、无形资产其他费用和递延资产费用。

① 固定资产　指使用期限超过一年，单位价值在规定标准以上，并且在使用过程中保持原有实物形态的劳动资料，包括房屋及建筑物、机器、设备、运输设备以及其他与经营活动有关的设备、工具、器具等。固定资产其他费用包括土地征用费、建设单位管理费、临时设施费、工程造价咨询费、可行性研究费、工程设计费、地质勘察费、环境影响评价费、劳动安全卫生评价费、职业病危害与评价费、地震评价费、顾问支持费、进口设备材料国内检验费、施工队伍调遣费、锅炉及压力容器安装检验费、超限设备运输特殊措施费、工程保险费、国内设备监造费、研究试验费等。

② 无形资产　指企业长期使用但是没有实物形态的资产，包括专利权、商标权、土地使用权、非专利技术、商誉等。无形资产通常以取得该项资产的实际成本为原值。无形资产其他费用包括工艺包费用、国内专利技术费、引进专利或专有技术费、技术服务费、软件费等。

③ 递延资产　指不能全部计入当年损益，应当在以后年度内分期摊销的费用，主要指开办费。递延资产费用包括生产人员准备费、办公及生活家具购置费。

3) 预备费

预备费是指在概算中难以预料的工程的费用，包括基本预备费和工程造价调整预备费。

8.1.3　概算的编制依据

(1) 相关法规、文件

概算编制应遵守国家和所在地区的相关法规以及拟建项目的主管部门批文、立项文件、各类合同、协议。

(2) 设计说明书和图纸

要求按照说明书及图纸的内容，逐项计算、编制，不能任意漏项。

（3）设备价格资料

定型设备的设备原价按市场现行产品最新出厂价格计算，各类定型设备的出厂价格可根据产品样本或向厂家询价确定；非定型设备可按同类设备估价，设备购置费按设备原价加上设备运杂费估算，设备运杂费率见表8.1。

表8.1　设备运杂费率

序　号	建　厂　所　在　地　区	费　率/%
1	辽宁、吉林、河北、北京、天津、山西、上海、江苏、浙江、山东、安徽	6.5~7
2	河南、陕西、湖北、江西、黑龙江、广东、四川、福建	7.5~8
3	内蒙古、甘肃、宁夏、广西、海南	8.5~9
4	贵州、云南、青海、新疆	10~11

（4）概算指标（概算定额）

以《化工建设概算定额》（HG 20238—2003）规定的概算指标为依据，不足部分可按各有关公司和建厂所在省、市、自治区的概算指标进行编制。

如果查不到指标，可采用结构相同（或相似）、参数相同（或相似）的设备或材料指标，或与制造厂家商定指标，或按类似的工程的预算参考计算。概算价格水平应按编制年度水平控制。

8.1.4　概算的编制办法

工程项目设计概算分单位工程概算、单项工程综合概算、其他工程费用概算及总概算四个部分。工程项目的概算均由规定的表格和文字组成，文字只是说明编制的依据和表格不能表达的内容。

它们的编制顺序是先编制单位工程概算，然后编制单项工程综合概算，最后编制总概算。

（1）单位工程概算

单位工程概算是综合概算和总概算的基础，在这一阶段要完成大量的调查研究工作和计算工作，所以编制好单位工程概算是做好概算工作的关键。

单位工程概算应按独立建筑物（构筑物）或生产车间（工段）为单位进行编制，包括工艺设备（定型、非定型设备及安装）、电气设备（电动、变配电、通讯设备及安装）、自控设备（各种计器仪表、控制设备及安装）、管路（车间内外部管道、阀门及保温、防腐、刷油等）、土建工程等。单位工程概算由直接工程费、间接费、计划利润和税金组成。单位工程概算又分为建筑工程费和设备及安装工程费两大类。

① 建筑工程费　根据主要建筑物设计工程量，按建筑工程概算指标或定额进行编制，包括直接工程费、间接费计划利润和税金。建筑工程的单位工程概算采用表8.2的格式编制。

表8.2　单位工程概算

价格依据	名称及规格	单　位	数　量	单价/元		总价/元	
				合计	其中工资	合计	其中工资

审核　　　　　核对　　　　　编制　　　　　　　年　月　日

② 设备及安装工程费　这一概算包括设备购置费概算和安装工程费概算两个内容。其中设备购置费由设备原价和运杂费组成；安装工程费又由设备安装费和材料及其安装费组成，按照概算指标和预算定额编制。设备及安装工程费采用表 8.3 的格式编制。

表 8.3　设备及安装工程费

序号	编制依据	设备及安装工程名称	单位	数量	质量/t		概算价值/元					
					单位质量	总质量	单　价			总　价		
							设备	安装工程		设备	安装工程	
								合计	其中工资		合计	其中工资
1	2	3	4	5	6	7	8	9	10	11	12	13

审核　　　　　核对　　　　　　　编制　　　　　　　　　年　月　日

单项工程综合概算是以其所辖的建筑工程概算表和设备安装概算表为基础汇总编制的。当建设项目只有一个单项工程时，单项工程综合概算（实为总概算）还应包括工程建设其他费用、含建设期贷款利息、预备费和固定资产投资方向调节税的概算。

(2) 综合概算

综合概算是在单位工程概算的基础上，以单项工程为单位进行编制的。它是工程总概算的基础，是编制总概算的依据。

根据建设项目中所包含的单项工程的个数的不同，单项工程综合概算的内容也不相同。一个建设项目一般包括主要生产项目、辅助生产项目、公用工程、服务性工程、生活福利性工程、厂外工程等多个单项工程。综合概算是将各车间（单位工程）按上述项目划分，分别填在表 8.4 综合概算的第 2 栏中，然后，把各车间的单位工程概算表中的设备费、安装费、管道及土建的各项费用，按工艺、电气、自控、土建、供排水、照明、避雷、采暖、通风等各项分类汇总在综合概算表中。

(3) 其他工程费用概算

其他工程费用概算是指一切未包括在单项工程概算内，但又与整个建设工程有关的工程和费用的概算。这些工程费用在建设项目中不易分摊时，一般不分摊到各个单位工程。它是根据设计文件及国家、地方和主管部门规定的取费标准单独进行编制。

其他工程费用概算计算如下。

① 建设单位管理费　指建设单位为进行项目的筹备、建设、联合试运转、竣工验收、交付使用及后评估等管理工作所支付的费用，包括工作人员工资、工资附加费、差旅交通费、办公费、工具用具使用费、固定资产使用费、劳动保护费、招收工人费用和其他管理费用性质的开支。建设单位管理费计算方法有两种：一是按总概算第一部分价值的某一百分率计算；二是按人员定额及费用指标计算。

② 征用土地及迁移补偿费　指建设工程通过划拨或土地使用权出让方式取得土地使用权所需的费用。其中包括在征用土地上必须迁移的建筑物和居民的补偿费用；征用土地上已经种植的农作物和树木的补偿费用等，这些费用应按建设所在地的规定指标计算。

③ 工器具和备品备件购置费　指建设工程为生产准备要购置的不够固定资产标准的设备、仪器、器具、生产家具和备品备件的费用。应按国务院主管部门规定的费用指标计算。

表 8.4 综合概算

主项号	工程项目名称	概算价值/万元	单位工程概算价值/万元												
			工艺			电气			自控			土建	室内	照明	采暖
			设备	安装	管路	设备	安装	线路	设备	安装	线路	构筑物	供排水	避雷	避风
1	2	3	4	5	6	7	8	9	10	11	12	13	14	15	16
	一、主要生产项目 （一）××装置（或系统） （二）××装置（或系统） ⋮ 二、辅助生产项目 ⋮ 三、公用工程 （一）供排水 （二）供电及电讯 （三）供汽 （四）总图运输 四、服务性工程 五、生活福利工程 六、厂外工程 总计														

审核　　　　　核对　　　　　编制　　　　　　　年　月　日

注：填表说明

1. 各栏填写内容

第 1 栏填写设计主项（或单元代号）。

第 2 栏填写主项（或单元名称）。

第 4、5 栏填写主要生产项目、辅助生产项目和公用工程的供排水、供汽、总图运输以及相应的厂外工程的设备和设备安装费。

第 6 栏填写上述各项目的室内外管路及安装费。

第 7～16 栏分别填写电动、变配电、电讯、自控等设备和设备安装费及其内外部线路、厂区照明、土建、室内给排水、采暖通风等费用。

第 3 栏为第 4～16 栏之和。

2. 工程项目名称栏内一～六项每项均列合计数。总计为合计之和。第一项主要生产项目除列合计数外，其中各生产装置（或系统）还应分别列小数计。第三项公用工程中供排水、供电及电讯、供汽、总图运输均应分别列小计。

3. 本表金额以万元为单位，取两位小数。

④ 办公和生活用具购置费　指为保证新建项目正常生产和管理而需要的办公和生活用具的费用，可按新建项目所在地的规定指标计算。

⑤ 生产工人进厂和培训费　指为培训工人、技术人员和管理人员所支出的费用。可按设计规定的培训人员、数量、方法、时间和国务院主管部门规定的费用指标计算。

⑥ 基本建设试车费　一般不列。所需资金先由流动资金或银行贷款解决，再由试车产品相抵。新工艺、新产品可能发生亏损的，可列试车补差费。

⑦ 建设场地完工清理费　指工程完工后清理和垃圾外运需支付的费用。可按建筑安装工作量的 0.1％计算，小范围的扩建、技术改造等外延内涵项目，可参照执行。

⑧ 施工企业的法定利润　指实行独立核算的国有施工企业的计划利润。可按建筑安装工作量和建设部、财政部规定的施工利润率计算。

⑨ 不可预见工程费 指在初步设计和概算中难以预料的工程费用。这部分费用一般按工程费用和其他工程费用的总计的5%计算。

(4) 总概算

总概算是反映建设项目全部建设费用的文件，它包括从筹建起到建设安装完成以及试车投产的全部建设费用。总概算是由综合概算和其他工程费用概算组成。一般采用表8.5的格式编制。初步设计说明书中的概算书，要以总概算的形式表示。总概算一般是按独立的或联合的企业进行编制，如果需要按一个装置（或系统）进行概算，可不经过综合概算直接进行总概算。总概算的内容如下。

表 8.5 总概算

序号	工程或费用名称	概算价值/万元					占总概算价值/%	技术经济指标		
		设备购置费	安装工程费	建筑工程费	其他基建费	合计		单位	数量	指标/元
1	2	3	4	5	6	7	8	9	10	11
	第一部分:工程费用									
	一、主要生产项目									
	（一）××装置(或系统)									
	⋮									
	二、辅助生产项目									
	三、公用工程									
	（一）供排水									
	（二）供电及电讯									
	⋮									
	小计									
	四、服务性工程									
	五、生活福利工程									
	六、厂外工程									
	合计									
	第二部分:其他费用									
	其他工程和费用									
	第一、二部分合计									
	未可预见的工程和费用									
	总概算价值									

审核　　　　核对　　　　　　编制　　　　　　　　年　月　日

注:填表说明

1. 各栏填写说明

第2栏按本表规定项目填写,除主要生产项目列出生产装置,集中控制室,工艺外管等项目外,其他不列细目。

第3栏填写综合概算表的第4、7、10栏之和及其他费用中的生产工具购置费。

第4栏填写综合概算表中的第5、8、11栏之和及其大型临时设施相应费用。

第5栏填写综合概算表中的第6、9、12~16栏之和及其他工程和费用中,大型土石方,场地平整,大型临时设施的相应费用。

第9、10栏填写生产规模或主要工程量。

第11栏等于7栏。

2. 本表金额以万元为单位,取两位小数。

① 编制说明 扼要说明工程概况,如生产品种、规模、设计内容、公用工程及厂外工程的主要情况。

② 资金来源及投资方式 是中央还是地方、企业投资或境外投资;是借贷、自筹还是

中外合资等。

③ 设计范围及设计分工。

④ 编制依据　列出项目的相关批文、合同、协议、文件的名称、文号、单位及时间。

⑤ 概算编制的依据。

⑥ 材料用量估算　填写主要设备、建筑和安装三大材料用量估算表，可按表 8.6、表 8.7 的格式编制。

表 8.6　主要设备用量

项目	设备总台数	设备总质量/t	定型设备		非定型设备					
			台数	质量/t	台数	质量/t	其　　中			
							碳钢	不锈钢	铝	其他

注：本表根据设备一览表填列各车间（工段）的生产设备，一般通用设备填入定型设备栏，非定型设备除填列质量外，同时按材质填入质量。以上表中"项目"一栏按主要生产项目、辅助生产项目、公用工程等填写，其中主要生产项目按装置填写，其他不列细项。

表 8.7　主要建筑和安装三大材料用量

项目	木材用量/m³	水泥用量/t	钢材用量/t					
			板材	其中不锈钢	管材	其中不锈钢	型材	其中不锈钢

注：可根据单位工程概算表中的材料统计数字填写。以上表中"项目"一栏按主要生产项目、辅助生产项目、公用工程等填写，其中主要生产项目按装置填写，其他不列细项。

⑦ 投资分析　分析各项投资比重，并与国内外同类工程比较，分析投资高低的原因。

⑧ 总概算表的编制　总概算表分工程费用和其他费用两大部分。如有"未可预见的工程费用"，一般按表中第一、第二部分总费用的 5% 计算，详见表 8.5。

8.2　技术经济

技术经济是指生产技术方面的经济问题，即在一定的自然条件和经济条件下，采用什么样的生产技术在经济上比较合理，能取得最好的经济效果。技术经济分析需要对不同的技术政策、技术方案、技术措施进行经济效果的评价、论证和预测，力求达到技术上先进和经济上合理，为确定对发展生产最有利的技术提供科学依据和最佳方案。技术经济分析在化工建设过程中是一个具有战略性的步骤，是决定项目命运，保证项目建设顺利进行，提高项目经济效果的根本性措施。

现参照国外的估算方法，结合我国的情况分别介绍适合我国化工行业在可行性研究中估算项目建设投资、生产成本和经济评价的常用方法。

8.2.1 投资估算

1. 国内工程项目建设投资估算

(1) 基本建设投资

按国内习惯,工程项目基建投资由下列三部分费用组成。

① 工程费用 包括主要生产项目、辅助生产项目、公用工程项目、服务性工程、生活福利和厂外工程的费用。

② 其他费用 主要包括征用土地费、青苗补助费、建设单位管理费、研究试验费、生产职工培训费、办公和生活用具购置费、勘探设计费、供电贴费、施工机构迁移费、联合试车费、涉外工程出国联系费等。

③ 不可预见费 有时也称预备费,为一般不能预见的有关工程及其费用的预备费。其费用一般按工程费用和其他费用之和的一定百分比计。

(2) 流动资金

企业进行生产和经营活动所必需的资金称之为流动资金。包括储备资金、生产资金和成品资金三部分。一般按几个月生产的总成本计。

(3) 建设期贷款利息

基建投资的贷款在建设期的利息,以资本化利息进入总投资。该部分利息不列入建设项目的设计概算,不计入投资规模,进入成本作为考核项目投资效益的一个因素。

(4) 总投资

$$总投资＝基本建设投资＋流动资金＋建设期贷款利息$$

总投资作为考核基本建设项目投资效益的依据。

2. 涉外工程项目建设投资估算

(1) 国外部分

① 硬件费 指设备、备品备件、材料、化学药品、催化剂、润滑油等费用。

② 软件费 指设计、技术资料、专利、商标、技术服务、技术秘密等费用。

(2) 国内部分

① 贸易从属费 一般包括国外运费、运输保险费、外贸手续费、银行手续费、关税、增值税等。

② 国内运杂费和国内保险费。

③ 国内安装费。

④ 其他费用 包括外国工程技术人员来华各项费用、出国人员各项费用,招待所家具及办公费等。

(3) 国内配套工程

与国内项目一样估算费用。

$$总投资＝国外部分＋国内部分＋国内配套工程$$

3. 工艺装置(工艺界区)建设投资估算

按国内习惯,主要生产装置费用只计算了装置的直接投资〔即包括和生产操作有关的一切土建、设备、管道、仪器以及位于界区内的水、电、汽(气)供应以及界区内的所有管道、管件、阀门、防火设施及"三废"治理等〕,而未包括装置的间接投资(如装置的专利费、设计费和技术服务费等),把装置的间接投资归结为"其他费用"。但国外的做法与国内有所不同,在与外商签订的合同中可以看出,间接投资也计入在装置的总价中。因此,在项目的可行性研究阶段，有时也要用到界区投资的估算，下面就常用的方法作一简单介绍。

（1）**规模指数法**

$$C_1 = C_2 \left(\frac{S_1}{S_2}\right)^n$$

式中　C_1——拟建工艺装置的界区建设投资；

　　　C_2——已建成工艺装置的界区建设投资；

　　　S_1——拟建工艺装置的建设规模；

　　　S_2——已建成工艺装置的建设规模；

　　　n——装置的规模指数。

装置的规模指数通常情况下取为 0.6。当采用增加装置设备大小达到扩大生产规模时，$n=0.6\sim0.7$；当采用增加装置设备数量达到扩大生产规模时，$n=0.8\sim1.0$；对于试验性生产装置和高温高压的工业性生产装置，$n=0.3\sim0.5$，对生产规模扩大 50 倍以上的装置，用规模指数法计算误差较大，一般不用。

（2）**价格指数法**

$$C_1 = C_2 \times \frac{F_1}{F_2}$$

式中　C_1——拟建工艺装置的界区建设投资；

　　　C_2——已建成工艺装置的界区建设投资；

　　　F_1——拟建工艺装置建设时的价格指数（cost index）；

　　　F_2——上述已建成工艺装置建设时的价格指数。

价格指数是根据各种机器设备的价格以及所需的安装材料和人工费加上一部分间接费，按一定百分比根据物价变动情况编制的指数。

过去我国物价波动范围不大，因此，没有价格指数这个概念。设备等费用的变动是主管部门根据材料费、加工费等变动情况若干年调整一次。国外化学工业中用的价格指数有：美国化学工程杂志编制的工厂价格指数（简称 CE 指数）、纳尔逊的炼厂建设指数和美国斯坦福国际咨询研究所编制的用于化工经济评价的价格指数。

（3）**单价法**

对于新开发技术的装置费用，是根据工艺过程设计编制的设备表来进行装置的建设投资估算。一个化工生产装备，是由化工单元设备如压缩机、风机、泵、容器、反应器、塔器、换热器、工业炉等组成。通常情况下，流程图包括的上述主要设备要占整个装置投资的一半以上，关于各种机器设备费的估算，是根据各类机器设备的价格数据，选择影响设备费用的主要关联因子，应用回归分析方法，求出设备费用与主要关联因子间的估算关联式而进行的。对流程图中包括的主要设备估算完成后，就可以估算整个装置的界区建设投资。

8.2.2　产品生产成本估算

产品生产成本是指工业企业用于生产某种产品所消耗的物化劳动和活劳动。是判定产品价格的重要依据之一，也是考核企业生产经营管理水平的一项综合性指标。产品生产成本包括如下项目。

（1）**原材料费**

原材料费包括原料及主要材料、辅助材料费用。

$$原材料费＝消耗定额×该种材料价格$$

式中，材料价格系指材料的入库价。

$$入库价＝采购价＋运费＋途耗＋库耗$$

途耗指原材料采购后运进企业仓库前的运输途中的损耗，它和运输方式、原材料包装形式、运输管理水平等因素有关。库耗指企业所需原材料入库至出库间的损耗，库耗与企业管理水平有关。

(2) 燃料费

燃料费计算方法与原材料费相同。

(3) 动力费用

$$动力费用＝消耗定额×动力单价$$

动力供应有外购和自产两种情况。动力外购指向外界购进动力供企业内部使用。如向本地区热电站购电力等，此时动力单价除提供的单价之外，还需增加本厂为该项动力而支出的一切费用。自产动力指厂内设水源地、自备电站、自设锅炉房（供蒸汽）、自设冷冻站、自设煤气站等，则各种动力均须按照成本估算的方法分别计算其单位车间成本，作为产品成本中动力的单价。

照明、电动机及一切操作设备的动力由电能供应，在电力输送过程中，部分的电能将转化为热能，一般情况下，电力的供应量为需要的 $1.1\sim1.25$ 倍左右。电、水、蒸汽、燃料的成本，大略估计约占产品成本的 $10\%\sim20\%$。

(4) 生产工人工资及附加费

生产工人指直接从事生产产品的操作工人。工资附加费是指根据国家规定按工资总额提留一定百分比的职工福利费部分，不包括在工资总额内。因此，生产工人工资估算出总额后，应再增加一定百分比的工资附加费。

$$生产工人工资及附加费＝\frac{某产品生产工人平均工资＋附加费}{某产品年产量}×某产品生产工人人数$$

单位时间的工资随工厂性质及地区而异，一般的化工厂，工资占产品成本的 $1\%\sim3\%$。

(5) 车间经费

车间经费为管理和组织车间生产而发生的费用。如车间管理人员和辅助人员的工资及工资附加费，办公费，照明费，车间固定资产折旧费，大、中、小修理费，低值易耗品费，劳动保护费，取暖费等。

工程项目在建设前期车间经费的估算一般以车间固定资产为基数，通常分车间固定资产折旧费，大、中、小修理费和车间管理费三部分计算。

$$车间固定资产折旧费＝\frac{计提折旧的车间固定资产原值}{产品年产量}×折旧率$$

$$折旧率＝\frac{1}{项目寿命年限}×100\%$$

$$大、中、小修理费＝\frac{计提折旧的车间固定资产原值}{产品年产量}×修理费率$$

$$车间管理费＝\frac{计提折旧的车间固定资产原值}{产品年产量}×车间管理费率$$

$$车间经费＝车间折旧费＋大、中、小修理费＋车间管理费$$

折旧包括实质性折旧和功能性折旧。前者是指资产的实体发生变化导致价值的减少，后者是指由于需求发生变化、居民点迁移、能力不足、企业关闭等。由于折旧是用价值的减少来度量的，所以在计算折旧费时，要考虑二者来确定该项目及装置的服务寿命，由其服务寿命即可计算出折旧费。

(6) 联产、副产品费

化工生产中常有联产品、副产品与主产品按一定的分离系数产生出来。

联产品的成本计算多采用"系数法"。系数是折算各项实物产品为统一标准的比例数，如反映主产品和联产品的化学有效成分含量的比例、耗用原料比例、售价的比例、成本的比例等。可选择一项起主导作用的比例数作为制定系数的基础。

副产品费用通常可用副产品的固定价格乘以副产品的数量从整产品的成本中扣除。

(7) 企业管理费

企业管理费为企业管理和组织生产所发生的全厂性的各项费用。如企业管理部分人员的工资及附加费、办公费、研究试验费、差旅费、全厂性固定资产（除车间固定资产外）折旧费、维修费、福利设施折旧费、工会经费、流动资金利息支出和其他费用等。

一般估算的方法按商品、产品、车间总成本的比例分摊于产品成本中。企业内部的中间产品或半成品不计入企业管理费。

$$企业管理费＝车间成本×企业管理费率$$
$$车间成本＝原材料费＋燃料费＋动力费＋生产工人工资及附加费＋车间经费－联产、副产品费$$

(8) 销售费用

销售费用指销售产品支付的费用。包括广告费、推销费、销售管理费等。销售费用可用销售额的一定百分比来提取，也常用工厂成本的一定百分比来考虑。百分比的大小根据产品种类，市场供求关系等具体情况来确定。

$$销售费用＝产品销售额×销售费率$$
或
$$销售费用＝工厂成本×销售费率$$
$$工厂成本＝车间成本＋企业管理费$$

以上（1）～（8）项相加，构成了产品的生产成本，通常称为工厂完全成本或销售成本。

8.2.3 经济评价

(1) 经济评价方法的分类

投资效果是技术方案经济评价的核心，是技术经济分析的主体。技术方案经济效果的计算和评价方案，主要是指投资效果的计算和评价方法。

投资效果的计算和评价方法很多，归纳起来，可分类如下。

① 按是否计算时间因素（资金的时间价值）分为静态分析法和动态分析法。

② 按求取的目标分为所得法和所费法。所得法是从收益大小比较不同方案的投资效果；所费法是从费用大小比较不同方案的投资效果。

按以上两个不同角度，将投资效果计算和评价的各种方法归纳分类见表8.8。

(2) 投资效果的静态分析法

1）投资回收期法

投资回收期法也叫返本期法或偿还年限法，是一种投资效果的简单分析法。它是将工程项目的投资支出与项目投产后每年的收益进行简单比较，以求得投资回收期或投资回收率。这种方法比较粗略，但简便易行，是我国实际工作中应用最广泛的一种静态分析方法。但它不反映时间因素，不如动态分析法精确。投资回收期法按其计算对象和计算方法的不同，又可分为以下几种：

$$投资回收期法\begin{cases}总投资回收期\begin{cases}按达产年收益计算\\按累计收益计算\\按逐年收益贴现计算\end{cases}\\追加投资回收期\end{cases}$$

表8.8　投资效果计算和评价方法

评价方法　求取目标 \ 时间因素	静　态	动　态	
		按各年经营费用计算	按逐年现金流量计算
所得法 投资回收期(τ)	总投资回收期法 追加投资回收期法 财务平衡法	逐年利润贴现偿还法 定额返本法	
所得法 投资收益率(i)	简单投资收益率法 (ROI法)	投资报酬率比较法	现金流量贴现法(IRR法) 净现值法(NPV法) 净现值率法(NPVR法) 现值指数法
所费法 总费用(S)	总算法(静)	总算法(动) 现值比较法(PW法)	
所费法 年计算费用法(C)	年计算费用法	年成本比较法(AC法) 年两项费用法	

总投资回收期

总投资回收期是一个绝对的投资经济效果指标，有下列几种不同算法。

按达产年收益计算　达产年收益是指工程项目投产后，达到设计产量的第一个整年所获得的收益，用该收益额来计算回收该工程项目全部投资所需的年数。计算公式如下：

$$投资回收期（年）=\frac{总投资}{年净利润+年折旧费}$$

$$年净利润=销售收入-销售成本-税金$$

按累计收益计算　累计收益是指工程项目从正式投产之日起，累计提供的总收益额。投资回收期即为该收益额达到投资总额时所需的年数。

按逐年收益贴现计算　这是考虑时间因素的一种投资回收期计算方法（但与动态分析法不完全相同）。由于利润是在投产后逐年获得的，应该折算为现值然后去补偿投资。计算公式如下：

$$投资回收期(\tau)=-\frac{\lg(1-K_i/m)}{\lg(1+i)}$$

式中　K_i——年投资额；

　　　m——年利润额与年折旧费之和；

　　　i——年利率。

追加投资回收期

这是一个相对的投资效果指标。追加投资回收期是指一个方案比另一个方案所追加的（多花费的）投资，用两个方案的年成本费用的节约额去补偿追加投资所需的年数。其计算公式如下：

$$追加投资回收期\ \tau_a=\frac{\Delta K（投资差额）}{\Delta C（年成本差额）}=\frac{K_1-K_2}{C_2-C_1}$$

式中　K_1，K_2——甲、乙方案的年投资额；

　　　C_1，C_2——甲、乙方案的成本额。

所求得的追加投资回收期年数还必须与国家或部门所规定的标准投资回收期τ_n作比较才能作出结论。假如所求得的$\tau_a \leqslant \tau_n$，则投资大的方案是经济合理的，选取投资大的方案；反之，若$\tau_a > \tau_n$，则应选取投资小的方案。

2）计算费用法

计算费用法也叫折算费用法，即对参与比较的各个方案的投资费用利用投资效果系数，折算成和经营费类似的费用，然后和经营费相加，得到计算费用值，以数值小者为优，据此决定方案的取舍。

计算费用法一般以年为计算周期，计算公式如下：

$$F = C + KE_n$$

式中　F——年计算费用；

　　　C——年经营费（或年总成本）；

　　　K——投资费用；

　　　E_n——标准投资效果系数；

　　　KE_n——代表技术方案由于占用了国家资金未能发挥相应的生产效益所引起的每年损失费用。

(3) 投资效果的动态分析法

上述静态分析法只考虑了投资回收，而没有考虑投资回收之后的情况，也就是没有考虑整个项目存在期间的投资经济效果。动态分析法兼顾了项目的经济使用年限和资金时间价值。动态分析计算方法很多，最常用的有：现金流量贴现法（IRR法），净现值法（NPV法），净现值率法（NPVR法），年成本比较法（AC法），现值比较法（PW法）等。其中净现值法和现金流量贴现法是目前国内外应用最广泛的两种。下面分别予以介绍。

1）净现值法

净现值法（NPV法）是指建设项目在整个服务年限内，各年所发生的净现金流量（即现金流入量和现金流出量的差额），按预定的标准投资收益率，逐年分别折算（即贴现）到基准年（即项目起始时间），所得各年净现金流量的现值（简称净现值NPV），视其合计数的正负和大小决定方案优劣。净现值的计算公式如下：

$$NPV = \sum_{t=1}^{n} C_t (1+i)^{-t}$$

式中　C_t——第t年的净现金流量；

　　　t——年数（$t = 1, 2, \cdots, n$）；

　　　i——年折现率（或标准投资收益率）；

　　　n——工程项目的经济活动期。

净现值的计算结果可能出现以下三种情况。

NPV > 0，表示投资不仅能得到符合预定的标准投资收益率的利益，而且还能得到正值差额的现值利益，则该项目为可取。

NPV < 0，表示投资达不到预定的标准投资收益率的利益，则该项目不可取。

NPV = 0，表示投资正好能得到预定的标准投资收益率的利益，则该项目也是可行的。

2）净现值率法

净现值率法（NPVR法）是在净现值法的基础上发展起来的，可作为净现值法的一种补充方法。对两个或两个以上的建设方案进行比较时，仅计算所得净现值的大小，还不能判断哪一个方案好，因为各个方案的投资额可能不同。所以，还要通过净现值率（NPVR）的大小，来比较各方案的投资经济效果。净现值率法表示方案的净现值与投资现值的百分比，即单位投资产生的净现值。净现值率越高，说明方案的投资效果越好。计算公式如下：

$$净现值率(NPVR) = \frac{净现值(NPV)}{投资现值(PVI)} \times 100\%$$

3）现金流量贴现法

现金流量贴现法（discount cash flow method，简称 DCF 法）也称内部收益率法（即 IRR 法）或报酬率比较法。是指建设项目在使用期内所发生的现金流入量的现值累计数和现金流出量的现值累计数相等时的贴现率（即内部收益率），即净现值等于零时的贴现率。这个内部收益率反映了项目总投资支出的实际盈利率，再将此内部收益率与预定的标准投资收益率比较，视其差额大小，作出对项目投资效果优劣的判断。

内部收益率的计算方法如下。

① 先将项目使用期正常年份的年净现金流量除以项目的总投资额，所求得的比率作为第一个试算的贴现率。

② 以求得的试算贴现率计算项目的总净现值，如果总净现值为正值，说明该贴现率偏小，需要提高，如果是负值，说明该贴现率偏大，需要降低。

当找到按某一个贴现率所求得的净现值为正值，而按相邻的一个贴现率所求得的净现值为负值时，则表明内部收益率就在这两个贴现率之间。

③ 用线性插值法求得精确的内部收益率，公式如下：

$$IRR = i_1 + \frac{NPV_1(i_2 - i_1)}{|NPV_1| + |NPV_2|}$$

式中　IRR——内部收益率，%；

　　　i_1——略低的折现率，%；

　　　i_2——略高的折现率，%；

　　NPV_1——在低折现率 i_1 时总净现值（正数）；

　　NPV_2——在高折现率 i_2 时总净现值（负数）。

（4）不确定性分析

在对项目的经济评价中，由于经济计算所采用的数据大部分来自预测或估计，其中必然包含某些不定因素和风险，为了使评价结果更符合实际，提高经济评价的可靠性，减少项目实施的风险，需要作盈亏分析和敏感性分析。分析这些不定因素的变化对工程项目投资经济效果的影响。

1）盈亏分析

盈亏分析或盈亏平衡点分析，是通过分析销售收入、可变成本、固定成本和盈利等四者之间的关系，求出当销售收入等于生产成本，即盈亏平衡时的产量，从而在售价、销售量和成本三个变量间找出最佳盈利方案。盈亏平衡点有以下三种表示方法。

① 以 BEP_1 表示盈亏平衡点的生产（销售）量时，计算公式为：

$$BEP_1 = \frac{f}{P(1 - T_r) - V}$$

式中　f——年总固定成本（包括基本折旧）；

　　　P——单位产品价格；

　　　T_r——产品销售税金；

　　　V——单位产品可变成本。

$\mathrm{BEP_1}$值小，说明项目适应市场需求变化的能力大，抗风险能力强。

② 以$\mathrm{BEP_2}$表示盈亏平衡点的总销售收入，则

$$\mathrm{BEP_2}=Y=PX$$

式中　Y——年总销售收入；

　　　P——销售单价；

　　　X——产品产量，即所求的盈亏平衡点的生产量。

③ 以$\mathrm{BEP_3}$表示盈亏平衡点的生产能力利用率，则

$$\mathrm{BEP_3}=\frac{f}{r-V'}$$

式中　f——年总固定成本（包括基本折旧）；

　　　r——达到计算能力时的销售收入（不包括销售税金）；

　　　V'——年总可变成本。

某项目盈亏分析图如图8.1所示。

2）敏感度分析

敏感度分析就是对项目的销售量、单价、成本等变化最敏感的因素进行变化程度的预测分析，对可能出现的最理想和最不理想情况下的最高和最低数值，作多种方案比较，从而确定较切合实际的指标来分析项目的投资经济效果，减少分析的误差，提高分析的可靠性。

敏感度分析的具体计算举例见表8.9。

表 8.9　敏感度分析计算举例　　　　　　　　　　　　　　　　　　单位：万元

序号	项目	基本方案	销售价格		可变成本 +10%	固定成本 +10%	投资 +10%	产量 −10%
			−10%	+10%				
1	销售收入	12500	11360	13750	12500	12500	12500	11360
2	总成本	9780	9780	9780	10430	10030	9858	9190
3	税金	1360	790	1985	1035	1235	1321	1085
4	年净利润	1360	790	1985	1035	1235	1321	1085
5	投资	10300	10300	10300	10300	10300	11330	10300
6	投资收益率/%	13.2	7.7	19.3	10.0	12.0	11.7	10.5
7	每增加1%时		−0.55	+0.61	−0.32	−0.12	−0.15	−0.27

由表8.9可见，该项目投资收益率受产品销售价格变化的影响最为敏感，当销售价格增减1%时，内部收益率将增加0.61%或减少0.55%。其次是可变成本及产量的变化，对内

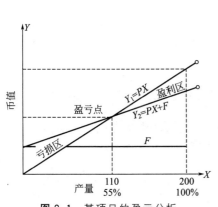

图8.1　某项目的盈亏分析

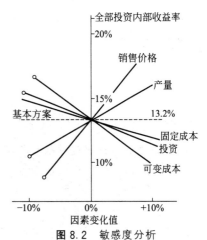

图8.2　敏感度分析

部收益率的影响也相当大。投资及固定成本变化对内部收益率的敏感度较小。

敏感度分析如图 8.2 所示。

以上介绍了一些最常用的投资估算、成本估算及经济分析的方法，由于工程项目的性质、外界的条件、经济评价的目的和委托者的要求以及经济评价工作者的习惯都不相同，经济评价所包括的内容以及评价结果书面文件的编写形式和详略程度也互不相同。表 8.10 介绍了一个工程项目经济评价结果的书面文件格式仅供参考，需要说明的是这并不是一个标准或样板。

表 8.10　主要技术经济指标汇总

序号	指 标 名 称	单位	数值	备注	序号	指 标 名 称	单位	数值	备注
1	规模 ①产品 ②副产品					①工程费用 ②其他费用 ③不可预见费用			
2	年工作日				10	流动资金			
3	主要原料、燃料 ① ② ⋮				11	资金来源 ①国内贷款 ②国外贷款 ③自筹资金			
4	公用工程实量 ①水 ②电 ③蒸汽 ④冷冻量				12 13	总产值 年总成本 ①固定成本 ②可变成本			
5	建筑面积及占地面积 ①建筑面积 ②占地面积				14	利润 ①年销售利润 ②企业留利润			
6	年运输量 ①运入量 ②运出量				15	税金 ①产品销售税金 ②城市建设维护税等			
7	工厂定员 ①生产人员 ②非生产人员				16	技术经济指标 ①人年劳动生产率 ②投资回收期(静态) 　投资回收期(动态)			
8	"三废"排出量 ①废气 ②废水 ③废渣					③投资收益率(静态) 　内部收益率(动态) ④净现值($i=$　%) ⑤净现值率($i=$　%)			
9	基建投资								

8.3　案例分析

🔖 **案例　年产 1 万吨碳酸钙系列产品生产装置经济分析（1991 年所做）**

经济评价依据《建设项目经济评价方法与参数》，以及《企业技术改造及其可行性研究》编制的，本评价对技改后企业的生产及新增效益进行测算和分析。

1　基本数据与说明

1.1　生产规模

本项目为建设年产 1 万吨碳酸钙系列产品生产线。

1.2 建设进度及产品方案

本项目分两期实施。第一期建成年产 4000t 活性碳酸钙、3000 吨超细碳酸钙生产规模。第二期在第三年实施,第四年使产品年产量达 5000 吨活性碳酸钙,5000 吨超细碳酸钙生产规模。项目一期工程第二年投产,生产能力为一期生产规模的 70%,第三年达一期生产能力。第四年达年产 5000 吨碳酸钙及 5000 吨超细碳酸钙生产能力。

1.3 产品成本测算

① 按照《国营企业成本管理条例》中的规定进行测算。

② 原材料及辅助材料消耗量及燃料动力消耗量依据同类厂家实际情况确定,价格依据企业近期购入价格。

③ 企业管理费及车间经费参考企业近期实际水平进行测算。

④ 折旧则采用综合折旧,年综合折旧率为 6.5%。项目主要设备折旧年限为 15 年,评价以此为生产期。项目建设期为一年,评价以 16 年为项目的计算期。项目固定资产形成率为 85%,年折旧额计算公式为:

年折旧额＝(固定资产投资×固定资产形成率＋建设期利息)×综合折合率
一期年折旧额＝(770.68×85%＋18.76)×6.5%＝43.80(万元)
二期年折旧额＝(49.23×85%＋1.87)×6.5%＝2.84(万元)

⑤ 工资及福利按 3000 元/(人·年) 计算。

⑥ 销售费用按 8.7 万元/年计。

1.4 流动资金

依据企业流动资金情况,该项目流动资金需 215 万元,其中 30% 计 64.5 万元由企业自筹,其余 70% 计 150.5 万元向建行贷款,利率为 8.64%。

1.5 贷款偿还及利率

建设期利息计算到建设期末,建设期内不付息,转为资本待投产后还本付息。

国家贴息贷款,贴息期三年,利率为 4.23%,三年期满按 8.46% 计算。银行贷款利率为 8.46%。

项目税前还款,借款以新增利润(扣除提取 18% 的企业"两金")及新增固定资产折旧(扣除上交能源运输基金及预算调节基金)归还,项目先偿还利息高的借款。

1.6 税金、税率、利润

本项目产品税为 10.7%,由于活性碳酸钙及超细钙系河北省新产品,可减免一半的产品税。项目税前还款,还款期间"两金"提取按利润总额 18% 计提。贷款偿还后,所得税按 55% 计。

2 主要计算表分析说明及财务评价指标计算

2.1 销售价格及销售收入

活性钙按 800 元/吨计算,超细钙按 1000 元/吨计算,项目一期达产 70%、一期达产 100%、项目达产时的销售收入分别为 434 万元、620 万元、900 万元。项目达年产份产品税为 96.3 万元。

2.2 成本表

生产成本和费用中,一期达产 70%,活性碳酸钙产量为 2800 吨/年,超细碳酸钙为 2100 吨/年;一期达产 100%,活性碳酸钙产量为 4000 吨/年,超细碳酸钙为 3000 吨/年;

项目达产 100%，活性碳酸钙产量为 5000 吨/年，超细碳酸钙 5000 吨/年。单位成本表中，指生产每吨产品的耗用量及成本。

2.3 销售利润

项目达到年产份销售利润 237.07 万元，还款期间企业提取"两金"按利润总额 18% 提取。

2.4 现金流量分析

全部投资现金流量表是以投资（包括流动资金）视为自有，不考虑利息计算的。该表将销售收入、固定资产余值及回收流动资金作为现金流入，全部投资费用、经营成本、销售税金及营业外净支出作为现金流出。该项目内部收益率为 24.97%，净现值（$i=14\%$）为 552.89 万元。

2.5 财务平衡表

财务平衡表是以项目将会出现的具体财务条件为基点，预测项目在计算期内各种资金的盈余及短缺情况，考察固定资产投资借款的清偿能力，本数据来自其他数据表。

能源交通资金，从固定资产折旧中提取 15%；

预算调节资金，从固定资产折旧中提取 10%；

还款期内，企业留利按利润总额的 18% 提取。

2.6 贷款的清偿期

贷款的清债年限为 5 年 10 个月，及投产后 4 年 10 个月。

2.7 投资回收期

$$投资回收期=\left(\begin{array}{c}累计现金流量开始\\出现正值的年份数\end{array}\right)-1+\left(\dfrac{上年累计净现金流量的绝对值}{当年净现金流量}\right)$$

$$=6-1+115.63/287.93$$

$$=5.4 年$$

2.8 投资利润率、投资利税率

$$投资利润率=\dfrac{年利润总额}{总投资}\times100\%$$

$$=\dfrac{229.26}{1034.91}\times100\%$$

$$=22.15\%$$

$$投资利税率=\dfrac{年利税总额}{总投资}\times100\%$$

$$=\dfrac{229.26+96.3}{1034.91}\times100\%$$

$$=31.46\%$$

2.9 内部收益率

$$IRR=偏低折现率+\dfrac{偏低折现率的净现值\times两折现率的差}{两折现率净现值绝对数之和}$$

$$=24+\dfrac{29.58\times1}{29.58+1.03}$$

$$=24.97\%$$

2.10 以达产年生产能力利用率表示的盈亏平衡点

$$BEP = \frac{\text{固定成本}}{\text{销售收入} - \text{可变成本} - \text{税金}} \times 100\%$$

$$= \frac{188.67}{900 - 377.96 - 96.3} \times 100\%$$

$$= 44.32\%$$

2.11 敏感性分析

可能影响该项目经济效益的主要因素有：投资、销售价格、经营成本等。针对全部投资的内部收益率，分析这些因素项目可盈利性的影响。

项目	投资	销售价格	经营成本
变动量	+10%	-10%	+10%
财务净现值($i=14\%$)/万元	481.98	162	304.67
财务内部收益率	23.20%	17.81%	20.25%

3 综合经济评价

主要指标如下：

① 财务内部收益率（全部投资）24.97%；

② 财务净现值（$i=14\%$）552.89 万元；

③ 年利率总额 325.56 万元；

④ 贷款偿还年限 5 年 10 个月，即投产后 4 年 10 个月；

⑤ 投资回收期 5.4 年；

⑥ 投资利润率 22.15%；

⑦ 投资利税率 22.15%；

⑧ 盈亏平衡点（以达产年生产能力利用率表示）44.32%。

除上述指标外还有：

① 若投资提高 10%，则财务内部收益率（全部投资）降为 23.20%；

② 若销售价格降低 10%，则财务内部收益率（全部投资）降为 17.81%；

③ 若经营成本提高 10%，则财务内部收益率（全部投资）降为 20.25%。

综合上述指标，该项目有较强的资金偿还能力，项目在经济上是可行的。

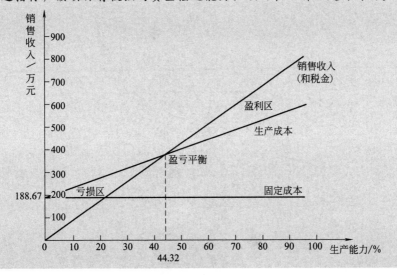

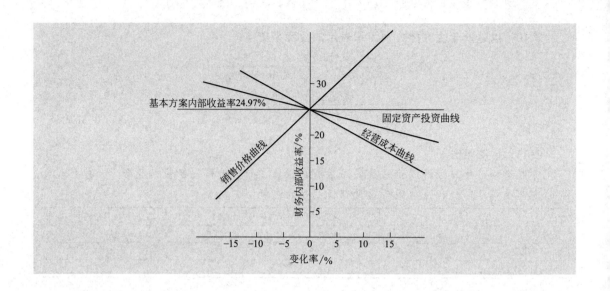

附　录

附录1　实战性设计课题

设计课题一

完成"年产 3000 吨无水乙醇生产装置的工艺设计包"

主要设计条件：

（1）年操作日 300 天，年平均工作 7200 小时。

（2）原料为 20%（质量）乙醇水溶液，30℃液体。

（3）热源：0.5MPa 饱和蒸汽。

（4）循环冷却水上水温度 32℃，下水温度 40℃。

设计课题二

完成"年产 7 万吨合成氨厂水煤气变换车间的工艺设计"

主要设计条件：

（1）初始半水煤气干气组成见表1。

表 1　初始半水煤气干气组成

组分	H_2	CO	CO_2	O_2	N_2	CH_4	合计
含量/%	37.8	30.8	7.0	0.3	22.6	1.5	100

（2）每吨氨耗用半水煤气 3520Nm³。

（3）CO 变换率为 99%。

设计课题三

完成书中"年产 2 万吨一氯甲烷生产装置"的全部工艺计算

设计题题四

2015 年"东华科技-三井化学杯"第九届全国大学生化工设计竞赛设计任务书

乙二醇是源自石油、煤、天然气、生物质资源的重要基础有机化工产品，主要用作生产聚酯的原料。我国是世界上最大的聚酯生产和消费大国，因而也是最大的乙二醇需求大国，国内自给能力存在巨大的缺口，为我国化工企业提供了非常可观的市场发展空间和机遇。近年来我国乙二醇产业发展迅速，但还缺乏拥有自主知识产权的核心技术。基于资源多元化的低耗、高效、安全、清洁的生产技术的创新、开发、应用、推广和宣传，已成为我国乙二醇产业和聚酯产业可持续稳定发展的关键因素，也是我国化工科技界义不容辞的责任和义务。

1. 设计题目

为某一大型综合化工企业设计一座采用清洁生产工艺制取乙二醇的分厂。

2. 设计基础条件

（1）原料

原料来源及原料规格由各参赛队根据不同的工艺路线和技术经济要求自行确定。

（2）产品

产品结构及其技术规格由参赛队根据本队的市场规划自行拟订。

（3）生产规模

生产规模由参赛队根据本队的资源规划自行确定。

（4）安全要求

在设计中坚决贯彻安全第一的指导思想，从提高装置的本质安全性出发，尽量采用新的安全技术和安全设计方法。

（5）环境要求

尽量采取可行的清洁生产技术，从本质上减少对环境的不利影响，并对可能造成环境污染的副产物提出合理的处理方案。

3. 工作内容及要求

（1）项目可行性论证

① 建设意义

② 建设规模

③ 技术方案

④ 与总厂的系统集成方案

⑤ 厂址选择

⑥ 与社会及环境的和谐发展

⑦ 经济效益分析

（2）工艺流程设计

① 工艺方案选择及论证

② 安全生产的保障措施

③ 清洁生产技术的应用

④ 能量集成与节能技术的应用

⑤ 工艺流程计算机仿真设计

⑥ 绘制物料流程图和带控制点工艺流程图

⑦ 编制物料及热量平衡计算书

（3）设备选型及典型设备设计

① 典型非标设备——反应器/塔器的工艺设计，编制计算说明书

② 典型标准设备——换热器的选型设计，编制计算说明书

③ 其他重要设备的设计及选型说明

④ 编制设备一览表

（4）车间设备布置设计

选择至少一个主要工艺车间，进行车间布置设计。

① 车间布置设计。

② 主要工艺管道配管设计。

③ 绘制车间平面布置图。

④ 绘制车间立面布置图。

鼓励运用三维设计工具软件进行车间布置和配管设计。

（5）工厂总体布置设计

① 对主要工艺车间、辅助车间、原料及产品储罐区、中心控制室、分析化验室、行政管理及生活等辅助用房、设备检修区、三废处理区、安全生产设施、工厂内部道路等进行合理的布置，并对方案进行必要的说明；

② 工厂布置设计；

③ 绘制工厂平面布置总图。

鼓励运用三维设计工具软件进行工厂布置设计。

（6）经济分析与评价基础数据

根据调研获得的经济数据（可以参考以下价格数据）对设计方案进行经济分析与评价。

① 304 不锈钢设备：30000 元/吨

② 中低压（≤4MPa）碳钢设备：10000 元/吨

③ 高压碳钢设备价格：13000 元/吨

④ 其他特殊不锈钢按实际定价

⑤ 低压蒸汽（0.8MPa）：180 元/吨

⑥ 中压蒸汽（4MPa）：210 元/吨

⑦ 电：0.7 元/千瓦时

⑧ 工艺软水：10 元/吨

⑨ 冷却水：1.0 元/吨

⑩ 污水处理费：5.0 元/吨（COD<500）

（7）应提交的作品材料

① 项目可行性报告；

② 初步设计说明书（包括设备一览表、物料平衡表等各种相关表格）；

③ 典型设备（标准设备和非标设备）设计计算说明书（若采用相关专业软件进行设备计算和分析，则提供计算结果和源程序）；

④ PFD 图和 PID 图（可以分多张图绘制）；

⑤ 车间设备平立面布置图；

⑥ 分厂平面布置总图（可以补充提供三维视图）；

⑦ 主要设备工艺条件图；

⑧ 工艺流程的模拟及流程优化计算结果；

⑨ 若进行危险性和可操作性（HAZOP）分析，请提供相关的文档（若采用专业软件实施，请提供相应软件的相关资料）；

⑩ 若进行能量集成与节能技术运用，则提供相关的结果（若采用专业软件计算，请提供相应软件的相关资料）；

⑪ 若采用专业软件进行过程成本的估算和经济分析评价，则请提供相应软件的相关资料。

注：设计说明书均要求用 MS-Word 编辑，保存为 DOC 和 PDF 格式；图纸用 Auto CAD 绘制，保存为 AutoCAD 2004 格式和 PDF 格式。

附录2 管道及仪表流程图中的缩写

(HG 20559.5—93)

缩写词	中 文 词 义	缩写词	中 文 词 义	缩写词	中 文 词 义
A	气力(空气)驱动	BOP	管底	COD	接续图
A	分析	BOT	底	COEF	系数
ABS	绝对的	BP	背压	COL	塔、柱、列
ABS	丙烯腈-丁二烯-苯乙烯	B.P	爆破压力	COMB	组合、联合
ABS.EL	绝对标高	B.PT	沸点	COMBU	燃烧
ACF	先期确认图纸资料	BRS.	黄铜	COMPR	压缩机
ADPT	连接头	BR.V	呼吸阀	CONC	同心的
AFC	批准用于施工	BRZ.	青铜	CONC.	混凝土
AFD	批准用于设计	B.S	由卖主负责	CONC.RED	同心异径管
AFP	批准用于规划设计	BTF.V	蝶阀	CONDEN	冷凝器
AGL	角度	BUR	燃烧器、烧嘴	COND.	条件、情况
AGL.V	角阀(角式截止阀)	B.V	由制造厂(卖主)负责	OCNN	连接、管接头
ALT	高度、海拔	C	管帽	CONT	控制
ALUM.	铝	CAB	醋酸丁酸纤维素	CONTD	连接、续
ALY.STL.	合金钢	CAT	催化剂	CONT.V	控制阀
AMT	总量、总数	C.B	雨水井(池)、集水井(池)、滤污器	COP.	铜、紫铜
APPROX	近似的			CPE	氯化聚醚
ASB.	石棉	C/C(C-C)	中心到中心	CPMSS	综合管道材料表
ASPH.	沥青	CCN	用户变更通知	CPLG	联轴器、管箍、管接头
A.S.S	奥氏体不锈钢	C.D	密闭排放	CPVC	氯化聚氯乙烯
ATM	大气、大气压	C/E(C-E)	中心到端头(面)	C.S.	碳钢
AUTO	自动的	CEMLND	衬水泥的	CSC	关闭状态下铅封(未经允许不得开启)
AVG	平均的、平均值	CENT	离心式、离心力、离心机		
B	买方、买主	CERA.	陶瓷	CSO	开启状态下铅封(未经允许不得关闭)
BAR	气压计、气压表	C/F(C-F)	中心到面		
BA.V	球阀	CF	最终确认图纸资料	C.STL.	铸钢
B/B(B-B)	背至背	CG	重心	CSTG	铸造、铸件、浇注
B.B	买方负责	CH	冷凝液收集管	CTR	中心
BBL(bbl)	桶、桶装	CHA.OPER	链条操纵的	C.V	止回阀、单向阀
B.C	二者中心之间(中心距)	C.I.	铸铁	CYL	钢瓶、汽缸、圆柱体
BD.V	泄料阀、排污阀	CIRC	循环	D	密度
BF	盲法兰	CIRC.	圆周	D	驱动机、发动机
B.INST	由仪表(专业)负责	C.L(φ)	中心线	DAMP	调节挡板
BL	界区线范围、装置边界	CL	等级	DA.P	缓冲筒(器)
BLD	挡板、盲板	CLNC	间距、容积、间隙	DBL	双、复式的
BLC.V	切断阀	CND	水管、导道、管道	DC.	设计条件
B.M	基准点、水准	CNDS	冷凝液	DDI	详细设计版
BOM	材料表、材料单	C.O	清扫(口)、清除(口)	DEG	度、等级

缩写词	中 文 词 义	缩写词	中 文 词 义	缩写词	中 文 词 义
DF.	设计流量	FE	面到面	HC.	软管连接、软管接头
D.F	喷嘴式饮水龙头	F/F(F-F)	平面(全平面、满平面)	H.C.S	高碳钢
DH	分配管(蒸汽分配管)	FF	消防水龙带	HCV	手动控制阀
DIA	直径、通径	F.H	平盖	HDR	总管、主管、集合管
DIM	尺寸、量纲	FH	故障(能源中断)时阀处	HH	手孔
DISCH	排料、出口、排出		任意位置	HH	最高(较高)
DISTR	分配	FI	图	HLL	高液位
DIV	部分、分割、隔板	FIG.	故障(能源中断)时阀保	HOR	水平的、卧式的
DN	公称(名义)通径		持原位	H.P	高压
DN	下		(最终位置)	HPT	高点
DP.	设计压力	FL	楼板、楼面	HS	软管站(公用工程站、公
D.PT	露点	FL	法兰		用物料站)
DP.V	隔膜阀	FLG	法兰	HS	液压源
DR.	驱动、传动	FLGD	法兰式的	HS.C.I	高硅铸铁
DRN	排放、排水、排液	FL.PT	闪点	HS.V	软管阀
DSGN	设计	FMF	凹面	HT	高温
DSSS	设计规定汇总表	FO	故障(能源中断)时阀	HTR	加热器(炉)
DT.	设计温度		开启	HYR	液压操纵器
DV.V	换向阀	FOB	底平	ID	内径
DWG	图纸、制图	FOT	顶平	i.e	即、也就是
DWG NO	图号	FPC.V	翻板止回阀	IGR	点火器
E	东	FPRF	防火	INL.PMP	管道泵
E	内燃机	F.PT	冰点	IN	进口、入口
E	燃气机	FS	冲洗源	IN	输入
ECC	偏心的、偏心器(轮、盘、装置)	F.STL.	锻钢	INS	隔热、绝缘、隔离
ECC RED	偏心异径管	FS.V	冲洗阀	INST	仪表、仪器
E.F	电炉	FTF	管件直连	INSTL	装置、安装
EL	标高、立面	FTG	管件	INST.V	仪表阀
ELEC	电、电的	FT.V	底阀	INTMT	间歇的、断续的
EMER	事故、紧急	F.W.	现场焊接	IS.B.L	装置边界内侧
ENCL	外壳、罩、围墙	G(GENR)	发电机、动力发生机、发	JOB NO	项目号
EP	防爆		生器	KR	转向半径
EPDM	乙烯丙烯二烃单体	GALV	电镀、镀锌	L	长度、段、节、距离
EPR	乙丙橡胶	G.CI	灰铸铁	L	低
EQ	公式、方程式	GEN	一般的、通用的、总的	LN.BLD	管道盲板
E.S.S	紧急关闭系统	GL	玻璃	LNB.V	管道盲板阀
EST	估计	G.L	地面标高	LC	关闭状态下加锁(锁闭)
etc	等等	GL.V	截止阀	L.C.S	低碳钢
ETL	有效管长	G.OPER	齿轮操作器	LC.V	升降式止回阀
EXH	排气、抽空、取尽	GOV	调速器	LEP	大端为平的
EXIST	现有的、原有的	GR	等级、度	LET	大端带螺纹
EXP	膨胀	GRD	地面	LG	玻璃管(板)液位计
EXP.JT	伸缩器、膨胀节、补偿器	GRP	组、类、群	LIQ	液体
FBT.V	罐底排污阀	GR.WT	总(毛)重	LJF	松套法兰
FC	故障(能源中断)时阀关闭	GS	气体源	LL	最低(较低)
FD	法兰式的和碟形的(圆板形的)	GSKT	垫片、密封垫	LLL	低液位
		G.V	闸阀	LND	衬里
F.D	地面排水口、地漏法兰端部	H	高	LO	开启状态下加锁(锁开)
		HA.P	手摇泵	L.P	低压
		HAZ	热影响区	LPT	低点
		H.C	手工操作(控制)		

缩写词	中 文 词 义	缩写词	中 文 词 义	缩写词	中 文 词 义
L.R	载荷比	OC.	操作条件、工作条件	PT.V	柱塞阀
LR	长半径	OD	外径	P.V	旋塞阀
LTR	符号、字母、信	OET	一端制成螺纹（一端带螺纹）	PVC	聚氯乙烯
LUB	润滑油、润滑剂	OF.	操作流量、工作流量	PVCLND	聚氯乙烯衬里
M	电动机、马达、电动机执行机构	O/O(O-O)	总尺寸、外廓尺寸	PVDF	聚偏二氟乙烯
MACH	机器	OOC	坐标原点	Q CPLG	快速接头
MATL	材料、物质	OP.	操作压力、工作压力	QC.V	快闭阀
MAX	最大的	OPER	操作的、控制的、工作的	QO.V	快开阀
M.C.S	中碳钢	OPP	相对的、相反的	QTY	数量
MDL(M)	中间的、中等的、正中、当中	OR	外半径	R	半径
MF	凸面	ORF	孔板、小孔	RAD	辐射器、散热器
M&F	阳的与阴的（凸面和凹面）	OS.B.L	装置界面外侧	R.C	棒桶口（孔）
MH	人孔	OT.	操作温度、工作温度	RECP	贮罐、容器、仓库
M.I.	可锻铸铁	PA	聚酰胺	RED	异径管、减压器、还原器
MIN	最小的	PAP	管道布置平面	REGEN	再生器
M.L	接续线	PAR	平行的、并联的	REV	修改
MOL WT	分子量	PARA	段、节、款	RF	突面
MOV	电动阀	PB	聚丁烯	RFS	光滑突面
M.P.	中压	PB	按钮	R.H.	相对湿度
M.S.S.	马氏体不锈钢	PB STA	控制（按钮）站	RJ	环形接头（环接）
MTD	平均温差	PC	聚碳酸酯	RL.V	泄压阀
MTO	材料统计	PE	平端	RO	限流孔板
MW	最小壁厚	PE	聚乙烯	RP	爆破片
M.W	矿渣棉	P.F	永久过渡器	RS	升杆式（明杆）
N	北	PF	平台、操作台	RSP	可拆卸短管（件）
NB	公称孔径	PFD	工艺流程图	RUB LND	衬橡胶
NC	美国标准粗牙螺纹	PG	塞子、丝堵、栓	RV	减压阀
N.C	正常状态下关闭	PI	交叉点	S	取样口、取样点
N.C.I.	球墨铸铁	P&ID	管道仪表流程图	S	卖方、卖主
NF	美国标准细牙螺纹	P.IR.	生铁	S.	壳体、壳程、壳层
NIL	正常界面	PL	板、盘	S	南
NIP	管接头、螺纹管接头	PLS	塑料	S	特殊（伴管）
NLL	正常液位	PMMA	聚甲基丙烯酸甲酯	SA.V	取样阀
N.O	正常状态下开启	PN	公称压力	SC	取样冷却器
NOM	名义上的、公称的、额定的	PNEU	气动的、气体的	SCH.NO	壁厚系列号
NO.PKT	不允许出现袋形	PN.V	夹套式胶管阀（用于泥浆粉尘等）	SCRD	螺纹、螺旋
NOR	正常的、正规的、标准的	PO	聚烯烃	SECT	剖面图、部分、章、段、节
NOZ	喷嘴、接管嘴	POS	支承点	SEP	小端为平的
NPS	国标管径	PP	聚丙烯	SET	小端带螺纹
NPS	美国标准直管螺纹	P.PROT	人员保护	S.EW	安全洗眼器
NPSHA	净（正）吸入压头有效值	PRESS(P)	压力	S.EW.S	安全喷淋洗眼器
NPSHR	净（正）吸入压头必需值	PS	聚苯乙烯	SG	视镜
NPT	美国标准锥管螺纹	P.SPT	管架	SH.ABR	减震器、振动吸收器
NS	氮源	PSR	项目进展情况报告	SK	草图、示意图
NUM	号码、数目	PSSS	订货单、采购说明汇总表	SLR	消声器
N.V	针形阀	PT	点	SL.V	滑阀
		PTFE	聚四氟乙烯	SN.	锻制螺纹短管
				SNR	缓冲器、锚链制止器、掏槽眼、减震器

缩写词	中 文 词 义	缩写词	中 文 词 义	缩写词	中 文 词 义
SO.	蒸汽吹出(清除)	T	蒸汽疏水阀	V	制造商、卖主
SP	特殊件	T.	管子、管程、管层	VAC	真空
SP.	静压	T&B	顶和底	VARN	清漆
S.P.	设定点	T/B(T-B)	顶到底	VBK	破真空(阀)
S.P	设定压力、整定压力	TE	螺纹端	VCM	厂商协调会
SPEC	说明、规格特性、明细表	TEMP(T)	温度	VEL	速度
SP GR	相对密度(比重)	THD	螺纹的	VERT	垂直的、立式、垂线
SP HT	比热容	THK	厚度	VISC	黏度
SR	苯乙烯橡胶	TIT.	钛	VIT	玻璃状的、透明的
S.S	安全喷淋器	TL	切线	VOL	体积、容量、卷、册
S.S.	不锈钢	TL/TL(TL-TL)	切线到切线	VT	放空
SS	蒸汽源	TOP	顶、管顶	V.T	缸瓦质、陶瓷质
ST	蒸汽伴热	TOS	架顶面、钢结构顶面	VTH	放气孔、通气孔
ST.	蒸汽(透平)	TR.V	节流阀	VT.V	放空阀
STD	标准	T.S	临时过滤器	W	西
S.TE	T形结构	TURB	透平机、涡轮机、汽轮机	WD	宽度、幅度、阔度
STL.	钢			WE	随设备(配套)供货
STM	蒸汽	U.C	公用工程连接口(公用物料连接口)	W.I	熟(锻)铁
STR	过滤器	UFD	公用工程流程图(公用物料流程图)	W.LD	工作荷载、操作荷载
SUCT	吸入、入口			WNF	对焊法兰
SV	安全阀	UG(U)	地、地下	WP	全天候、防风雨的
SW	承插焊的	UH	单元加热器、供热机组	W.P.	工作点、操作的
SW	开关			WS	水源
SYM	对称的	UN	活接头、联合、结合	WT	壁厚
SYMB	符号、信号			WT.	重量
T	T形、三通	V	阀	XR	X射线

附录3 管道及仪表流程图中设备、机器图例

(HG/T 20519—2009)

类别	代号	图 例
塔	T	填料塔　　板式塔　　喷洒塔

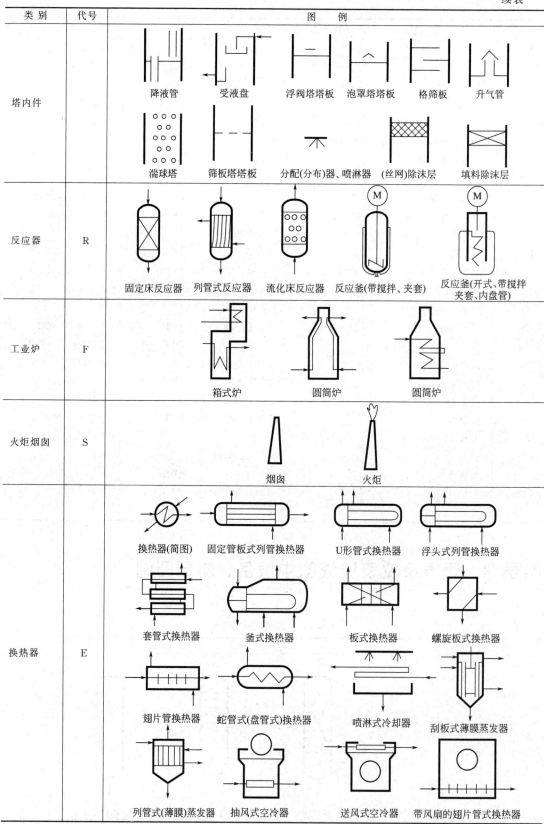

类别	代号	图 例
塔内件		降液管　受液盘　浮阀塔塔板　泡罩塔塔板　格筛板　升气管 湍球塔　筛板塔塔板　分配(分布)器、喷淋器　(丝网)除沫层　填料除沫层
反应器	R	固定床反应器　列管式反应器　流化床反应器　反应釜(带搅拌、夹套)　反应釜(开式、带搅拌夹套、内盘管)
工业炉	F	箱式炉　圆筒炉　圆筒炉
火炬烟囱	S	烟囱　火炬
换热器	E	换热器(简图)　固定管板式列管换热器　U形管式换热器　浮头式列管换热器 套管式换热器　釜式换热器　板式换热器　螺旋板式换热器 翅片管换热器　蛇管式(盘管式)换热器　喷淋式冷却器　刮板式薄膜蒸发器 列管式(薄膜)蒸发器　抽风式空冷器　送风式空冷器　带风扇的翅片管式换热器

类别	代号	图 例
泵	P	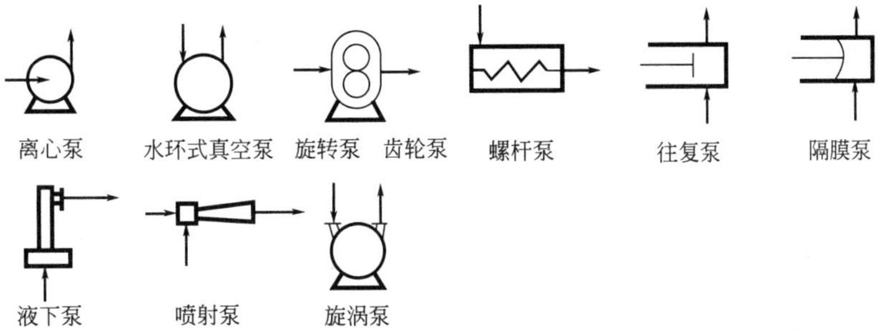 离心泵　水环式真空泵　旋转泵　齿轮泵　螺杆泵　往复泵　隔膜泵 液下泵　喷射泵　旋涡泵
压缩机	C	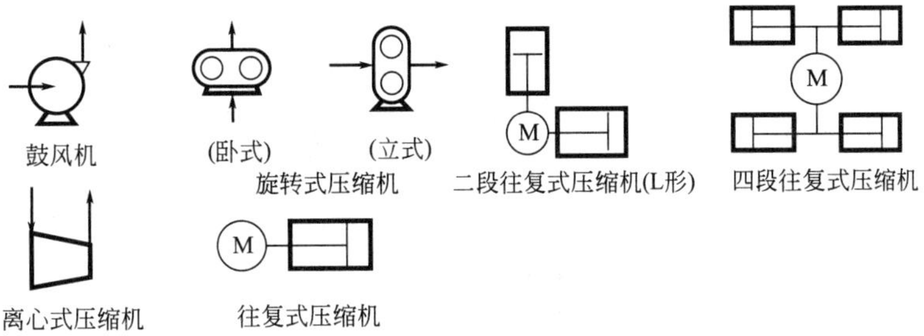 鼓风机　(卧式)　(立式)　旋转式压缩机　二段往复式压缩机(L形)　四段往复式压缩机 离心式压缩机　往复式压缩机
容器	V	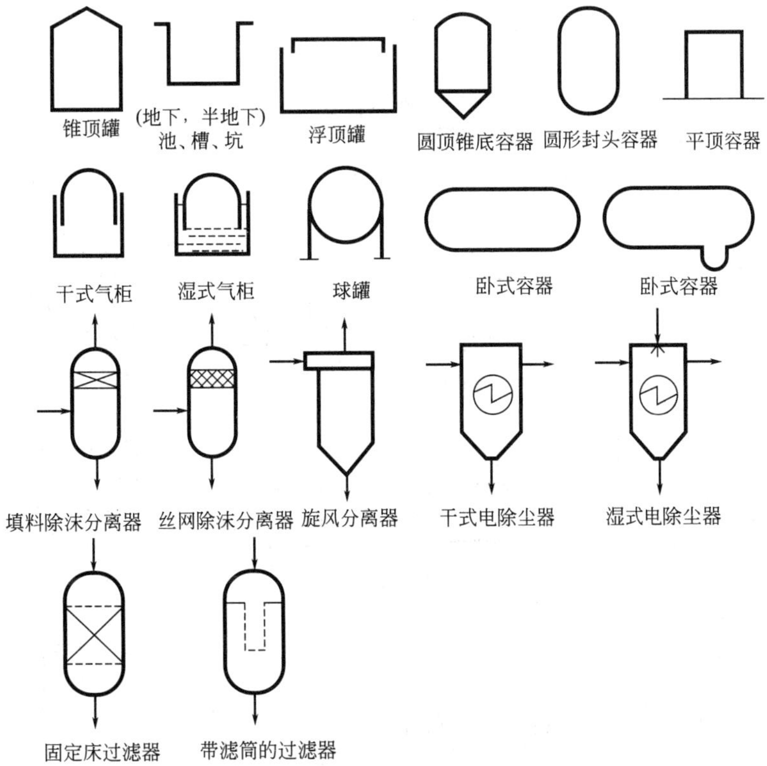 锥顶罐　(地下，半地下)池、槽、坑　浮顶罐　圆顶锥底容器　圆形封头容器　平顶容器 干式气柜　湿式气柜　球罐　卧式容器　卧式容器 填料除沫分离器　丝网除沫分离器　旋风分离器　干式电除尘器　湿式电除尘器 固定床过滤器　带滤筒的过滤器

类别	代号	图　例
设备内件、附件		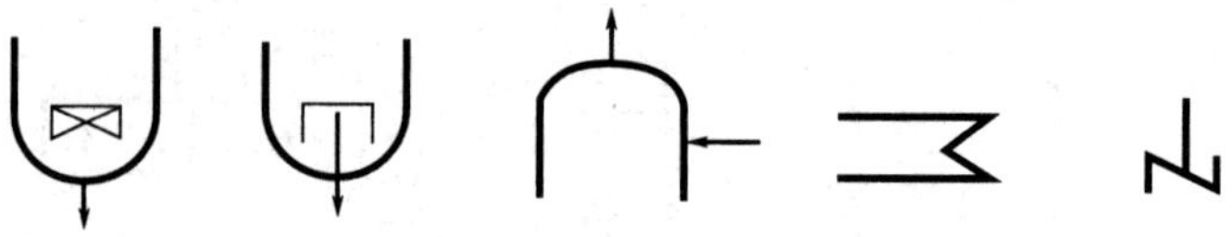 防涡流器　　插入管式防涡流器　　防冲板　　加热或冷却部件　　搅拌器
起重运输机械	L	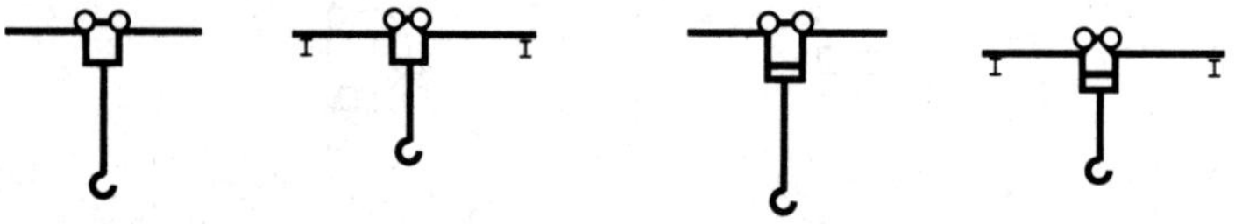 手拉葫芦(带小车)　　单梁起重机(手动)　　电动葫芦　　单梁起重机(电动) 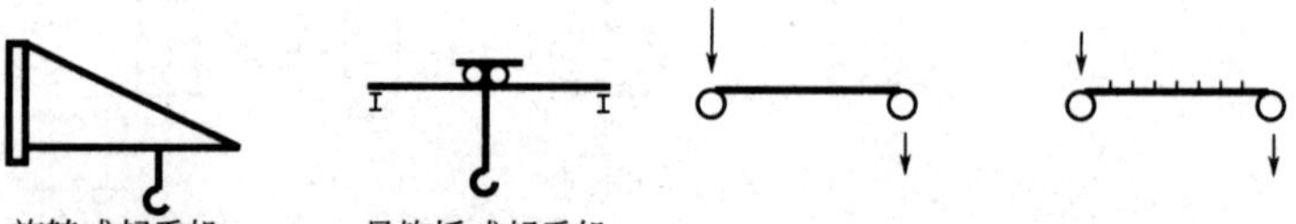 旋转式起重机悬臂式起重机　　吊钩桥式起重机　　带式输送机　　刮板输送机 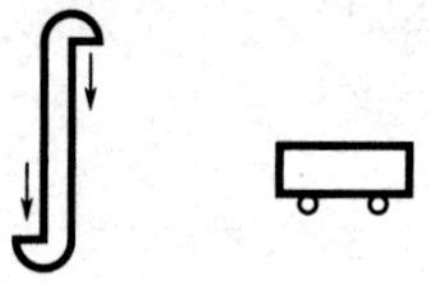 斗式提升机　　手推车
称量机械	W	带式定量给料秤　　　　　　　　　　地上衡
其他机械	M	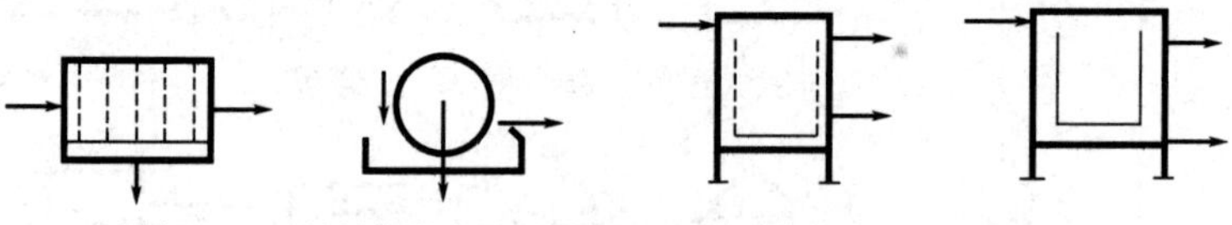 压滤机　　转鼓式(转盘式)过滤机　　有孔壳体离心机　　无孔壳体离心机 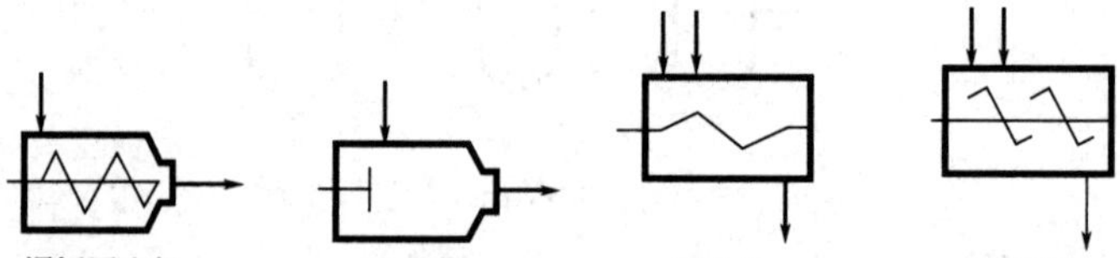 螺杆压力机　　挤压机　　揉合机　　混合机
动力机	MESD	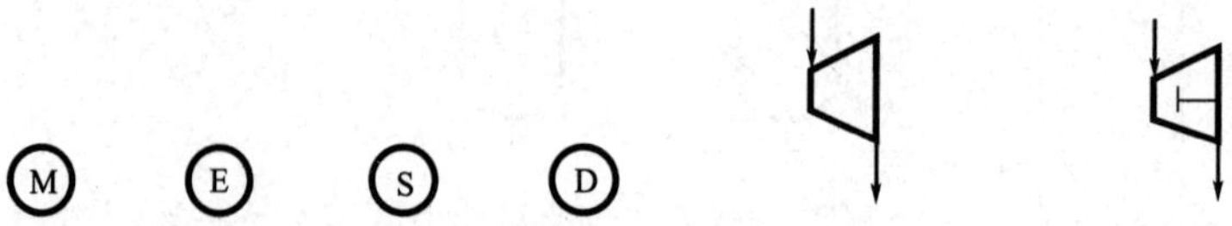 Ⓜ　Ⓔ　Ⓢ　Ⓓ　离心式膨胀机、透平机　活塞式膨胀机 电动机　内燃机、燃气机　汽轮机　其他动力机

附录4 管道及仪表流程图中管道、管件、阀门及管道附件图例

（HG/T 20519—2009）

名 称	图 例	备 注
主物料管道		粗实线
次要物料管道,辅助物料管道		中粗线
引线、设备、管件、阀门、仪表图形符号和仪表管线等		细实线
原有管道(原有设备轮廓线)		管线宽度与其相接的新管线宽度相同
地下管道(埋地或地下管沟)		
蒸汽伴热管道		
电伴热管道		
夹套管	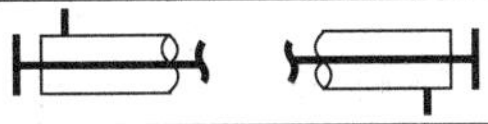	夹套管只表示一段
管道绝热层		绝热层只表示一般
翅片管		
柔性管		
管道相接		
管道交叉(不相连)		
地面		仅用于绘制地下,半地下设备
管道等级管道编号分界	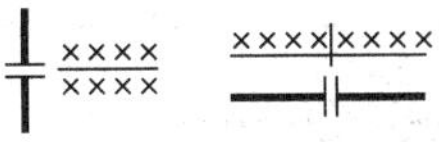 ×××× ××××	××××表示管道编号或管道等级代号
责任范围分界线	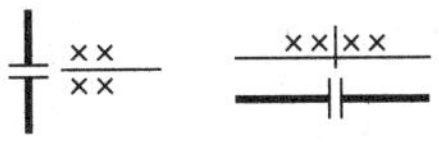 ×× ××	WE 随设备成套供应 B.B 买方负责;B.V 制造厂负责; B.S 卖方负责;B.I 仪表专业负责
绝热层分界线	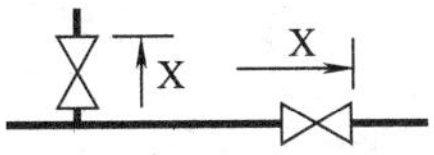 X X	绝热层分界线的标识字母"X"与绝热层功能类型代号相同
伴管分界线	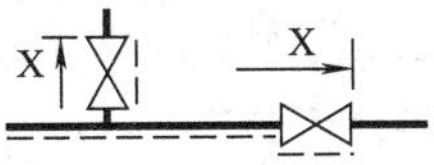 X X	伴管分界线的标识字母"X"与伴管的功能类型代号相同
流向箭头		
坡度	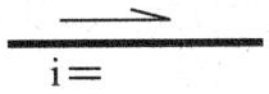 i=	

名　　称	图　例	备　注
进、出装置或主项的管道或仪表信号线的图纸接续标志,相应图纸编号填在空心箭头内	进 出	尺寸单位:mm 在空心箭头上方注明来或去的设备位号或管道号或仪表位号
同一装置或主项内的管道或仪表信号线的图纸接续标志,相应图纸编号填在空心箭头内	进 出	尺寸单位:mm 在空心箭头附件注明来或去的设备位号或管道号或仪表位号
修改标记符号	△1	三角形内的"1"表示为第一次修改
修改范围符号		云线用细实线表示
取样、特殊管(阀)件的编号框	Ⓐ Ⓢⱽ ⓈP	A:取样;SV:特殊阀门; SP:特殊管件;圆直径:10mm
闸阀		
截止阀		
节流阀		
球阀		圆直径:4mm
旋塞阀		圆黑点直径:2mm
隔膜阀		
角式截止阀		
角式节流阀		
角式球阀		
三通截止阀		
三通球阀		

名　　称	图　　例	备　　注
三通旋塞阀		
圆通截止阀		
四通球阀		
四通旋塞阀		
止回阀		
柱塞阀		
蝶阀		
减压阀		
角式弹簧安全阀		阀出口管为水平方向
角式重锤安全阀		阀出口管为水平方向
直流截止阀		
疏水阀		
插板阀		
底阀		
针形阀		
呼吸阀		
带阻火器呼吸阀		
阻火器		
视镜、视钟		

名　　称	图　　例	备　　注
消声器		在管道中
消声器		放大气
爆破片		真空式　　压力式
限流孔板	R0（多板）　　R0（单板）	圆直径：10mm
喷射器		
文氏管		
Y 型过滤器		
锥型过滤器		方框 5mm×5mm
T 型过滤器		方框 5mm×5mm
罐式（篮式）过滤器		方框 5mm×5mm
管道混合器		
膨胀节		
喷淋管		
焊接连接		仅用于表示设备管口与管道为焊接连接
螺纹管帽		
法兰连接		
软管接头		
管端盲板		
管端法兰（盖）		
阀端法兰（盖）		
管帽		

名　　称	图　　例	备　　注
阀端丝堵		
管端丝堵		
同心异径管		
偏心异径管	(底平)　　　　　(顶平)	
圆形盲板	(正常开启)　　　(正常关闭)	
8字盲板	(正常关闭)　　　(正常开启)	
放空管（帽）	(帽)　　　　　　(管)	
漏斗	(敞口)　　　　　(封闭)	
鹤管		
安全淋浴器		
洗眼器		
安全喷淋洗眼器		
截止阀	C.S.O	未经批准,不得关闭（加锁或铅封）
	C.S.C	未经批准,不得开启（加锁或铅封）

附录 5 管道布置图和轴测图上管子、管件、阀门及管道特殊件图例

(HG/T 20519—2009)

名　称		管道布置图		轴侧图
		单　线	双　线	
管子				
现场焊		F.W	F.F	
伴热管（虚线）				
夹套管（举例）				
地下管道（与地上管道合画一张图时）				
异径法兰（举例）	螺纹、承插焊、滑套	80×50	80×50	80×50
	对焊	80×50	80×50	80×50
法兰盖	与螺纹、承插焊或滑套法兰相接			
	与对焊法兰相接			
同心异径管（举例）	螺纹或承插焊	C. R80×25		C.R80×25
	对焊	C. R80×50	C. R80×50	C. R80×50
	法兰式	C. R80×50	C. R80×50	C. R80×50
偏心异径管（举例）	螺纹或承插焊 平面	E.R25×20 FOB ／ E.R25×20 FOT		E.R25×20 FOB ／ E.R25×20 FOT
	螺纹或承插焊 立面	E.R25×20 FOB ／ E.R50×20 FOT		
	对焊 平面	E.R80×50 FOB ／ E.R80×50 FOT	E.R80×50 FOB(FOT)	E.R80×50 FOB ／ E.R80×50 FOT
	对焊 立面	E.R50×20 FOT ／ E.R80×50 FOT	E.R80×50 FOB ／ E.R80×50 FOT	

名　　称			管 道 布 置 图			轴 侧 图	
			单　　线		双　　线		
偏心异径管（举例）	法兰式	平面	E.R80×50 FOB	E.R80×50 FOT	E.R80×50 FOB(FOT)	E.R80×50 FOB	E.R80×50 FOT
		立面	E.R80×50 FOB	E.R80×50 FOT	E.R80×50 FOB	E.R80×50 FOT	
90°弯头	螺纹或承插焊连接						
	对焊连接						
	法兰连接						
45°弯头	螺纹或承插焊连接						
	对焊连接						
	法兰连接						
U型弯头	对焊连接						
	法兰连接						

名 称		管 道 布 置 图		轴 侧 图
		单 线	双 线	
斜接弯头 （举例）				
		(仅用于小角度斜接弯)		
三通	螺纹或承插焊连接			
	对焊连接			
	法兰连接			
斜三通	螺纹或承插焊连接			
	对焊连接			
	法兰连接			
焊接支管	不带加强板			
	带加强板			

名　　称		管 道 布 置 图		轴 侧 图
		单　　线	双　　线	
半管接头及支管台	螺纹或承插焊连接			
	对焊连接		（用于半管接头或支管台） （用于支管台）	
四通	螺纹或承插焊连接			
	对焊连接			
	法兰连接			
管帽	螺纹或承插焊连接			
	对焊连接			
	法兰连接			
堵头	螺纹连接	DNXX　　DNXX		
螺纹或承插焊管接头				
螺纹或承插焊活接头				

名 称		管 道 布 置 图		轴侧图
		单 线	双 线	
软管接头	螺纹或承插焊连接			
	对焊连接			
快速接头	阳			
	阴			

名 称	管 道 布 置 图 各 视 图			轴侧图	备注
闸阀					
截止阀					
角阀					
节流阀					
"Y"型阀					
球阀					
三通球阀					
旋塞阀 (COCK 及 PLUG)					

名　称	管　道　布　置　图　各　视　图			轴侧图	备注
三通旋塞阀					
三通阀					
对夹式蝶阀					
法兰式蝶阀					
柱塞阀					
止回阀					
切断式止回阀					
底阀					
隔膜阀					
"Y"型隔膜阀					
放净阀					

名　称	管　道　布　置　图　各　视　图			轴侧图	备注
夹紧式胶管阀					
夹套式阀					
疏水阀					
减压阀					
弹簧式安全阀					
双弹簧式安全阀					
杠杆式安全阀					杠杆长度应按实物尺寸的比例画出

非 法 兰 的 端 部 连 接

名　称	螺纹或承插焊连接		对焊连接		备注
	单　线	双　线	单　线	双　线	
闸阀					
截止阀					

名　称	传　动　结　构			轴侧图	备注
	管道布置图各视图				
电动式					1. 传动结构型式适合于各种类型的阀门 2. 传动结构应按实物的尺寸比例画出，以免与管道或其他附件相碰 3. 点画线表示可变部分
气动式					
液压或气压缸式					
正齿轮式					
伞齿轮式					
伸长杆用于楼面 — 普通手动阀门					
伸长杆用于楼面 — 正齿轮式阀门					
链轮阀					

名　称	管道布置图		轴侧图	备注
	单　线	双　线		
漏斗				带盖的漏斗画法
视镜				玻璃管式视镜画法举例

名　称	管 道 布 置 图		轴侧图	备注
	单　线	双　线		
波纹膨胀节				
球形补偿器				也可根据安装时的旋转角表示
填函式补偿器				
爆破片				
限流孔板　对焊式	RO	RO	RO	
限流孔板　对夹式	RO	RO	RO	
插板及垫环				
8字盲板				● 正常通过　　○ 正常切断
阻火器				
排液环				
临时粗滤器				

名 称	管 道 布 置 图		轴侧图	备注
	单 线	双 线		
Y 型粗滤器		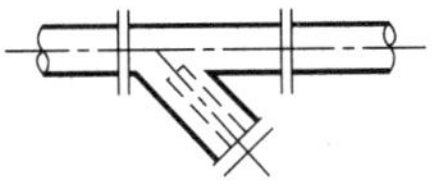	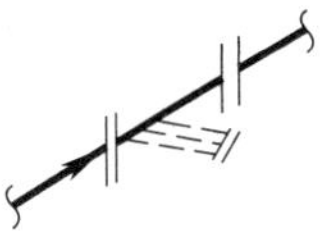	
T 型粗滤器	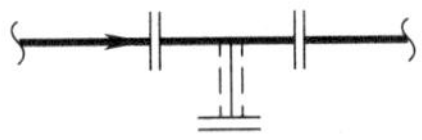	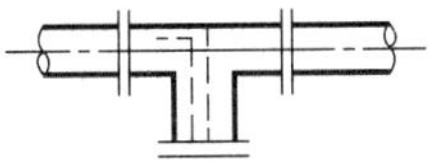	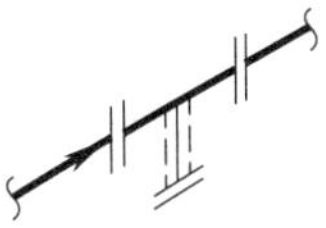	
软管		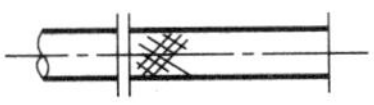		
喷头	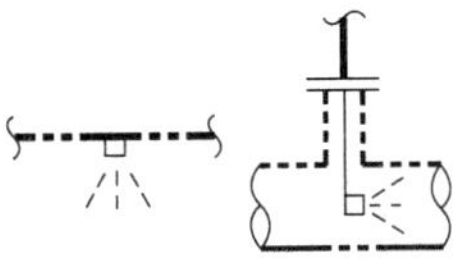	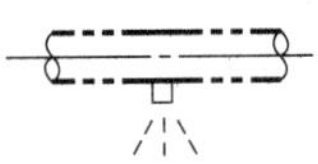	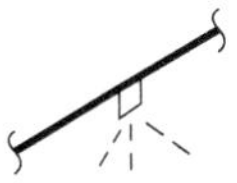	
洗眼器及淋浴		EW（平面图） 立面图按简略外形图		

注：1. C.R——同心异径管；
   　　E.R——偏心异径管；
   　　FOB——底平；
   　　FOT——顶平。
2. 其他未画视图按投影相应表示。
3. 点画线表示可变部分。
4. 轴测图图例均为举例，可按实际管道走向作相应的表示。
5. 消声器及其他未规定的特殊件可按简略外形表示。

附录6　设备布置图图例及简化画法

（HG 20519—2009）

名 称	图 例	备 注
方向标	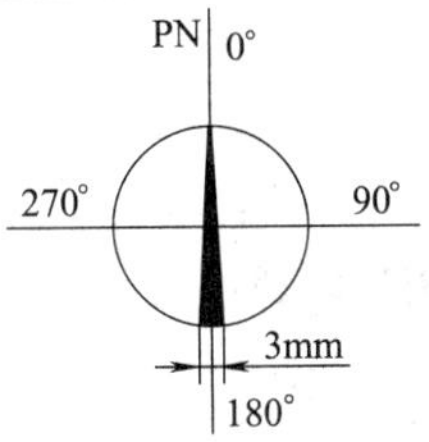	圆直径为 20mm
砾石（碎石）地面	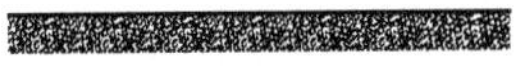	

名　称	图　例	备　注
素土地面		
混凝土地面		
钢筋混凝土		
安装孔、地坑		剖面涂红色或填充灰色
电动机	M	
圆形地漏		
仪表盘、配电箱		
双扇门		剖面涂红色或填充灰色
单扇门		剖面涂红色或填充灰色
空门洞		剖面涂红色或填充灰色
窗		剖面涂红色或填充灰色
栏杆	平面　　　立面	
花纹钢板	局部表示网格线	
算子板	局部表示算子	
楼板及混凝土梁		剖面涂红色或填充灰色
钢梁		剖面涂红色或填充灰色

名　称	图　例	备　注
楼梯		
直梯	平面　　　　　立面	
地沟混凝土盖板		
柱子	混凝土柱　　钢柱	剖面涂红色或填充灰色
管廊		按柱子截面形状表示
单轨吊车	平面　　　　　立面	
桥式起重机	平面　　　　　立面	
悬臂起重机	平面　　　　　立面	
旋臂起重机	平面　　　立面	
铁路	平面	线宽 0.6mm
吊车轨道及安装梁	平面　　　　　　T.B.	
平台和平台标高	FLXXXX	
地沟坡度和标高	i=XXXX　　　　ELXXXX	

序号	名　称	图　例	说　明
1	新设计的建筑物	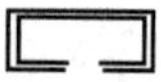	1. 比例小于 1：2000 不画出入口 2. 需要时可在右上角以点数或数字表示层数
2	原有的建筑物	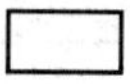	在设计中要利用者均应编号说明
3	计划扩建的预留地或建筑物	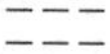	用细虚线
4	拆除的建筑物	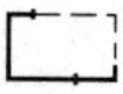	
5	地下建筑物或构筑物	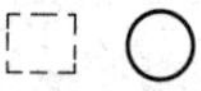	用粗虚线
6	建筑物下面的通道	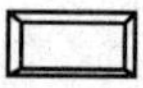	
7	散式材料露天堆场	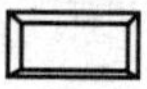	
8	其他材料露天堆场或作业场	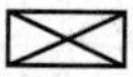	
9	铺砌场地	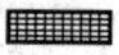	
10	敞棚或敞廊	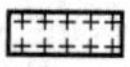	
11	露天桥式吊车	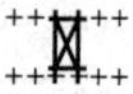	
12	龙门吊车	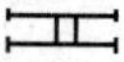	
13	漏斗式贮仓	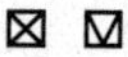	左图底卸式,右图侧卸式
14	冷却塔	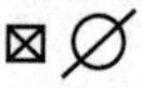	左图方形,右图圆形
15	贮罐或水塔	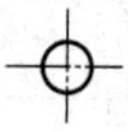	
16	烟囱	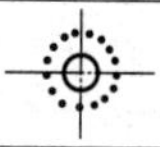	必要时可写烟囱高度,用细实线表示烟囱基础
17	围墙及大门	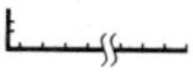	—
18	挡土墙	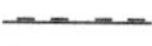	被挡土在突出一侧
19	台阶	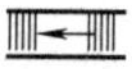	箭头方向表示下坡
20	斜坡卷扬机道	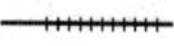	
21	斜坡栈桥	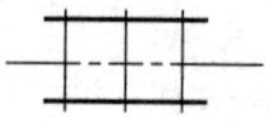	细实线表示支架中心线位置
22	露天单轨吊车	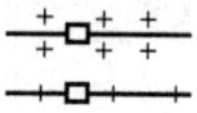	"＋"表示支座位置
23	架空索道	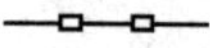	方框表示支架位置

序号	名　称	图　例	说　明
24	坐标	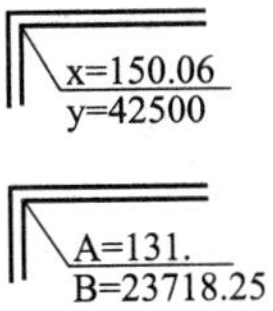 x=150.06 y=42500 A=131. B=23718.25	上图表示测量坐标 下图表示建筑坐标
25	洪水淹没线	 ――――――	洪水最高水位以文字标注
26	地表排水方向	 ///↗	
27	截水沟或排洪沟	 6 40.00	6 表示 6‰沟底坡度,40.00 表示变坡点间距离,箭头为水流向
28	排水明沟	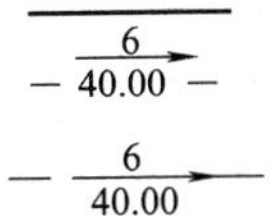 6 40.00 6 40.00	上图用于比例较大图面 下图用于比例较小图面
29	沟底标高	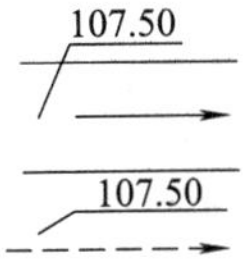 107.50 107.50	上图用大比例图 下面用于小比例图面中
30	有盖排水沟	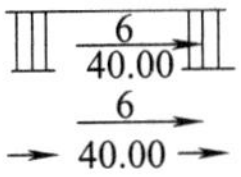 6 40.00 6 40.00	上图用于比例较大图面 下图用于比例较小图面
31	急流槽	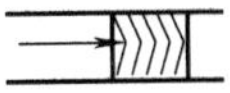	箭头表水流方向
32	跌水	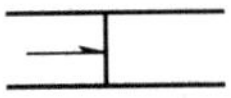	箭头表水流方向
33	分水脊线和谷线		上图为脊线,下图为谷线
34	雨水井		
35	室内地坪标高	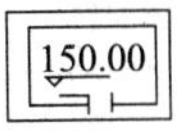 150.00	
36	室外地坪标高	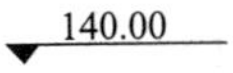 ▼ 140.00	
37	设计的填挖边坡		边坡较大时可在两端或一端局部表示
38	护坡		边坡较大时可在两端或一端部表示
39	方格网交叉点标高	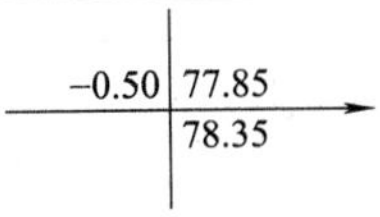 −0.50 | 77.85 78.35	78.35 为原地面标高,77.85 为设计标高,−0.50 施工高度
40	填方区挖方区未整平区及零点线	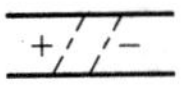 +／／／−	"+"为填方,"−"为挖方,中间为未平整区,点划线为零点线

序号	名　称	图　例	说　明
41	新设计的道路	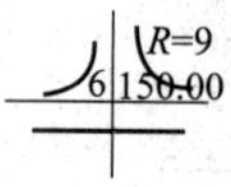 $R=9$ 6 150.00	1. R 为道路转弯半径 2. 150.00 表示路面中心标高 3. 6 表示 6% 或 6‰纵坡度
42	原有的道路		
43	计划的道路	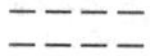	
44	人行道	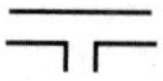	
45	桥梁	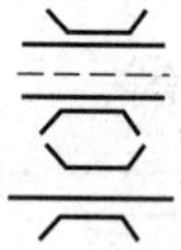	公路桥 铁路桥
46	旱桥	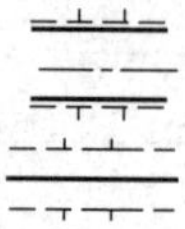	公路旱桥 铁路旱桥
47	跨线桥		公路桥在上 铁路桥在上
48	平交桥	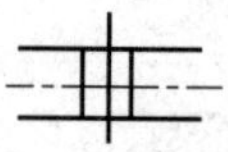	中间长方形部分在底图背面涂红
49	涵洞涵管	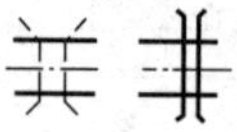	左图用于比例较大的图面,右图用于比例较小的图面
50	平直线隧道	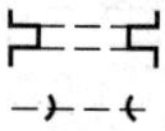	下图为铁路隧道
51	码头	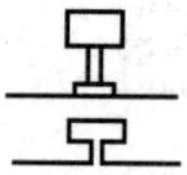	上图为浮码头 下图为固定码头,新建用粗实线,原有用细实线,计划扩建用细虚线,拆除的用细实线加"×"
52	透水路堤	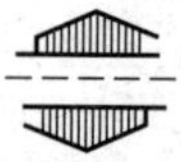	
53	过水路面	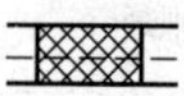	
54	坑槽及池类	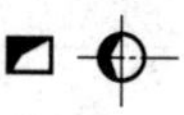	
55	原有内围墙	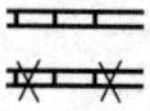	上图表示原有围墙 下图表示拆除的围墙

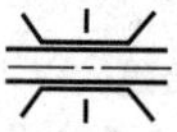

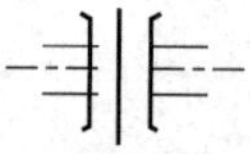

附录 9 管道、管件及阀门等的重要结构参数

9.1 常用无缝钢管外径、壁厚、允许工作压力及单位重量

公称直径	外径/mm	壁厚/mm	允许工作压力[①]/MPa	重量/(kg/m)	公称直径	外径/mm	壁厚/mm	允许工作压力[①]/MPa	重量/(kg/m)
10	14	3	10.0	0.81	65	76	4	4.0	7.10
15	18	3	10.0	1.11	80	89	4	4.0	8.38
20	25	3	6.0	1.63	100	108	4	2.5	10.2
25	32	3.5	8.0	2.46	125	133	4	2.5	12.7
32	38	3.5	6.0	2.98	150	159	4.5	2.5	17.1
40	45	3.5	6.0	3.58	200	219	6	2.5	31.5
50	57	3.5	4.0	4.62	250	273	8	4.0	52.2

① 指 20 号钢在 ≤300℃ 下的工作压力。

9.2 弯头

45°弯头

90°弯头

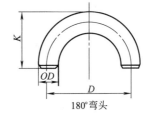
180°弯头

长半径弯头尺寸系列表 单位：mm

公称直径		尺寸				不同壁厚下的理论质量(90°弯头)					
DN	NPS	A	B	D	K	5S	10S	Std	Sch40	XS	Sch80
15	1/2	38	16	76	48	0.05	0.06	0.08	0.08	0.10	0.10
20	3/4	38	16	76	51	0.06	0.08	0.11	0.08	0.10	0.10
25	1	38	16	76	56	0.08	0.13	0.15	0.15	0.19	0.19
32	1¼	48	20	95	70	0.13	0.21	0.25	0.25	0.33	0.33
40	1½	57	24	114	83	0.17	0.28	0.36	0.36	0.49	0.49
50	2	76	32	152	106	0.29	0.47	0.65	0.65	0.90	0.90
65	2½	95	40	191	132	0.57	0.83	1.36	1.29	1.71	1.71
80	3	114	47	229	159	0.80	1.17	2.03	2.03	2.74	2.74
90	3½	133	55	267	184	1.08	1.57	2.74	2.74	3.82	3.82
100	4	152	63	305	210	1.39	2.03	3.85	3.85	5.34	5.34
125	5	190	79	381	262	2.82	3.45	6.51	6.51	8.27	8.27
150	6	229	95	457	313	3.85	4.69	10.1	10.1	15.3	15.3
200	8	305	126	610	414	7.15	8.65	20.4	20.4	30.9	30.9
250	10	381	158	762	518	13.7	16.7	36.1	36.1	48.8	57.3
300	12	457	189	914	619	226	260	531	578	70.0	94.7
350	14	533	221	1067	711	29.0	34.7	68.1	79.2	90.0	132
400	16	610	253	1219	813	39.9	45.5	89.3	118	118	195

公称直径		尺寸				不同壁厚下的理论质量(90°弯头)					
DN	NPS	A	B	D	K	5S	10S	Std	Sch40	XS	Sch80
450	18	686	284	1372	914	50.5	57.7	113	168	150	274
500	20	762	316	1524	1016	71.3	81.5	140	219	186	372
550	22	838	347	1676	1118	86.3	98.8	170	—	225	492
600	24	914	379	1829	1219	118	137	202	366	269	634
650	26	991	410	—	—	—	—	238	—	316	—
700	28	1067	442	—	—	—	—	276	—	367	—
750	30	1143	473	—	—	214	264	318	—	421	—
800	32	1219	505	—	—	—	—	362	656	480	—
850	34	1295	537	—	—	—	—	408	742	542	—

9.3 异径管

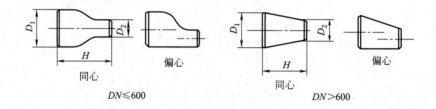

异径管尺寸系列表

公称直径		长度 H	不同壁厚下的理论质量/kg					
DN	NPS	/mm	5S	10S	Std	Sch40	XS	Sch80
50×25	2×1	76	0.17	0.27	0.41	0.41	0.56	0.56
50×32	2×1¼				0.41		0.56	
50×40	2×1½				0.41		0.56	
65×32	2½×1¼	89	0.30	0.43	0.77	0.77	1.01	1.01
65×40	2½×1½				0.77		1.01	
65×50	2½×2				0.77		1.01	
80×40	3×1½	89	0.37	0.53	1.00	1.00	1.36	1.36
80×50	3×2				1.00		1.36	
80×65	3×2½				1.00		1.36	
100×50	4×2	102	0.57	0.82	1.63	1.63	2.27	2.27
100×65	4×2½				1.63		2.27	
100×80	4×3				1.63		2.27	

9.4 板式平焊法兰

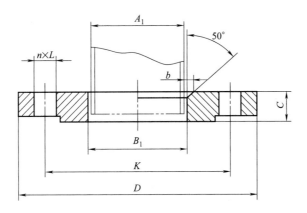

PN6 板式平焊钢制法兰尺寸表　　　　　单位：mm

公称尺寸 DN	钢管外径 A_1		连接尺寸					法兰厚度 C	法兰内径 B_1	
	A	B	法兰外径 D	螺栓孔中心圆直径 K	螺栓孔直径 L	螺栓孔数量 n/个	螺栓 Th		A	B
10	17.2	14	75	50	11	4	M10	12	18	15
15	21.3	18	80	55	11	4	M10	12	22.5	19
20	26.9	25	90	65	11	4	M10	14	27.5	26
25	33.7	32	100	75	11	4	M10	14	34.5	33
32	42.4	38	120	90	14	4	M12	16	43.5	39
40	48.3	45	130	100	14	4	M12	16	49.5	46
50	60.3	57	140	110	14	4	M12	16	61.5	59
65	76.1	76	160	130	14	4	M12	16	77.5	78
80	88.9	89	190	150	18	4	M16	18	90.5	91
100	114.3	108	210	170	18	4	M16	18	116	110
125	139.7	133	240	200	18	8	M16	20	143.5	135
150	168.3	159	265	225	18	8	M16	20	170.5	161
200	219.1	219	320	280	18	8	M16	22	221.5	222
250	273	273	375	335	18	12	M16	24	276.5	276
300	323.9	325	440	395	22	12	M20	24	328	328
350	355.6	377	490	445	22	12	M20	26	360	381
400	406.4	426	540	495	22	16	M20	28	411	430
450	457	480	595	550	22	16	M20	30	462	485
500	508	530	645	600	22	20	M20	30	513.5	535
600	610	630	755	705	26	20	M24	32	616.5	636

PN10 板式平焊钢制法兰尺寸表　　　　　　　　　　单位：mm

公称尺寸 DN	钢管外径 A₁		连接尺寸					法兰厚度 C	法兰内径 B₁	
	A	B	法兰外径 D	螺栓孔中心圆直径 K	螺栓孔直径 L	螺栓孔数量 n/个	螺栓 Th		A	B
10	17.2	14	90	60	14	4	M12	14	18	15
15	21.3	18	95	65	14	4	M12	14	22.5	19
20	26.9	25	105	75	14	4	M12	16	27.5	26
25	33.7	32	115	85	14	4	M12	16	34.5	33
32	42.4	38	140	100	18	4	M16	18	43.5	39
40	48.3	45	150	110	18	4	M16	18	49.5	46
50	60.3	57	165	125	18	4	M16	18	61.5	59
65	76.1	76	185	145	18	8	M16	20	77.5	78
80	88.9	89	200	160	18	8	M16	20	90.5	91
100	114.3	108	220	180	18	8	M16	22	116	110
125	139.7	133	250	210	18	8	M16	22	143.5	135
150	168.3	159	285	240	22	8	M20	24	170.5	161
200	219.1	219	340	295	22	8	M20	24	221.5	222
250	273	273	395	350	22	12	M20	26	276.5	276
300	323.9	325	445	400	22	12	M20	26	328	328
350	355.6	377	505	460	22	16	M20	28	360	381
400	406.4	426	565	515	26	16	M24	32	411	430
450	457	480	615	565	26	20	M24	36	462	485
500	508	530	670	620	26	20	M24	38	513.5	535
600	610	630	780	725	30	20	M27	42	616.5	636

9.5　阀门的结构长度

闸阀的结构长度　　　　　　　　　　单位：mm

公称直径 DN	公称压力/MPa							公称直径 DN	公称压力/MPa						
	PN1.0/1.6 (PN2.0/2.5)	PN 2.5/4 (PN5)	仅适用于PN 2.5	(PN 4)	(PN 10)	PN 6.4/10	PN 16		PN1.0/1.6 (PN2.0/2.5)	PN 2.5/4 (PN5)	仅适用于PN 2.5	(PN 4)	(PN 10)	PN 6.4/10	PN 16
	结构长度								结构长度						
	短	长		常　规					短	长		常　规			
10	102		—		—	—		—	50	178	250	216	250	216	292	250	300
15	108		140		140	165		170	65	190	270	241	270	241	330	280	340
20	117	—	152	—	152	190		190	80	203	280	283	280	283	356	310	390
25	127		165		165	216		210	100	229	300	305	300	305	432	350	450
32	140		178		178	229		230	125	254	325	381	325	381	508	400	525
40	165	240	190	240	190	241		260	150	267	350	403	350	403	559	450	600

公称直径 DN	公称压力/MPa							公称直径 DN	公称压力/MPa						
	PN1.0/1.6 (PN2.0/2.5)	PN2.5/4 (PN5)	仅适用于 PN2.5	(PN4)	(PN10)	PN6.4/10	PN16		PN1.0/1.6 (PN2.0/2.5)	PN2.5/4 (PN5)	仅适用于 PN2.5(PN4)	(PN10)	PN6.4/10	PN16	
	结构长度								结构长度						
	短	长	常　规						短	长	常　规				
200	**292**	**400**	419	**400**	419	650	**550**	**750**	600	**508**	**800**	1143	**800**	787	1397	**1350**
250	**330**	**450**	457	**450**	457	787	**650**		700	**610**	**900**					**1450**
300	**356**	**500**	502	**500**	502	838	**750**		800	**660**	**1000**					**1650**	—
350	**381**	**550**	762	**550**	572	889	**850**	—	900	**711**	**1100**	—	—	—		
400	**406**	**600**	838	**600**	610	991	**950**		1000	**811**	**1200**					
450	**432**	**650**	914	**650**	660	1092	**1050**		基本系列	3	15	4	15	19	5	22	23
500	**457**	**700**	991	**700**	711	1194	**1150**									

注：表中黑体数字表示为优先选用尺寸，下同。

对夹式蝶阀和对夹式蝶式止回阀的结构长度　　　　单位：mm

公称直径 DN	公称压力/MPa			公称直径 DN	公称压力/MPa		
	PN≤1.6(PN2.0/2.5)				PN≤1.6(PN2.0/2.5)		
	结构长度				结构长度		
	短	中	长		短	中	长
40	**33**	—	33	500	**127**	127	152
50	**43**		43	600	**154**	154	178
65	**46**		46	700	**165**	—	229
80		49	64	800	**190**		241
100	**52**	56		900	**203**		
125	**56**	64	70	1000	**216**		300
150		70	76	1200	**254**		360
200	**60**	71	89	1400			390
250	**68**	76	114	1600			440
300	**78**	83		1800			490
350		92	127	2000			540
400	**102**	102	140	基本系列	20	25	16
450	**114**	114	152				

旋塞阀和球阀的结构长度　　　　　　　　　　　　　　　　单位：mm

公称直径 DN	PN1.0/1.6 (PN2.0/2.5) 短	中	长	PN2.5/4.0 (PN4.0/5.0) 短	长	PN10.0 常规
10	102	130	130	—	130	—
15	108	130	130	140	130	165
20	117	130	150	152	150	190
25	127	140	160	165	160	216
32	140	165	180	178	180	229
40	165	165	200	190	200	241
50	178	203	230	216	230	292
65	190	222	290	241	290	330
80	203	241	310	283	310	356
100	229	305	350	305	350	432
125	254	356	400	381	400	508
150	267	394	480	403	480	559
200	292	457	600	419(502)①	500	660
250	330	533	730	457(568)①	730	787
300	356	610	850	502(648)①	850	838
350	381	686	980	762	980	889
400	406	762	1100	838	1100	991
450	432	864	1200	914	1200	1092
500	457	914	1250	991	1250	1194
600	508	1067	1450	1143	1450	1397
700	—	—	—	—	—	1700
基本系列	3	12	1	4	1	5

① 适用于全通径球阀。

注：不适用于公称直径大于40mm以上的上装式全通径球阀以及公称直径大于300mm的旋塞阀和全通径球阀。

截止阀及止回阀（直通型）结构长度　　　　　　　　　　　单位：mm

公称直径 DN	PN1.0/1.6 (PN2.0/2.5) 短	长	PN2.5/4.0 (PN4.0/5.0) 短	长	PN10.0 短	长
10	—	130	—	130	—	210
15	108	130	152	130	165	
20	117	150	178	150	190	
25	127	160	216	160	216	230
32	140	180	229	180	229	
40	15	200	241	200	241	260
50	203	230	267	230	292	300
65	216	290	292	290	350	340
80	241	310	318	310	356	380
100	292	350	356	350	432	430
125	330	400	400	400	508	500
150	356	480	444	480	559	550
200	495	600	533	600	660	650
250	622	730	622	730	787	775
300	698	850	711	850	338	900
350	787	980	838	980	889	1025
400	914	1100	864①	1100	991	1150
450	978	1200	978	1200	1092	1275
500	978	1250	1016	1250	1194	1400
600	1295	1450	1346	1450	1397	1650
700	1448(900)②	1650	1499	1650	1651	—
800	(1000)②	1850	—	1850		
900	1956(1100)②	2050	2083	2050	—	
1000	(1200)②	2250	—	2250		
基本系列	10	1	21	1	5	2

① 仅用于旋启式止回阀；

② 仅用于多瓣旋启式止回阀。

9.6 管道常用保温层厚度

岩棉管壳的绝热厚度表（仅供参考）

管道直径 DN		正常操作温度/℃					
/mm	/in	60～350	350	400	450	500	600
≤20	<1	25	30	40	40	50	60
25	1	25	30	40	40	50	60
40	1 1/2	25	30	40	50	60	70
50	2	25	40	40	50	60	70
80	3	30	40	40	50	60	80
100	4	30	40	50	50	70	80
150	6	30	40	50	60	70	80
200	8	30	40	50	60	80	80
250	10	30	40	50	60	80	100
300	12	30	40	50	60	80	100
350	14	30	40	50	70	80	100
400	16	30	40	50	70	80	100
450	18	30	40	50	70	80	100
500	20	40	40	50	70	80	100

参 考 文 献

[1] 国家医药管理局上海医药设计院. 化工工艺设计手册（上下册）. 第四版. 北京：化学工业出版社，2009.

[2] 王静康. 化工过程设计. 第 2 版. 北京：化学工业出版社，2006.

[3] 韩冬冰，李叙凤，王文华. 化工工程设计. 北京：学苑出版社，1997.

[4] 吴思方. 发酵工厂工艺设计概论. 北京：中国轻工业出版社，1998.

[5] 傅启民. 化工设计. 合肥：中国科学技术出版社，1995.

[6] 胡庆福. 化工设计概论. 北京：中国科学技术出版社，1990.

[7] 侯文顺. 化工设计概论. 第 3 版. 北京：化学工业出版社，2011.

[8] 周镇江. 轻化工工厂设计概论. 北京：中国轻工业出版社，1994.

[9] H. 桑德勒，E. 卢奇威斯. 实用工艺工程设计工作方法. 北京：中国石化出版社，1992.

[10] 林大钧. 简明化工制图. 第 2 版. 上海：华东理工大学出版社，2010.

[11] 黄英. 化工过程设计. 西安：西北工业大学出版社，2005.

[12] 周大军，揭嘉，张亚涛. 化工工艺制图. 第 2 版. 北京：化学工业出版社，2012.

[13] 林大钧，于传浩，杨静. 化工制图. 第 2 版. 北京：高等教育出版社，2014.

[14] 娄爱娟，吴志泉，吴叙美. 化工设计. 上海：华东理工大学出版社，2002.

[15] 熊洁羽. 化工制图. 北京：化学工业出版社，2006.

[16] 杨基和，蒋培华. 化工工程设计概论. 北京：中国石化出版社，2005.

[17] 胡志彤. 碳酸钙的生产与应用. 内蒙古：内蒙古人民出版社，2001.

[18] 田文德，王晓红. 化工过程计算机应用基础. 北京：化学工业出版社，2007.

[19] 杨友麒，项曙光. 化工过程模拟与优化. 北京：化学工业出版社，2006.

[20] 朱开宏译. Finlayson B A 著. 化工计算导论. 上海：华东理工大学出版社，2006.

[21] 陈声宗. 化工设计. 第 3 版. 北京：化学工业出版社，2012.

[22] 江寿建. 化工厂工艺系统设计指南. 北京：化学工业出版社，1996.

[23] 郭泉. 认识化工生产工艺流程——化工生产实习指导. 北京：化学工业出版社，2009.

[24] 化学工业出版社组织编写. 化工生产流程图解. 北京：化学工业出版社，1997.

[25] 化学工业出版社组织编写. 化工建设工程预算. 北京：化学工业出版社，1995.

[26] 胡跃华. 利用有机硅单体副产盐酸合成一氯甲烷工艺设计. 浙江大学硕士论文，2003.